煤矿灾害防控新技术丛书

深井高地温综放开采防灭火技术

易　欣　王振平　王乃国
郭　英　王伟峰　王保齐　著

煤炭工业出版社

·北　京·

内 容 提 要

    本书主要介绍了我国深井高地温煤层自燃特点与规律，阐述了高地温煤层综放开采煤自燃特性、自燃危险区域判定预测及监测预警技术，重点介绍了煤自燃程度识别新技术，煤自燃预控技术，采空区有害气体密闭控制技术，分析了高地温综放工作面煤层自燃防控典型实例等，可使读者对深井高地温煤层自燃预测技术、监测预报方法、预防控制新技术及其应用形成较为清晰的认识。

    全书既可供安全工程专业的本科学生教学使用，也可作为煤矿企业从事煤矿安全监察、煤矿安全生产、矿山通风与安全的技术和管理人员的培训用书。

前　　言

随着开采强度增加，我国煤矿开采深度以每年 8~12 m 的速度增加，中东部矿区以每年 10~25 m 的速度进入深部开采，超过 800 m 的矿井有 200 多处，超过 1000 m 的矿井有 47 处。深井开采地温高，煤自燃起始温度高，发火期短；矿压大，煤体破碎，氧化蓄热条件好；受冲击地压防治影响，工作面推进速度慢，煤氧化时间长：以上自燃致灾因素均有利于煤炭自然发火，自燃危险性极强，发火现象尤为突出，严重威胁安全开采。目前，我国煤矿已经有较为完善的防灭火技术体系，但针对深井高地温环境煤层自燃防治，却还未有针对性预防和控制措施。因此，针对深井高地温煤自燃危险区域、特征信息识别及有效防控 3 个关键技术难点，围绕煤自燃特性与危险区域预测、监测与预警方法、防控技术的研究和应用，实现高地温煤层自燃早期识别与科学防控显得尤为重要。为适应当今煤矿火灾事故防治需求，进一步提高我国煤矿安全生产技术与管理水平，我们编写了《煤矿安全新技术》丛书，本书是其中之一。

本书共由 8 章组成：第 1 章简要介绍了我国深井高地温煤层自燃特点与规律，第 2 章阐述了高地温煤层综放开采煤自燃影响因素及特性，第 3 章主要介绍了基于指标气体的煤自燃程度识别新技术，第 4 章介绍了高地温煤层综放开采采空区自燃危险区域判定与预测，第 5 章介绍了高地温综放采空区自燃危险区域监测预警技术，第 6 章介绍了高地温煤层综放开采煤自燃预控技术，主要包括采空区隔离、灌浆注胶、液态二氧化碳、阻化泡沫等关键技术，第 7 章介绍了深井高地温综放采空区有害气体密闭控制技术，第 8 章介绍了工程典型实例。本书可使读者对深井高地温煤层自燃预测技术、监测预报方法、预防控制新技术及其应用形成较为清晰的认识。

本书共 8 章，王振平编写了第 1 章，易欣编写了第 2 章、第 3 章和第 4 章，王伟峰编写了第 5 章，王乃国编写了第 6 章和第 8 章，郭英、王保齐编写了第 7 章。

本书在编写过程中，参阅了国内外许多专家学者的论文、著作及教材，在此深表感谢。特别感谢西安科技大学文虎教授在百忙之中对本书稿进行审阅，提出了许多宝贵的修改意见和建议。本书的出版得到了国家自然科学基金项目（51574193）、国家自然科学基金重点项目（51134019）、中国博士后基金项目（2015M570625）和国家安全科技"四个一批"项目的资助和支持，在此表示衷心感谢。

尽管编者在该书的系统性、完整性及科学性等方面尽了最大努力，但由于学术水平及经验等方面的限制，书中难免存在不妥之处，恳请各位读者批评指正。

著 者

2017 年 6 月

目　　　次

1 绪 论

1.1 我国深井开采概况

我国煤炭资源分布不均衡，埋藏较深，深埋在 1000 m 以下的煤炭储量约为 2950 Gt，占煤炭资源总量的 53.17%。随着人类对矿产需求量的逐渐增加，开采强度增加，浅部资源的减少甚至枯竭，矿井开采深度逐渐增加，越来越多的矿井将面临严峻的深部开采问题[1]。根据矿井开拓系统形成的过程不同可以将深部矿井分为两类：第一类是由于开采浅部煤层逐渐开拓延深至深部的矿井（占多数）。这类矿井开采水平较多，生产环节多，生产系统复杂。第二类是在深部新建的矿井，第一开采水平深度就比较大。目前，我国大多数煤矿开采深度已由 20 世纪 50 年代的平均不到 200 m 增加到 20 世纪 90 年代的 500 m 左右。生产矿井方面，1980 年平均开采深度达到 288 m，1995 年平均开采深度增加至 428 m，2017 年平均深度已经达到 500 多米。据统计，我国已有平顶山、淮南和峰峰等 43 个矿区的 300 多处矿井开采深度超过 600 m（开采深度达到 600 m 以上即称之为深井），逐步进入深部开采的范畴。且矿井开采每年以 8~12 m 的速度向深部发展，东部矿井每年以 10~25 m 的速度向深部发展（图 1-1），其中开滦、北票、新汶、沈阳、长广、鸡西、抚顺、阜新和徐州等地近 200 多处矿井开采深度超过 800 m，而开采深度超过 1000 m 的矿井已有 47 处，如徐州张小楼煤矿（开采深度达 1100 m，年生产能力 1.2 Mt，立井开拓）、开滦赵各庄煤矿（开采深度达 1160 m，年生产能力 2.3 Mt，主斜井副立井综合开拓）等。仅山东省开采深度超过 1000 m 的矿井就占 21 处，其中巨野矿区有 7 处[2]。

煤矿进入深部开采后，普遍存在岩层压力大、涌水量大、地温高等现象，给矿井围岩

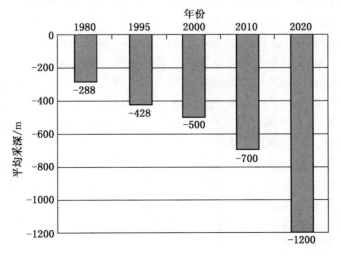

图 1-1　我国国有重点煤矿平均采深变化趋势图

控制、突（涌）水治理、防灭火、热害治理带来了挑战，特别是随着矿井开采强度及生产规模的不断增大，矿井生产所面临的技术难题更为严峻。

1.2 深井开采煤炭自燃特点

我国煤层火灾十分严重，在开采和储运过程中自燃现象经常发生，矿井采空区、煤层露头、地面煤堆及煤仓自燃着火，造成了巨大的资源浪费、环境污染、人员伤亡和财产损失[3]。据统计，我国煤矿自燃火灾约占矿井火灾的70%，一些自然发火严重的矿区，如兖州、抚顺、鹤岗、窑街、义马、淮南等矿区，其自然发火占矿井火灾次数的90%以上[4]。煤自燃由煤氧复合放热所致，具有自燃火源位置隐蔽、内部能量难消除、易复燃等特点[5]。煤自燃会释放出大量的有毒有害气体和烟雾，严重威胁井下工人的生命安全。例如，1996年，阳泉矿务局因自燃火灾封闭综放工作面3个，冻结煤量近4 Mt，造成的直接和间接损失达4亿多元。2002年2月28日，阜新市三道壕煤矿发生火灾事故，造成21人死亡；2002年5月23日，黑龙江宝清县煤矿发生火灾事故，17人死亡；2002年12月6日，吉林省万宝煤矿发生火灾事故，34人死亡。2003年10月，宁煤集团白芨沟矿因采空区自燃而引起百余次瓦斯爆炸，直接和间接经济损失达2亿多元。

煤自燃火灾容易诱发次生灾害，如瓦斯、煤尘爆炸，特别是在一些较为封闭的区域、巷道高冒顶区域、煤柱破碎区域及采空区等特殊地点。高温火源点较为隐蔽，难以及时发现，稍有不慎便可能导致瓦斯、煤尘爆炸，严重威胁着矿井安全生产。例如，1908年2月13日，格林果煤矿由于煤层自燃引起瓦斯爆炸，3人死亡。1924年4月，捷克斯洛伐克加勃里埃尔矿井采空区煤层自燃，引起瓦斯和煤尘爆炸，井口形成高达350 m的火焰烟柱，造成16人死亡。1910年，顿巴斯由于火灾引起瓦斯爆炸造成11人死亡。1930年，卡尔马克思煤矿因为煤层自燃造成9人死亡。1995年9月，石嘴山二矿掘进工作面自燃引起瓦斯爆炸，9名救护队员死亡。2005年5月10日，汝箕沟高瓦斯矿井综放工作面采空区自燃，面临重大瓦斯爆炸威胁，最后采用水淹封闭的方式对采空区进行了处理，造成了重大经济损失。2013年3月29日和4月1日，八宝煤业公司-4164 m东水采工作面东一分层上阶段采空区煤炭自然发火引起瓦斯爆炸，造成53人死亡，8人受伤。

我国大部分矿井地温场的地温梯度属于线性分布，平均地温梯度为（24.18+3.14）℃/km，当矿井开采深度超过800 m时地温超过40 ℃。深井开采由于地温高，煤自燃起始温度高，发火期短；围岩温度升高改变了煤体蓄热条件，煤氧化放热性增强，在煤体与工作面风流之间形成温差，热风压导致漏风供氧充分，造成煤体自身氧化放热性能增强，增强了采空区遗煤自燃的危险性[6]。矿山压力大，煤体破碎，氧化蓄热条件好；受冲击地压防治影响，工作面推进速度慢，煤氧化时间长；这些自燃致灾因素均有利于煤炭自然发火，自燃危险性极强，发火现象尤为突出，严重威胁安全开采。在深井高地温煤层综放开采条件下，由于工作面煤层埋藏深，因此地温较高；综放开采强度大，垮落空间高；采煤工作面配风量大，漏风强度大；顶煤采出率低，采空区堆积大量松散煤体，丢煤多等。深井高地温煤层自燃火灾防治呈现出一系列特点和难题：

（1）煤层埋深大，地温高，工作面煤层原岩地温高。由于起始温度高，煤自然发火期缩短，煤炭自燃氧化速度快。

（2）高地温煤层综放工作面开采强度大，煤体散热量大，所需配风量大。配风量的增加造成漏风强度增强，采空区渗透系数、漏风范围及其漏风规律发生相应的变化，自燃"三带"分布规律也随之发生变化，采空区自燃危险区域范围增大。

（3）综放工作面开采煤层厚度大，造成采空区范围大，漏风严重，尤其是工作面"两道两线"丢煤多。由于回风巷、运输巷采用锚网支护，顶煤难以垮落，采空区漏风严重，极易造成采空区浮煤自然发火。

（4）综放工作面采空区与工作面间的温差造成热风压，导致采空区与工作面间风流的热湿交换增加，采空区漏风供氧充分，自燃危险性强。

（5）工作面在掘进过程中涌水量大，水温高。井下空气湿度比较大，相对湿度可以达到100%。回采过程中采空区涌水量可能较大，将会影响推进速度，导致自燃危险性较大。

（6）综放工作面采空区垮落高度和空间体积大，采空区防灭火区域增大，自燃危险区域位置模糊且隐蔽，一旦有浮煤自然发火的迹象，自燃火源将会迅速发展，危及整个矿井的生产，防灭火难度更大，而常规的黄泥灌浆、注氮等灭火措施难以实现其防灭火的要求。

（7）工作面后部采空区温度高，热量难以有效消除，蓄热条件好，常规的防灭火技术难以有效降低采空区温度。

由于高地温煤层综放开采自燃防治存在以上难点，使得煤自燃监测及预防技术问题显得尤为重要，一旦发生煤层自燃将迫使工作面停产，会造成很大的经济损失。因此，本书针对高地温煤层自燃特点与规律、高地温煤层自燃特性、采空区自燃危险区域监测、预警方法及浮煤自燃灾害防控技术进行论述。

1.3　国内外研究现状

为抑制和减少煤层火灾事故的发生，世界各国科研机构和生产部门对煤自燃特性和过程、自燃预测预报及防治技术进行了大量的理论分析、实验研究和现场实践，取得了很多对现场实际有指导意义的研究成果。

1.3.1　煤自燃特性参数实验测试

1.3.1.1　煤自燃宏观表征特性

1. 煤自燃热分析研究

舒新前[7]采用TG（热重分析法）研究了汝箕沟无烟煤和神府烟煤的自燃氧化动力学，并结合实验参数分析得出了煤自燃特征温度。路继根[8]采用DTA（等温差热）和TG研究了煤氧化机理，结果表明：起燃温度惰质组＞镜质组＞壳质组，燃尽温度惰质组＞壳质组＞镜质组。彭本信[9]基于DTA-TG-DSC-FTIR技术，测试了褐煤到无烟煤8个不同变质程度煤种70个煤样的氧化放热强度，表明造成低阶煤易自燃的主要因素是低阶煤的氧化放热强度大于高阶煤的氧化放热强度。Jose[10]对比研究了新鲜煤样与氧化煤样的自燃特性。葛新玉[11]研究了煤在整个氧化阶段的气体产物变化规律及其特征，得出了煤自燃的指标气体。张辉、邹念东[12]采用热重分析法研究了不同添加剂对煤粉燃烧性能的影响。徐俊、王德明等[13]采用微量热仪C80研究了煤样在不同升温速率下从室温到200℃时的氧化放热特性。

2. 煤自燃活化能研究

Tevrucht[14]基于FTIR技术检测了煤分子中脂类C-H吸收峰强度的变化，得出了吸收峰强度变化规律，并以此为依据计算出了煤氧反应的活化能及速率常数。Bowes P C[15]采用 Frank-Kamenetskii 无量纲参数研究了煤自燃特性与活化能间的关系。Patil[16]采用 XPS（X 射线光电子能谱）研究了煤分子中 O/C 原子比值和 SIMS（变用次级离子质谱）的变化规律，并得到在 295~398 K 时表观活化能为 11.451 kJ/mol。Martin[17]用次级离子质谱（SIMS）研究了 23 ℃、70 ℃和 90 ℃时煤表面 O_2 浓度的变化。刘剑等[18]认为现行的煤自燃倾向性鉴定方法具有一定的局限性。Myles[19]认为反应热、热容量及活化能与煤级相关性较小。陆伟等[20]研究了煤自燃是煤体不断氧化产热，使得热量得到一定程度的集聚，促使煤分子内官能团结构活化，煤氧化反应加速放出大量热量，当自热加速达到着火点时引起煤体的着火燃烧。李林、B. B. Beaimsh 等[21]对 9 个典型煤样进行了绝热氧化实验模拟，结果揭示了煤在自燃过程中活化能随着温度升高而降低。Zhu Jianfang 等[22]研究了煤自燃过程中耗氧速率与温度之间的关系。屈丽娜[23]通过对 10 个不同变质程度的煤样进行同步热分析实验、程序升温实验、红外官能团测试，得到了煤自燃过程中不同影响因素对特征参数的影响。王德明、辛海会等[24]采用前线轨道理论和量子化学计算分析了活性位点上的电子转移及其完整反应路径、活化能及放热量，得出了煤自燃过程中 13 个基元反应及其反应顺序和继发性关系，揭示了煤中原生结构转化为碳自由基并释放气体产物的低活化能链式循环的煤氧化动力学过程，提出了煤氧化动力学理论，阐明了煤自燃产物的生成机理。

3. 煤自燃氧化学反应和表面反应热研究

Peter Nordon[25]采用两种不同的氧化实验方法，研究了煤氧化速率与自燃性的相互关系。徐精彩等[26]根据煤自身氧化放热特性及其所处环境的蓄热能力，采用热平衡方法推演得到引发煤体自燃的最大漏风强度、下限 O_2 浓度、最小浮煤厚度及最大平均粒径等自燃极限参数。Itay[27]研究了煤的氧化机制，认为煤在低温阶段的氧化是由里向外进行，遵守核反应收缩的原理模型，空气通过氧化层的扩散速率决定了煤的氧化速率。Continillo C[28]通过研究化学吸氧与氧化速率之间所存在的相互关系，结合实验分析得出煤氧化速率在不同的温度阶段所表现出的变化规律存在很大的差异。徐精彩[29]基于煤表面氧化反应热方法研究了煤的自燃机理，得出不同煤阶的煤及其表面反应热不同，且其变化规律与煤温相关。何萍[30]研究了煤氧化过程中其氧化产物所发生的特征变化规律，并得出了煤自燃的指标性气体。梁晓瑜[31]通过实验研究分析了低温氧化阶段水分对煤的影响，研究表明，水分对煤样低温氧化具有先催化后抑制的作用。严荣林[32]研究了不同变质程度及含有不同煤岩成分煤样的氧化性，指出煤的变质程度和煤岩组分会对煤的自燃倾向性造成很大的影响。Tarba[33]对煤的放热强度和吸氧能力进行了研究，得出煤的物理吸附放热强度大多都在 0.16~0.6 kJ/mol 之间，化学反应放热量随煤变质程度以及温度的变化而变化。肖旸[34]对矿井风流中低浓度、难以直接测定的指标性气体进行了浓缩分析。谭波[35]将煤自燃极限参数计算方法与热传导原理相结合，建立了动态坐标系下简化形成的采空区煤自然发火数学模型，得到了工作面回采时采空区煤自然发火规律。许涛[36]基于绝热氧化法研究了煤自热升温特性，通过线性拟合的方式分析得出不同变质程度煤样的分段临界温度。谭波[37]基于绝热氧化实验、元素分析实验及工业分析实验，计算得出了煤的绝热氧化阶段升温速率、不同变质程度煤种的自燃临界点 $Tr_{0.05}$ 与 $T_{\Delta max}$。

4. 煤自燃的煤岩相学研究

舒新前[38]、葛岭梅等[39]认为丝炭在低温下吸收大量的 O_2 并释放热量是丝炭着火点低的主要原因。张玉贵[40]研究了阜新长焰煤与平庄褐煤的自然发火过程，实验结果表明，镜煤的燃点低，自燃倾向性大。Markuszewski R[41]认为不同变质程度的煤体中，其显微组分中镜质组的自燃倾向性最高。张军[42]研究了煤质中显微组分在缓慢加温条件下的热解原理，实验结果表明，热解的活化能与显微组分密切相关，同时得出一般情况下活化能最低的是惰质组。Straszheim[43]认为显微组分中镜质组最容易发生自燃，与煤级程度的高低无关。Jakab[44]基于裂解质谱技术研究了低温阶段煤的显微组分的氧化情况，结果表明，富含脂肪族氢的煤结构不易被氧化，而镜质组与孢粉体却易被氧化。曹作华[45]认为暗煤对 O_2 吸附量少而稳定，暗煤的氧化速率明显比亮煤慢，镜煤与丝炭的吸附量最大且容易被氧化。

1.3.1.2　煤自燃微观特性

1. 煤分子中官能团的研究

Cannon 与 SutherLand[46]最先将红外光谱应用于煤分子的研究过程之中。Painter[47]、Ibarra[48]将不同煤阶的红外谱峰进行了细致归属。陈莞[49]研究了煤中氢基成分，将煤中氢基分为 5 大类型，并结合实验数据分析了热稳定顺序。Cerny[50]基于红外光谱技术对煤的脂肪族与芳香族进行了分析。Jiang Xiumin 等[51]研究了超细煤粉燃烧过程中活性官能团结构的变化规律。Maria J I[52]应用 FTIR 和 Py-GC/MS 研究了富氢煤的化学结构。Petersen H I[53]对煤中含氧官能团做了深入的研究。冯杰[54]将模型化合物确定标准浓度的方法与煤样的红外光谱相结合，定量分析了煤分子的官能团结构，并确定了煤中芳氢、脂氢、羟基的比例。葛岭梅[55,56]通过煤分子结构特征及桥键推断出常温常压下发生煤氧复合反应的活性官能团结构。朱红[57]研究了煤在不同自燃阶段的频率大小与吸附光谱能力，得出了不同煤阶在不同频率上吸收光谱的能力。刘国根[58]利用红外光谱研究了风化烟煤和褐煤，结果表明，煤阶越高，芳环的缩合程度越高。黄庠永[59]基于 FTIR 技术深入研究了粒径对铁法烟煤表面羟基官能团的影响，指出羟基氢键、醚氢键、羟基-π 氢键受粒径的影响最大。王继仁、邓存宝等[60]采用量子化学理论与红外光谱相结合的方法研究了煤氧复合反应的化学机理，得出煤体中有机大分子侧链官能团及小分子化合物是诱导煤自燃的主要物质。仲晓星[61]从热自燃理论和自由基链式自燃理论出发，采用 DSC-TG 热分析技术、电子自旋共振技术研究了煤自燃在不同阶段的产热速率和自由基浓度的变化规律，并将测试结果与绝热氧化升温速率进行了综合分析，得出煤自燃的分段特性及其氧化特性差异性。戚绪尧[62]采用 FTIR 技术研究了不同煤阶原煤样中含硫官能团、烷基侧链、含氧官能团对煤中原生活性官能团及次生活性官能团的影响，得出了煤分子中官能团的分布状况。

2. 煤分子中微晶结构的研究

Mahadevan[63]最早于 1929 年将 X 射线衍射仪用于对煤分子结构特征的研究。Yen[64]将 XRD 分辨后的峰面积用于煤分子芳香度的计算。李美芬、曾凡桂等[65]对不同煤阶的煤样分析后得出了 Raman 光谱参数与 XRD 结构参数之间的关联性。戴广龙[66]研究了不同煤阶的 4 种煤样在低温氧化过程中的特性，得出低温氧化与煤体的微晶结构有着本质上的联系。罗陨飞[67]研究了低中阶煤中镜质组的芳构化程度，得出镜质组的芳构化程度随煤阶的变化明显高于惰质组。

3. 煤分子中自由基的研究

张代均[68]基于 ESR 实验系统，对不同煤阶煤样中自由基的起源、数量及性质进行了研究。X J Hou[69]采用分子动力学与量子化学相结合的方法研究了煤分子结构与煤反应性之间的关系。P Strak[70]对煤中壳质组、丝炭组及镜质组中大分子结构特征进行了研究。李建伟[71]利用 ESR 测试了低温氧化阶段煤中自由基浓度的变化规律，选用汝箕沟、神府两种煤样进行了实验，得出煤中自由基浓度随着温升吸收峰变窄。戴广龙[72]对不同变质程度的煤样进行了实验研究，得出含氧量与煤变质程度密切相关。张群[73]对镜煤、丝炭和暗煤进行了研究。刘国根[74]利用 ESR 实验对褐煤与风化烟煤进行了波谱分析，指出煤化程度越高，波谱吸收峰越窄，且分化使自旋浓度降低。Jonathan P. Mathews 等[75]基于高分辨率透射电子显微镜及激光解吸低挥发分烟煤电离质谱数据确定了煤分子质量。罗道成[76]采用 ESR 波谱研究了自由基浓度变化规律，结果表明，紫外光照射及低温氧化均能诱发自由基形成，且随着煤体破碎程度、氧化温度越高与氧化时间越长，自由基浓度越大。

1.3.2　煤自燃危险区域判定

1991 年，乌克兰全苏矿山救护研究所确定了煤自燃临界厚度的计算公式[77]，即

$$h_{kp} = \sqrt{(T_{kp} - T_{ok})} \sqrt{\varphi}(5.1^7 K_\rho \rho_m) \tag{1-1}$$

式中　T_{kp}——煤自燃临界温度，K；

　　　　T_{ok}——围岩温度，K；

　　　　φ——空气干燥状态下煤样湿度，%；

　　　　K_ρ——原煤样氧吸附速度常数，$m^3/(kg \cdot s)$；

　　　　ρ_m——煤的平均密度，kg/m^3。

Sujanti、Wiwik Zhang 等[78]采用静态恒温法实验，测出煤在多种类型的网状反应器中的临界环境温度 $T_{a,c}$，根据 F-K 模型推算出煤体活化能 E 和指前因子 A，得到了地面煤堆自燃临界厚度，即

$$h_{kp} = \sqrt{\frac{\delta_c R T_a^2 k}{EQA\rho \exp(-E/RT_{a,c})}} \tag{1-2}$$

式中　A——指前因子；

　　　　E——活化能，kJ/mol；

　　　　k——煤体导热系数；

　　　　Q——氧化热，J；

　　　　T_a——环境温度，℃；

　　　　$T_{a,c}$——临界环境温度，℃；

　　　　δ_c——F-K 无量纲参数；

　　　　R——气体常数；

　　　　ρ——煤的块密度，kg/m^3。

当破碎煤体处于堆集状态，且堆煤厚度大于或等于临界浮煤厚度时，就有可能发生自燃。

国内研究学者对煤自燃危险区域判定做了大量研究工作。齐庆杰、黄伯轩[79]、章楚涛[80]等研究了采空区火灾气体浓度分布与流动规律，分析了其与火源点之间存在的联系，

建立了判断采空区火源位置的数学模型。邓军、徐精彩等[81]通过煤自然发火数值模拟计算，分析了不同供风强度、散热边界条件和煤粒度等对煤最短自然发火期的影响关系，并将该理论应用于兖州矿区煤最短自然发火期的确定。徐精彩[82-84]基于热平衡法计算得到了不同温度松散煤体氧化放热强度，根据煤最短自然发火期与采空区氧化带的变化规律，提出了能够引发自燃的最小推进速度计算方法，确定了自燃危险区域判定的充分条件。

1.3.3 煤自燃预测技术

煤自燃预测技术是指在煤还未出现明显自然发火征兆之前，根据煤氧化放热特性和实际开采条件，超前判断松散煤体自燃危险程度、自然发火期及自燃区域的一种技术[85]。

常用预测技术有综合评判预测法、自燃倾向性预测法、经验统计预测法、自然发火实验预测法、数值模拟等[86]。

1. 综合评判预测法

综合评判预测法是根据影响煤层自燃危险程度的因素，结合通风条件、地质赋存条件、自燃倾向性、开采技术因素及相应的预防措施等进行判断，分析评分，然后应用模糊数学理论逐步聚类分析，并根据标准模式计算聚类中心，对开采煤层自燃危险程度进行预测。陈立文[87]、许波云[88]和郭嗣琮[89]等根据影响煤层自燃危险程度的因素，对开采煤层自燃危险程度进行了综合评判预测。Kaymakci Erdogan等[90]基于线性和多次回归理论综合分析，根据实验测定的温度曲线，推导出了自燃参数与煤岩相学参数之间的关系。

2. 自燃倾向性预测法

根据煤自燃倾向性的不同，将煤层自然发火情况划分为不同等级，以此区分煤层的自燃危险程度，从而采取相应的防灭火措施。20世纪80年代以前，国外主要以煤的氧化性为基础来测试煤自燃倾向性，分为化学试剂法和吸氧法[91]。20世纪80年代后，国内外一些学者和研究机构从煤热效应角度来探究煤的自燃性。进入20世纪90年代，人们利用色谱动态吸氧法来确定自燃倾向性[92]。由于自燃倾向性预测法存在一定的不足，只能大致判断出煤炭的自然发火危险程度，不能确定实际条件下松散煤炭的自燃危险程度、自然区域及自然发火期[93]。

3. 经验统计预测法

经验统计预测法是基于大量统计资料分析归纳火灾原因。该方法存在明显的局限性，难以对不同发火类型的自燃进行预测，且在时间统计上存在着较大的偏差，仅能大致判断自然发火的危险区域范围[94]。蒋军成[95]、王德明[96]、赵向军等[97,98]基于神经网络算法，以煤炭自身自燃倾向性、开采煤层地质赋存条件、开拓开采及通风技术条件等指标预测了煤层自燃危险程度。施式亮等[99]以防火系数为预测指标，建立了人工神经网络的时间序列预测模型，以此来判断自然发火程度。田水承等[100]以煤自燃倾向性、煤厚、煤坚固性系数、煤层倾角及开采参数为基础，运用模糊聚类方法对煤自然发火危险性进行了分类。

4. 自然发火实验预测法

自然发火实验预测法采用实验模拟煤炭自燃过程中蓄热条件和漏风条件等对煤自燃的影响，建立煤自然发火数学模型，对煤自燃过程的各种影响参数进行数值解算，得出不同边界条件下煤自然发火危险程度。早在20世纪80年代，世界许多国家就先后建立了大型实验台，模拟煤自燃过程。1979年，James B. Stott[101]在美国匹兹堡设计建立了高5 m、直径60 cm、装煤1 t的垂直圆柱形煤自然发火实验台，研究煤体自燃时传热、传质过程。

1986 年，James B. Stott 和 Benjamin J. Harris 等[102,103]在新西兰建立了高 2 m、直径 30 cm 的圆柱形煤体自然发火实验台，模拟煤自燃过程中不同参数的变化。1987—1990 年，X. D. Chen 和 James B. Stott[104,105]在新西兰坎特伯雷大学建立了大型煤体自然发火实验台，研究了松散煤体内部的传热、耗氧变化情况，模拟了煤体自燃规律。1998 年，V. Fierro[106]在西班牙 ENDESA 电厂储煤场，实验测试了真实煤堆的自然发火情况，实验中共用煤 2000~3000 t，考察了各种煤堆自燃防治方法的有效性。

20 世纪 90 年代以后，国内许多学者相继建立了大型煤自然发火实验台，徐精彩等[107,108]建立的 XK 系列煤体自然发火实验台，可以模拟现场煤堆的散热、漏风等情况，检测煤柱内各点的温度、O_2 及 CO 等气体成分随着实验的进行而发生的变化，掌握了煤自燃高温点的发生、发展、变化过程及停止供氧后高温点的降温规律。

5. 数值模拟

20 世纪 70 年代，Canterbury 大学推导出了煤自燃的瞬态数学模型。McNabb A. 等[109]建立了一维自然对流模型，用以模拟煤柱在自然对流情况下的氧化和放热性能。卞晓锴等[110]建立了采空区温度场的数学模型，并用有限差分数值方法进行了模拟计算。Rosema A. 等[111]基于数值模拟模型 COALTEMP 研究了煤在露天场合的氧化和自燃特性，建立了微分方程来描述煤中热、氧的流动。Zhu M S 等[112]基于采空区自燃数学模型，模拟了空气在煤、混凝土块、矸石的混合物均匀体内的二维渗流。Continillo 等[113]建立了存在弱自然对流的煤堆自燃基本瞬时二维模型，包括质量平衡方程、能量平衡方程和动量平衡方程。

1.3.4 煤自然发火监测预警技术

煤自燃监测预警技术是通过观测自燃过程中其本身或周围介质的物理变化或化学变化判断煤自燃程度。

1.3.4.1 煤自燃监测方法

国内外煤自燃监测方法主要有指标气体分析法、测温法、示踪气体法、气味检测法、多元信息融合检测法等。

1. 指标气体分析法

煤自燃可产生多种标志性气体（CO、CO_2、C_2H_6、C_2H_4、C_3H_8、C_2H_2），产生量随着煤温升高出现明显的变化。赵顺武[114]通过煤氧化升温试验建立了基于气体分析法相关的数学模型。张辛亥、孙久政等[115]建立了人工神经网络专家系统，利用指标气体判断煤自燃程度并预测发展趋势。郑学召[116]、邓军[117]研究了 JSG-8 型束管火灾监测系统，确定了系统的布置方式，分析了气体传输和可能出现的时间滞后问题。Jun Xie、Sheng Xue 等[118]应用乙烯浓缩检测系统对煤自燃进行了预警。

指标气体是煤自燃发展过程中产生的氧化产物和高温分解产物，在煤已经自热或自燃时才能检测到。由于产物量较少且随着风流流动，受风流扰动影响大，因此很难推断高温区域、自燃发展速度。

2. 测温法

测温法是反映煤自燃程度的有效方法。煤导热系数较小，外部因素对煤体本身及周围介质温度影响较小，对煤温监测可直接反映煤自燃状况，因此，只要能够实时掌握煤层的温度变化及温度分布状况，就能确定煤自然发火程度及影响范围。煤体温度监测的技术主要包括温度传感器测温、红外测温、光纤测温、无线传感器网络测温等。

（1）温度传感器测温。该方法主要在采空区等自然发火概率较高区域通过埋设测温探头，可以实现连续监测煤体的温度。这种方法操作简单、可靠、直观，但其预测预报范围较小，传感器容易损坏，安装维护工作量大。最近几年，一些新温度传感器（热敏材料、集成温度传感器）克服了传统温度传感器的一些弊端，应用于煤自燃温度监测。

（2）红外测温。主要是利用红外能量场来综合判断煤自燃危险区域。红外探测设备主要有红外热成像仪和红外探测仪。该测温技术通常采用非接触式测温，具有探测简单、迅速、精确等特点，对煤柱、煤堆、露头的温度监测具有良好的效果。

（3）光纤测温。20世纪80年代，英美等国就开始对分布式光纤测温技术进行研究，与传统的测温技术相比，具有抗电磁干扰性强、灵敏度高、耐腐蚀性、耐高温等优势，广泛应用于地铁、隧道等场所火灾监测。文虎[119]根据拉曼散射理论，设计出用于采空区的分布式光纤测温系统，能够准确实时监测采空区温度。李佳奇等[120]设计了一种把煤矿巷道温度变化转变成光纤Bragg光栅波长移位温度传感器，并应用于煤矿巷道温度检测。谢俊文等[121]通过敷设测温光纤，对采空区遗煤自然发火进行了监测预报。

（4）无线传感器网络测温。无线传感器网络测温技术应用于煤层自燃火源定位监测、煤矿安全监测、煤田火区监测等方面，并取得了一定的成果。张辛亥等[122]将ZigBee无线自组网测温技术应用于采空区温度监测，对采空区煤自然发火进行预测。

3. 示踪气体法

示踪气体法是通过示踪气体（如SF_6）的浓度变化相关分解物成分，从而间接测定火灾隐患位置和温度。示踪物质选择会对被测定煤体热状态具有重大的影响，因此，选择的示踪剂应具有毒性小、热解前稳定性好、不氧化、不反应、不溶于水、分解物易被检测等特点。

4. 气味检测法

气味检测法应用不同种类的气味传感器检测煤自然发火过程中所释放出来的气味及其变化规律，通过神经网络解算，实现对煤自然发火类型和程度的预测预报。气味检测法的研究最早出现在美、日等国，国内对气味检测法的研究起步较晚，20世纪末，煤炭科学研究总院抚顺分院与日本北海道大学合作研究了煤自然发火气味检测法，能够在30～40 ℃就检测到煤低温氧化初期所释放出的微弱气味。陈欢[123]基于煤自燃特性，并以温度和反应生成物等宏观量为检测指标，分别采用气体分析、温度监测、仿生气味监测、磁力预测等技术实现了煤自燃预测预报。

5. 多元信息融合检测法

信息融合技术发展最为迅速，陈晓坤等[124]基于采空区煤自燃的现状和采空区煤自燃特征，研发了一种采空区无线自组网温度监测系统。邓军等[125]基于多元信息融合技术，结合现场采集的煤自然发火气体数据，提取煤自燃的多项指标信息及煤自燃特征信息，确定了特征信息与温度的对应关系，从而实现了煤自燃程度识别与预报。

仅一类煤自燃特征信息量无法及时、准确地反映煤自燃情况，很难满足煤自燃监测的需要。比较而言，标志气体分析法和测温法的可行性较强，且相应的检测技术发展的比较成熟，同时两种方法在判断煤自燃程度和高温区域方面有各自的优势，存在一定的互补性。

采空区温度监测以无线自组网温度监测系统为主。以多测点网络化监测代替单点监测，解决了单点测温范围小、温升异常反映滞后、位置难确定等问题；利用无线通信代替有线，解决了传统传感器引线极易损坏而影响监测可靠性的问题。对于标志性气体分析，主要采用煤矿安全监控和束管监测系统，可充分利用束管监测系统色谱仪分析精度高、单点监测气体指标多等优势，同时利用煤矿安全监控系统传感器反应灵敏、实时性好等特点，来弥补束管监测由于分析周期造成的监测滞后，并通过监测指标优选、增设测点、优化测点布置等方法来消除或减少风流对监测结果的影响。形成了以标志气体分析法和测温法相结合，基于无线自组网温度监测系统、束管监测系统和煤矿安全监控系统集成的矿井采空区煤自燃特征信息监测方法，对井下不同位置、具有不同物理含义的煤自燃火灾多元信息实现实时监测，进而为判断火灾危险程度，确定火灾危险区域提供依据。整个监测方法监测的主要指标及监测地点见表1-1。

表1-1　煤自燃多元化特征信息监测主要指标参数

所属系统	指标参数	指标类型	监测地点
煤自燃火灾束管监测系统	O_2、CO、CO_2/CO、CH_4、C_2H_6、C_2H_4、C_3H_8、C_2H_4/C_2H_6、CH_4/C_2H_6、C_3H_8/C_2H_6、各指标变化率	气体指标	采空区运输巷、采空区回风巷、工作面上下隅角、工作面中部、回风巷
安全监控系统	CO	气体指标	工作面回风巷、采区回风巷、一翼回风巷、总回风巷
	CH_4	气体指标	工作面回风巷
	风速	环境参数	采区回风巷、一翼回风巷、总回风巷
无线自组网温度监测系统	温度	温度指标	采空区
	温度变化率		

1.3.4.2　煤自燃预警方法

许多学者对预警信息处理算法进行了研究，主要分为模糊聚类算法、神经网络算法和支持向量机等3类。

（1）模糊聚类算法。秦书玉等[126]基于煤自燃危险程度的模糊聚类分析预报法所存在的问题，提出了一种利用关联分析法弥补模糊聚类分析预报法中存在的不足。赵敏等[127]基于模糊聚类算法和遗传的全局搜索能力，提出了遗煤火灾检测的聚类分析方法。程文东等[128]基于模糊聚类算法对采空区自燃"三带"进行了划分，并对不同测点数据进行了分类。

（2）神经网络算法。王国旗等[129]采用煤自然发火实验测定了多个煤样的自然发火期、不同温度下耗氧速率、CO和CO_2产生率，并以此为训练样本，用BP算法对煤自然发火监测网络进行了训练，得到了神经元间的联结强度。张辛亥等[130]建立了前向多层人工神经网络模型，研究了煤自燃过程中各参数之间的关系，并结合煤自然发火实验数据对网络进行了训练。

（3）支持向量机。高原[131]利用采煤工作面煤自燃特性及所采集的数据为基础，用支持向量机（Support Vector Machine，SVM）预测技术预测分析了采空区遗煤自燃特性。孟倩等[132]采用径向基函数作为 SVM 核函数，建立了基于支持向量机的煤自燃极限参数预测模型，提出了一种 SVM 参数优化的变步长搜索方法。

1.3.5　煤自燃防治技术

煤体破碎、供氧充足、漏风适宜、蓄热环境好的地点最易发生煤层自燃。煤自燃的根本原因是煤与 O_2 作用自发地产生热量。煤温越高，O_2 浓度越大，煤氧复合产生的热量越多。现有煤自燃防治技术主要从阻止煤氧接触、降低煤温和降低氧浓度 3 个方面着手，形成了一系列的防灭火技术手段，见表 1-2。

表 1-2　煤自燃防治技术分类对比

项目	控制漏风	火区惰化	充填不燃物	煤体阻化	吸热降温
防治机理	减少松散煤体内氧供给	降低火区氧浓度，窒息火区	包裹煤体，阻止煤氧接触	降低氧化性，抑制煤氧结合	降低煤温，灭火，防止复燃
技术方法	水泥喷浆；泡沫喷涂；均压；注胶	注 N_2 和 CO_2；注惰泡；三相泡沫	灌浆；注水泥；注石膏；注胶	$CaCl_2$ 雾化阻化；惰化阻化剂；注胶	灌浆；液氮；注胶；液态 CO_2；三相泡沫

煤自燃火灾治理技术发展迅速，20 世纪 50 年代，黄泥灌浆防灭火技术得到应用；60 年代均压防灭火技术得到推广，高泡灭火技术出现；70 年代成功应用阻化剂防灭火；80 年代应用惰气防灭火；进入 20 世纪 90 年代，随着放顶煤技术的发展，采空区注氮防火技术得到推广与应用。国内外相关科研部门对煤自燃防治进行了大量实验研究与实践，总结出了高效、针对性强、易于实现的矿井防灭火技术。

1. 控制漏风技术

控制漏风技术的主要目的是减少或杜绝松散煤体 O_2 的供给，从而阻止煤的氧化反应，达到防灭火的目的。堵漏技术包括施工密闭墙、表面喷涂、裂隙充填堵漏和均压技术等。

封堵技术就是堵塞通往矿井火区的漏风通道，减少向火区供氧的防灭火技术。根据其使用方法，主要分为密闭墙封堵、表面喷涂堵漏、裂隙充填堵漏等。目前封堵材料主要有以下几类：

（1）以水泥为主的无机固化封堵材料。采用水泥及水泥与砂浆、粉煤灰等混合物在井下固化封堵住井下渗漏裂隙、空隙。此外，还包括采用无机矿物（如氧化钙、石膏等）与砂砾等填料及水混合固化的材料。如在氧化镁水泥中使用磷酸铁添加剂获得的氧化镁胶合水泥就具有较好的堵漏性。

（2）凝胶类封堵材料。包括无机凝胶（如硅酸凝胶）、高分子凝胶（如聚丙烯酸凝胶）、复合胶体等。无机凝胶、胶体泥浆、粉煤灰胶体防灭火技术集堵漏、降温、阻化、固结水等性能于一体，注入煤体内部发生胶凝固化，较好解决了灌浆、注水的水泄漏流失问题，特别适合于扑灭顶煤和煤柱火灾。

（3）交联高分子封堵材料。这类封堵材料利用高聚物聚合原理，将高分子两种组分或预聚体注入需要封堵的区域，原料混合后发生交联而堵住通道。常用高分子封堵材料主要有聚氨酯类、聚酯类、环氧树脂类、脲醛树脂类、天然高分子类材料等。这类材料堵漏效果好，固化时间易控制，还可以加入发泡剂使其在固化过程中膨胀。但交联高分子堵漏剂成本较高，不宜大范围应用。在堵塞大的空洞时需要有固体填料。目前，国内常用的交联高分子类封堵材料产品有聚氨酯发泡材料、罗克休封堵材料、瑞米封堵材料等。翟小伟、文虎等[133]基于采空区深部煤自燃特点，提出了对采空区深部易自燃煤体进行胶体隔离的控制技术。谢之康等[134]提出了一种基于分层局部堵露方法来隔断自燃危险带垂直方向上的漏风通道。

（4）黏土矿物等其他堵漏材料。主要是利用膨润土、蒙脱土等黏土与其他材料混合形成的堵漏材料。这类材料强度通常较小，可对小裂隙进行封堵。

（5）水泥喷浆工作量大，回弹多，抗动压性差，堵漏效果不十分理想；泡沫堵漏性能好，抗动压性好，但其成本较高，高温时分解，释放出有害气体；纳米改性弹性体材料具有气密性好、伸长率大等性能，可刮、涂、抹在煤岩体、木材及闭墙漏风处，操作简单，使用方便，可根据施工需要调整固化时间，固化后表面形成弹性体。

均压技术就是尽量减小压力梯度，从而减小漏风，防止或抑制煤火的技术。均压技术分为开区均压和闭区均压，闭区均压可减少向封闭区域内的漏风，开区均压则可降低采空区周边的压差，减少向采空区浮煤漏风，从而降低自燃危险程度。但仅依靠均压达到完全杜绝漏风、防止自燃的目的是不现实的。

当井下发火区不能及时控制时，通常采用密闭的方法防灭火。但井下与闭区相连的巷道往往较多，漏风通道也很多，很难做到完全封闭，并且密闭墙不可能完全气密，加上采空区的进出风侧压差大，采空区周围密闭多，密闭与采空区之间容易产生大量的漏风。通过对火区或自燃危险区通风系统特点分析，分析采空区及周边巷道压能分布特点，确定采空区漏风主要通道，制定均压通风治理大面积采空区漏风的方案，以降低火区及可能发火的重要区域 O_2 浓度，达到防灭火目的。

2. 惰化防灭火技术

惰化防灭火技术是将惰性气体或其他惰性物质送入火区，从而降低火区 O_2 浓度，达到窒熄火区的技术。主要注入 N_2、CO_2 和烟气等惰性气体、惰气泡沫、三相泡沫等。

注氮主要运用膜分离式制氮机和吸附式制氮设备产生浓度在 97% 以上的 N_2。该技术比较成熟，应用比较广泛，但 N_2 降温效果较差。陆阳杰等[138]建立了二维采空区的注氮模型，对注氮过程进行了数值模拟。Rao Balusu 等[139]在实验和数值模拟相结合的基础上研究了采空区注惰气的有效方法。周福宝等[140]研究了低温液氮防灭火新方法。

应用碳酸盐与浓酸反应制备 CO_2 进行灌注的设备和技术，需要将大量材料运往井下，材料用量大，并且以大量浓硫酸为原料，对管路腐蚀严重，对井下水源也有污染，并且容易造成工人操作过程中的烧伤。

注 CO_2 和 N_2 混合气体[141-147]，采用航空柴油在空气中燃烧产生的以 CO_2 和 N_2 混合气体为主的惰气，注入火区进行灭火。该技术注惰流量大，能够很快扑灭明火，但其注入的惰气温度较高，不利于降低火区温度。

惰气和泡沫防灭火技术是在水中加入表面活性剂等药剂，通入惰气产生惰气泡沫并注入火区的技术。惰泡和三相泡沫能起到固氮、降温、减少漏风、降低采空区氧浓度、包裹煤体等作用。惰泡和三相泡沫可充满整个空间，既能迅速窒息明火，又能抑制煤层自燃高温火区的发展，但泡沫稳定时间短，在碎煤中压注，发泡性能差，起泡倍数低。泡沫发生器能够成功将泡沫灌注到易自燃区域，实现惰泡防灭火效果[148]。文虎等[149]提出了注阻化惰泡防灭火技术。陈晓坤[150]等研究了冷气溶胶阻化技术在煤自燃防治中的应用。Xie Zhenhua[151]、Botao Qina[152]深入研究了三相泡沫防灭火技术，并确定发泡剂最佳灰水，田兆君[153]提出了煤矿防灭火凝胶泡沫的理论与技术。

3. 吸热降温及煤体阻化技术

燃烧是一种剧裂的化学反应，随着温度升高，反应速度近似呈指数规律增大，因此，降低温度能够极大降低燃烧反应速度，从而抑制火灾。吸热降温技术就是通过向火区喷洒或灌注温度较低且比热容较大或相变吸热量较大的材料，吸收火区热量，降低温度而熄灭高温火区，防止复燃。吸热降温的技术手段有注水、灌浆、注液氮、注液态 CO_2 和灌注胶体等[154]。

灌浆防灭火技术是煤矿井下内因火灾防治的主要措施。该技术应用普遍，泥浆能够吸热降温，对煤体还有包裹作用，达到隔氧的目的。但井下自燃火源通常处于比较高的部位，用水或泥浆灭火时不能滞留在发火部位，易形成固定的通道流动，流过发火部位后仅使煤表面温度得到降低，煤体内部温度仍然很高。水的冲刷将煤体表面的灰分带走，又露出新的煤体表面，水的剧烈蒸发增加了煤的孔隙率，使漏风通道更加畅通。水在 600 ℃ 以上会分解成 H_2 和 O_2，有水煤气爆炸的危险，给井下灭火队员构成极大威胁。

胶体防灭火技术包括压注凝胶、胶体泥浆、稠化胶体和复合胶体等防灭火技术。该技术集堵漏、降温、阻化、固结水等性能于一体，使易于流动的水溶液在指定时间和部位发生胶凝，包裹高温煤体。该方法可充分发挥水的吸热降温作用，较好解决了灌浆和注水的泄漏流失问题，且在近 1000 ℃ 的明火中不会迅速汽化，仅因水分缓慢蒸发而逐渐萎缩。灭火安全性好，在井下湿度为 90%、温度为 28 ℃ 的环境下，13 个月后仍保持完好。

阻化防灭火技术就是向煤体表面喷洒一些具有减少煤体表面氧化活性的材料，降低煤体的氧化活性，抑制煤氧化反应的防灭火技术。技术手段主要有喷注 $CaCl_2$、$MgCl_2$ 等一些吸水性很强的盐类；喷洒雾化阻化剂、惰化阻化剂等。$CaCl_2$、$MgCl_2$ 的水溶液附着在煤体表面时会形成一层含水液膜，阻止煤氧接触，同时能使煤体长期处于潮湿状态，在低温氧化时温度不易升高，从而抑制煤的自热和自燃；Xi Yong-Liang[155]研究了悬浮胶体在抑制煤自燃性能中的应用，实验研究阻化剂防火效果较好，但当煤中水分蒸发时阻化作用就会停止，转而变为催化作用，促进煤的氧化与自燃。惰化阻化剂在煤温超过一定温度时开始吸热汽化，产生惰性阻化气体，阻碍火区的自由基连锁反应过程，高温分解后的剩余物在煤表面生成一层薄膜，冷却后成为脆性覆盖物，使煤与空气隔绝；但该材料不易均匀地分散到煤体内，不能充分发挥其防灭火效能，如用其水溶液注入煤体则易流失。

综上所述，煤自燃主要是由煤氧复合作用并放出热量所致，其氧化放热是根本原因之一。煤氧复合反应放出热量，围岩散热时热量聚集使煤温升高，温度升高使煤氧复合速度提高，最终导致煤体自燃。煤体热量积聚的过程是煤体放热与散热这对矛盾运动发展过程的结果之一。国内外有关学者在煤层自燃特性、危险区域判定、煤自燃监测技术、预警及预控技术等方面都取得了丰硕的研究成果，形成了较为完善的煤自燃防治理论技术体系。对于深井综放开采带来的地温高、强冲击地压等条件变化，煤自燃特性、监测及其自燃防控方法尚存以下问题需要解决：

（1）煤自燃影响因素主要包括内在因素、外在因素和开采因素等，国内外学者采用热重、色谱吸氧及红外光谱分析等研究了煤的内在自燃特性。而煤自燃不仅与其氧化放热性等因素有关，还与外在因素（浮煤堆积量、初始煤温、漏风强度、O_2浓度及其粒度）等有关，同时也与开采条件因素（煤层地质条件、开拓方式、开采方式、通风方式）有关。因此，还需要深入研究深井开采条件下高地温煤层自燃的影响因素及其特性，揭示高地温煤层自燃特点和规律，为煤自燃预防提供指导。

（2）地温高导致煤表面活性结构越多，氧化放热性增强。煤层围岩温度越高，自燃蓄热条件越好，氧化反应放出的热量容易蓄积，有利于煤自燃。采空区与工作环境之间温差形成的热风压是采空区漏风供氧的主要动力。因此，研究高地温作用下综放采空区自燃危险区域，为实现有针对性的防灭火提供基础。

（3）高地温综放工作面采空区煤自燃特征信息的变化监测困难，人工监测连续性差且测点布置多，现有光纤测温、安全监控、束管监测等方法获取的数据难以有效分析煤自燃程度，因此，将矿井安全监控、束管监测、无线自组网温度监测和分布式光纤监测集成为煤自燃多元信息融合火灾预警系统，实现了自然发火危险程度、危险区域、发火时间的动态判定。

（4）深井高地温综放开采煤体破碎，垮落高度和空间体积增大，热风压大，难以控制采空区漏风。现有防灭火技术各有特点，需要针对以上特点，充分考虑热风压、氧化放热及其地温的影响因素，研究适合于深井高地温综放开采的自燃预防模式，研究集阻化、惰化、降温为一体的综合防灭火技术体系。针对高地温煤层综放开采采空区漏风大、氧化放热性强等特点，需要将深井高地温综放开采的特点与预防技术相结合，形成较为完善的深井高地温综放开采煤自燃预防模式，保障矿井的安全生产。

1.4 本书主要结构体系

深井高地温煤层综放开采自然发火过程受地温、冲击地压、开采条件等影响，煤的氧化放热性、漏风供氧条件及其蓄散热环境均发生了变化。高地温煤层的氧化放热性从微观看，主要取决于煤分子表面活性基团的种类、数量和空间结构的特性；从宏观看，主要取决于煤的氧化性、放热性及它们随煤温的动态变化趋势。蓄散热环境主要与煤岩体传导散热强度、浮煤堆积量、空气对流换热系数等外部因素有关。因此，深井高地温综放开采防灭火技术体系结构为：首先研究高地温对煤自燃的全过程、煤自燃特点及其煤自燃特征参数等，结合现场观测，构建矿井煤自燃监测预警指标体系，建立煤自燃预警模型。其次，给出煤自燃特征信息监测点布置方式及关键参数和煤自燃多元信息融合预警机制，提出采空区温度场无线自组网监测技术，与现有煤自燃束管监测系统、安全监控系统集成，开发监测预警软件系统，实现自燃火灾信息全面采集、监测、分析与判断，形成采空区煤自燃多元信息融合预警系统。结合深井开采的实际情况，构建深井高地温煤层自燃预控体系。最后分别在巨野矿区的赵楼矿和龙固矿进行工程应用。深井高地温综放开采防灭火技术体系结构框图如图1-2所示。

1. 高地温煤自燃特性及影响因素

通过对高地温煤自燃特性及影响因素分析，采用煤自燃倾向性测试、红外光谱测试、热重分析等实验测试方法，确定煤自燃微观氧化特性。计算煤活化能和指前因子等氧化动力学参数，确定特征温度和自燃程度量化识别敏感指标，得到高地温矿井煤微观氧化机理。采用XK型煤自然发火实验台测定煤自燃特征气体参数和宏观表征参数。

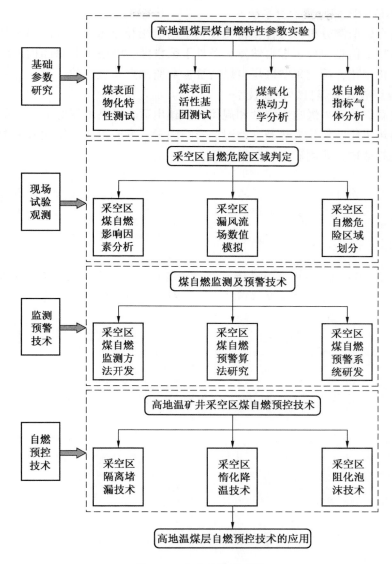

图 1-2　本书结构体系图

2. 高地温煤层综放开采自燃危险区域判定技术

结合煤自然发火实验过程相关数据，测算出高地温下煤自燃极限参数，确定综放开采高地温采空区自燃危险区域判定准则，结合现场观测预测采空区自燃危险区域，为有针对性防控煤自燃提供依据。

3. 煤自燃危险区域监测预警方法

基于大型煤自然发火模拟实验数据和现场观测数据，从数据级、特征级、决策级进行融合。数据级采用多项式最小二乘拟合法得到温度关于各个气体浓度的关系表达式；特征级采用 SVM 和 PSO-SVM 算法确定气体浓度比值与温度的数据的关系；决策层采用数据层提供的最小二乘拟合表达式和特征层提供的分类结果，基于不同要求给出决策，以判断自燃危险状况。

4. 煤自燃危险区域监测预警系统

为实现煤自燃监测分析与预警，将无线自组网监测和分布式光纤测温法相结合，采集采空区煤自燃特征信息，分析煤自然发火条件下采空区、沿空侧和密闭内的温度场、气体浓度分布及变化规律，确定采空区煤自燃特征参数监测点布置参数。

5. 高地温综放开采煤自燃预控技术

根据高地温综放开采煤自燃特性和规律，构建出适合于高地温综放开采的自燃预防模式，有效控制热风压、氧化放热及其地温的影响因素，形成阻化、惰化及降温为一体的预控方法，并在赵楼矿、龙固矿进行现场应用。

2　高地温煤层综放开采自燃特性及影响因素

煤自燃实质主要是煤表面分子中各种活性结构与氧发生物理、化学吸附和化学反应，放出热量，当 O_2 供给充分且聚热条件较好时，产生的热量积聚起来，使煤温升高，从而引起自燃。高地温煤层综放开采煤的氧化放热性、漏风供氧条件及蓄（散）热环境均发生变化，影响因素多。对煤样氧化性影响最大的因素是粒度和温度，煤体破碎程度越大，粒度越小，比表面积越大，煤氧接触面积越大，氧化速度越强。煤分子表面活性结构的活性随温度的变化而变化，温度越高，反应速度越快，温度每升高 10 ℃，反应速度将升高一个数量级。本篇首先分析高地温煤层综放开采煤自燃的影响因素，利用程序升温实验台测试了温度对煤自燃特性的影响；采用红外光谱仪、热分析仪和煤自然发火实验台对巨野矿区龙固矿煤样进行了测试，得到了煤自燃特性参数；采用单组分气体吸附仪测试了煤对 CO_2 与 N_2 的吸附特性，确定高地温条件下煤自燃的吸附特性，为研究深井高地温综放开采煤自燃危险性奠定基础。

2.1　高地温矿井煤自燃影响因素

高地温煤层开采过程中地温高，煤自燃起始温度高，发火期短；矿山压力大，煤体破碎，氧化蓄热条件好；受冲击地压防治影响，工作面推进速度慢，煤体氧化时间长，煤自燃危险性强，这些自燃致灾因素均有利于煤炭自然发火。煤氧化自燃性大小主要表现为氧化性和放热性的大小。煤的耗氧速率与 O_2 浓度、活化能、活性表面积、温度等因素有关。煤的粒度不同，暴露于空气中的表面活性结构数量不同，其耗氧速率也不相同。

2.1.1　内在因素

1. 煤的氧化活性

煤的氧化放热性是通过煤与氧反应速度（即耗氧速率和放热强度）来体现。煤自燃是由于煤表面分子活性结构与空气中的 O_2 发生了复杂的物理化学反应放出热量而造成的。

从分子动力学角度分析，由式（2-1）可得，采空区子温度每升高 10 ℃，气体分子的平均动能就会变为原来的 10 倍。平均动能越高，气体分子中活化分子数就会提高。高地温会使与遗煤接触的 O_2 分子平均分子动能提高，导致低温阶段氧分子与煤表面的活性官能团有效接触率明显提高，煤氧复合反应速率提高，煤与氧之间化学反应活性增强。

$$\overline{\varepsilon}_k = \frac{i}{2}kT \tag{2-1}$$

式中　$\overline{\varepsilon}_k$ ——气体平均分子动能，J；

i ——气体分子自由度；

k ——常数；

T ——体系温度，℃。

从煤分子官能团的能量分析可知，煤自燃过程中煤分子官能团的能量随温度升高逐渐升高。煤分子中不同活性结构参与到煤氧复合反应所需要的激活能量不同，只有能量达到活性结构的激活能量，才能参与到煤的氧化反应中。地温越高，采空区温度也越高，煤氧反应体系所具有的能量就越高，活化能较高的活性结构会得到激发，从而参与到煤的氧化反应中。高地温会使煤的氧化性提高，自燃危险性增强。

2. 煤活性官能团数量及中间活性产物数量的变化

煤在氧化过程中，一些活性较强的官能团首先参与到煤的氧化反应中，煤温越高，参与反应的官能团数量和种类也越多。高地温使煤中活性官能团得到更充分的激活，同时活性官能团也会转化生成活性更强的自由基，这都会使煤中的活泼官能团更多参与到煤氧化反应中，煤的氧化性增强。

表 2-1　煤样在 20 ℃和 40 ℃时红外光谱谱峰强度

波数/cm^{-1}	3697~3684	3624~3613	3500~3200	3050~3030	2975~2915	2875~2858	1710~1700	1604~1599	1449~1439	1379~1373	1220
20 ℃	0.047	0.048	0.023	0.036	0.066	0.054	0.013	0.114	0.093	—	0.068
40 ℃	—	0.02	0.023	0.009	0.032	0.027	—	0.062	0.061	0.043	0.039

由表 2-1 可得，煤样在 40 ℃时出现了 1379~1373 cm^{-1} 的谱峰，这是—CH_3 剪切振动谱峰，因为煤体温度升高，使得-CH_3 官能团能量不断增加，其活性增强。其他的活性官能团（—OH、—CH_2—、C—O—C 等）的谱峰强度都有相应减小，表明煤由 20 ℃升温到 40 ℃时活性官能团大量参与到煤氧化过程中，生成了中间活性产物自由基，且自由基含量的增加会使煤的氧化活性增强。

3. 对煤氧化放热能力的影响

煤在常温下能自发产生热量的主要因素是煤氧复合放出热量，因此，煤的放热性首先受煤的氧化性影响。其次，不同煤种表面分子结构不同，使得煤氧复合消耗相同的氧而产生的热量不同，故煤放热性受煤分子结构影响。最后，煤岩体中还含有一部分无机物质，吸附着一部分原生瓦斯（N_2、CO_2、CH_4 等），存在一部分内在水分和外在水分，这些因素在不同温度下的化学反应、吸附、脱附、蒸发与凝结产生的热效应都与温度有关，故煤的放热性还受温度的影响。因此，在其他条件相同时，地温越高，煤的耗氧速率和放热强度越高，煤体氧化反应速度也越快，煤放热量也就越多，即高地温增强了煤体的氧化放热性。

表 2-2　煤样放热强度和耗氧速率

煤温/℃	29.7	32.4	34.4	36.4	38.5	39.5	41.5
放热强度/($J \cdot s^{-1} \cdot cm^{-3}$)	0.9	1.88	2.46	2.5	2.83	2.52	2.77
耗氧速率/($10^{11} mol \cdot cm^{-3} \cdot s^{-1}$)	6.356	6.697	6.452	7.209	8.138	8.508	9.277

由表 2-2 可得，41 ℃之前煤的耗氧速率和放热强度随煤温的升高而不断升高。煤体温度越高，煤的氧化性就越强。如龙固矿初始地温为 42 ℃，使得采空区遗煤氧化的初始温度升高，煤的氧化初始阶段的放热强度和耗氧速率明显升高，氧化性增强，采空区煤的

自燃危险性明显增强。

2.1.2 外在环境因素

1. 煤体自燃蓄热环境的变化

蓄热环境是影响煤温升高的主要因素，煤自燃低温阶段，煤温升高主要受到煤氧化放热量和蓄热条件两种因素的影响。低温阶段煤放热量较小，造成煤体向外散热的主要途径为对流散热，热传导只占小部分。高地温会阻止煤氧化产生的热量通过煤壁和围岩利用热传导散热；地温升高，增加了环境湿度，会给对流散热产生不利影响。采空区煤体产热量与散热量之间的关系[156]为

$$Q = (\phi \rho_a S_a) \mathrm{div}(v T_a) + \mathrm{div}(\lambda_e \mathrm{grad} T) \qquad (2-2)$$

式中 Q——松散煤岩体向外界散热量，J；

       λ_e——松散煤体导热系数，J/（m·s·℃）；

       ρ_a——空气密度，kg/m³；

       S_a——风流比热，J/（kg·℃）；

       T_a——风流温度，℃；

       ϕ——松散煤体的空隙率；

       v——风流的流速，m/s。

式（2-2）中第一项为热对流散热量，第二项为热传导散热量。在漏风风流速度不变的情况下，风流对流散热量和煤体与风流之间的温度成正相关，而煤体向外热传导也与煤体与围岩之间的温差呈正相关。因此，采空区围岩温度升高会使煤体与漏风流之间及围岩之间的温差变小，从而抑制煤的对流散热和热传导。

2. 漏风供氧条件的变化

高地温矿井产煤工作面由于工作环境与采空区之间存在温差而产生热风压，引起漏风流场变化，加剧了漏风供氧，遗煤自燃危险性增强。热风压的计算公式[6]为

$$H_r = \int_0^{L \sin\alpha} \rho_\infty g \frac{\theta_x - \theta_\infty}{\theta_x} \mathrm{d}x \qquad (2-3)$$

式中 H_r——热风压，Pa；

       ρ_∞——工作面（采空区）进风隅角的环境空气密度，kg/m³；

       θ_∞——工作面（采空区）进风隅角的环境温度，℃；

       θ_x——煤层进风隅角垂直 x 处的温度；

       L——工作面倾向距离，m；

       α——工作面倾角，（°）；

       g——重力加速度，m/s²。

由式（2-3）可以看出，随着风流与围岩之间的热湿交换，工作面风流和采空区气体温度分布不均，造成工作面及采空区局部存在热风压。工作面和采空区的热风压既相互独立，又相互影响。采空区漏风会受到两者之间耦合作用的影响，改变了采空区遗煤漏风供氧和蓄热条件，竖直向上的热风压会造成从底板向采空区的漏风增加，供氧条件充分，煤自燃性增大。

龙固矿 2303S 工作面倾斜宽度为 264～268.5m，原始岩温为 42℃，煤层倾角为 4°～13°，初采期间工作面两巷之间的落差为 28m；工作面采用下行式通风，采空区上端空气温度为 26℃，26℃时空气密度为 1.181 kg/m³，采空区下端的空气经过充分的热量交换，

近似认为与采空区深部温度相同，地温 42 ℃时空气密度为 1.121 kg/m³。为简化计算，近似认为采空区风流温度随风流深入采空区距离的增加符合线性关系，即

$$\theta_x = kx + \theta_\infty$$

式中　　k——系数，℃/m；

　　　　x——距回风隅角的距离，m。

将其代入式（2-3）可得

$$
\begin{aligned}
H_r &= \int_0^{L\sin\alpha} \rho_\infty g \frac{\theta_x - \theta_\infty}{\theta_x} \mathrm{d}x \\
&= \int_0^{L\sin\alpha} \rho_\infty g \frac{kx + \theta_\infty - \theta_\infty}{kx + \theta_\infty} \mathrm{d}x \\
&= \rho_\infty g \left[L\sin\alpha - \frac{\theta_\infty}{k}\ln(kL\sin\alpha + \theta_\infty) \right] - \rho_\infty g \left[\frac{\theta_\infty}{k}\ln(\theta_\infty) \right] \\
&= 71.64 \text{ Pa}
\end{aligned}
$$

2303S 工作面采空区热风压可达 71.64 Pa，可对采空区的漏风造成明显影响。采用下行式通风方式会使采空区漏风方向与热风压方向相反，在一定程度上可以抑制采空区的漏风。然而，一旦采空区煤体因为长时间氧化造成采空区温度升高，使得采空区与工作面的温度差变大，导致热风压升高，甚至会造成采空区漏风反向，致使采空区自燃危险区域发生变化，难以准确判定。由于采空区浮煤长时间缓慢氧化，如不及时控制就会出现自燃现象，甚至导致煤自燃火灾事故。

另外，由于矿井开采深，围岩压力大，综采放顶煤开采导致采空区遗煤粒度小，与 O_2 接触面积增大，造成采空区遗煤氧化能力增强；围岩压力大，会使得煤柱变形和破碎程度增加，向煤柱内部及沿空侧内采空区漏风增加，煤自燃危险性增加。

2.2　温度对煤自燃危险性影响实验

2.2.1　实验条件及装置

煤自燃程序升温实验如图 2-1 所示，整个实验测定系统由气路、程序控温、气体采集装置和分析系统组成。煤样实验管直径为 9.5 cm，高 25 cm，可装煤样 1100 g 左右。罐体上下两端分别留 2 cm 左右的自由空间，并采用 100 目铜丝网托住煤样，以使通气均匀。

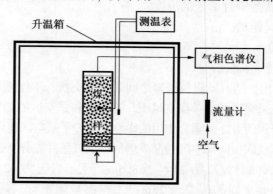

图 2-1　煤自燃程序升温实验装置

将巨野矿区煤样在空气中破碎后筛分出粒径为 0~0.9 mm、0.9~3 mm、3~5 mm、5~7 mm 和 7~10 mm 的煤样各 200 g，均匀混合组成 1000 g 混合煤样（两组，并分别编号为 G、C）。将 G 煤样装入煤样实验管中，在程序升温箱中 40 ℃ 温度下恒温氧化，直到温度及气体成分基本保持不变，然后进行程序升温实验，实验煤样温度每升高 10 ℃ 取一次气体，并用气相色谱仪对气样进行分析；C 煤样从常温 20 ℃ 开始进行程序升温实验，其他条件同 G 煤样。程序升温实验条件见表 2-3。

表 2-3　程序升温实验条件

煤样编号	煤重/g	空气流量/(mL·min^{-1})	升温速率/(℃·min^{-1})
G 煤样	1000	120	0.3
C 煤样	1000	120	0.3

2.2.2　实验结果

煤与氧反应消耗 O_2，生成以 CO 和 CO_2 为主的氧化气体产物，通过程序升温实验和气相色谱分析，可得到两种煤样在不同煤温下的耗氧速率、CO 产生率和 CO_2 产生率。

1. 耗氧速率

根据煤样进出口氧浓度，假设实验过程中风流稳定且仅沿煤样实验罐轴向流动，则可推算出煤样总耗氧速率随煤温的变化规律，计算公式如下：

$$V_{O_2}(T) = \frac{QC_{O_2}^1}{SL} \cdot \ln \frac{C_{O_2}^1}{C_{O_2}^2} \tag{2-4}$$

式中　　$V_{O_2}(T)$——煤温为 T 时的实际耗氧速率，$mol/(cm^3 \cdot s)$；

Q——供风量，120 mL/min；

S——煤样罐截面积，cm^2；

L——煤样高度，cm；

$C_{O_2}^1$、$C_{O_2}^2$——煤样入口、出口处气体中 O_2 的体积浓度，%，入口处为空气，取 $C_{O_2}^1 = 21\%$。

将实验测得的出口 O_2 浓度和其他参数代入式（2-4），可得到不同煤温下耗氧速率的变化曲线，如图 2-2 所示。

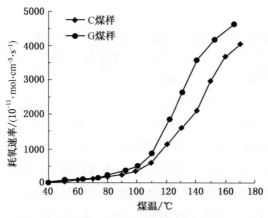

图 2-2　耗氧速率与煤温关系

2. CO、CO_2 产生率

煤样氧化过程中，假设罐体内煤体 CO、CO_2 产生率与耗氧速率成正比，根据流体流动与传质理论，结合式（2-4）可推得 CO、CO_2 产生率的计算公式，如下所示：

$$V_{CO}(T) = \frac{V_{O_2}(T)(C_{CO}^2 - C_{CO}^1)}{C_{O_2}^1 \left[1 - \exp\dfrac{-V_{O_2}(T)SL}{QC_{O_2}^1}\right]} \quad (2-5)$$

$$V_{CO_2}(T) = \frac{V_{O_2}(T)(C_{CO_2}^2 - C_{CO_1}^1)}{C_{O_2}^1 \left[1 - \exp\dfrac{-V_{O_2}(T)SL}{QC_{O_2}^1}\right]} \quad (2-6)$$

式中　　　　$V_{CO}(T)$、$V_{CO_2}(T)$——煤温为 T 时的 CO、CO_2 产生率，$mol/(cm^3 \cdot s)$；

C_{CO}^1、$C_{CO_2}^1$ 和 C_{CO}^2、$C_{CO_2}^2$——煤样入口、出口处气体中 CO、CO_2 的体积浓度，%。

将实验测得出口的 CO、CO_2 浓度和通过式（2-4）测算的耗氧速率及其他参数代入式（2-5）、式（2-6）中，得到不同煤温下 CO、CO_2 产生率变化曲线，如图 2-3 所示。

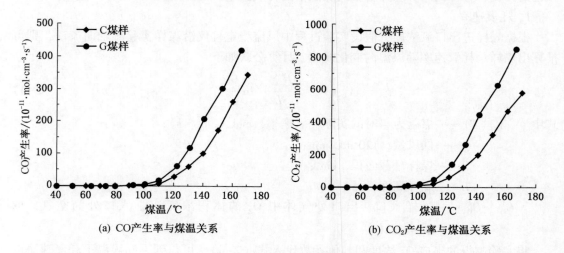

(a) CO产生率与煤温关系　　　　　　(b) CO_2产生率与煤温关系

图 2-3　CO、CO_2 产生率与煤温关系

3. 极限放热强度

煤体放热强度是衡量煤体放热性的重要指标参数。利用键能估算法，根据煤体在不同温度下的耗氧速率、CO 产生率、CO_2 产生率及煤氧复合作用过程中的键能变化量，可以推算出煤体极限放热强度 q，计算公式如下：

$$q_{max}(T) = \Delta\overline{H}[V_{O_2}(T) - V_{CO}(T) - V_{CO_2}(T)] + \Delta H_{CO}V_{CO}(T) + \Delta H_{CO_2}V_{CO_2}(T) \quad (2-7)$$

$$q_{min}(T) = \Delta H_{吸}[V_{O_2}(T) - V_{CO}(T) - V_{CO_2}(T)] + \Delta H_{CO}V_{CO}(T) + \Delta H_{CO_2}V_{CO_2}(T) \quad (2-8)$$

式中　　　$q_{max}(T)$——煤体温度为 T 时的实际最大放热强度，$J/(cm^3 \cdot s)$；

$q_{min}(T)$——煤体温度为 T 时的实际最小放热强度，$J/(cm^3 \cdot s)$；

$\Delta\overline{H}$——煤氧复合反应中间第二步反应的平均反应热，$\Delta\overline{H} = 284.97\ kJ/mol$；

$\Delta H_{吸}$——煤对氧的化学吸附热，$\Delta H_{吸} = 58.8\ kJ/mol$；

ΔH_{CO}、ΔH_{CO_2}——煤氧复合生成 1 mol 的 CO、CO_2 放出的平均反应热，ΔH_{CO} = 311.9 kJ/mol，ΔH_{CO_2} = 446.7 kJ/mol。

将测算出的耗氧速率、CO 产生率、CO_2 产生率及其他参数代入式（2-7）、式（2-8），可得到不同煤温下的极限放热强度变化曲线，如图 2-4 所示。

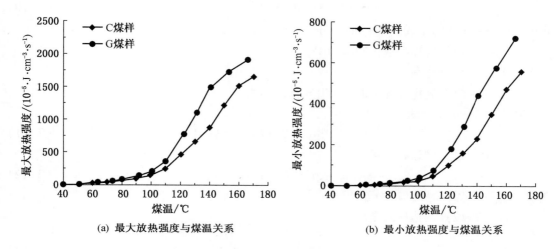

(a) 最大放热强度与煤温关系   (b) 最小放热强度与煤温关系

图 2-4　煤样极限放热强度

从图 2-2 至图 2-4 可以看出，G 煤样和 C 煤样的耗氧速率、CO 产生率、CO_2 产生率和极限放热强度均随煤温升高而增大，且趋势相同，符合指数增长趋势；在整个过程中，G 煤样的耗氧速率、CO 产生率、CO_2 产生率和极限放热强度均高于 C 煤样。在低温阶段，即煤温低于 120 ℃时增长率较小，增长趋势缓慢，G 煤样、C 煤样增长相差不大；当煤温高于 120 ℃以后增长率急剧增加，呈迅速上升趋势，G 煤样增长大于 C 煤样。说明在煤温低于 120 ℃时煤氧化反应强度较弱，当煤温高于 120 ℃后煤氧化反应强度急剧增大。通过上述分析，说明经过恒温 40 ℃处理然后升温的 G 煤样，其氧化性和放热性都相应高于从常温条件下程序升温的 C 煤样，在同等环境条件下，其更容易发生氧化反应，蓄热升温，说明高温环境下的 G 煤样具有更大的自燃危险性。

2.2.3　温度对煤表观活化能影响

1. 计算模型

煤氧化过程中，煤中活性基团与 O_2 反应生成 CO、CO_2 及其产物，化学反应如下：

$$coal + O_2 \longrightarrow mCO + gCO_2 + 其他产物$$

根据反应速率公式和阿伦尼乌斯方程可得到如下关系：

$$v_T = v_{O_2} = v_{CO}/m = Ac_{O_2}^n \exp(-E/RT) \qquad (2-9)$$

式中　　v——反应速率；

T——煤的热力学温度，K；

A——指前因子；

c_{O_2}——反应气体中 O_2 浓度，mol/m^3；

n——反应级数；

E——表观活化能，J/mol；

R——摩尔气体常数，8.314 J/(mol·K)。

在程序升温实验过程中，假设风流仅沿煤样实验管的轴向流动且流量恒定；实验管内温度分布均匀；反应前后煤样质量变化可以忽略不计。则沿煤样实验管轴向单位长度 dx 内煤样的 CO 生成速率方程为

$$Sv_{CO}dx = kV_g dc \tag{2-10}$$

式中　v_{CO}——CO 的生成速率，mol/(m^3·s)；

　　　k——单位换算系数，22.4×10^9；

　　　V_g——气流速率，m^3/s；

　　　c——煤样氧化过程中的 CO 生成量，10^{-6}。

将式（2-9）代入式（2-10）可得

$$SmAc_{O_2}^n \exp(-E/RT)dx = kV_g dc \tag{2-11}$$

对式（2-11）两边积分可得

$$SmAc_{O_2}^n \exp(-E/RT)L = kV_g c_{out} \tag{2-12}$$

式中　c_{out}——煤样罐出口 CO 浓度。

对式（2-12）两边取对数可得

$$\ln c_{out} = -\frac{E}{R}\frac{1}{T} + \frac{mSALc_{O_2}^n}{kV_g} \tag{2-13}$$

从式（2-13）中可以看出，在气流速率恒定时，$\ln c_{out}$ 与 $1/T$ 呈线性关系，通过斜率的计算可得到煤与 O_2 不同反应阶段的表观活化能。

2. 结果分析

根据计算模型，利用式（2-13）对两种煤样不同煤温的 CO 浓度进行计算，得到 $\ln c_{out}$ 随 $1/T$ 之间的变化关系，以 $\ln c_{out}$ 为纵坐标，$1/T$ 为横坐标作图，并进行线性拟合，如图 2-5 所示。

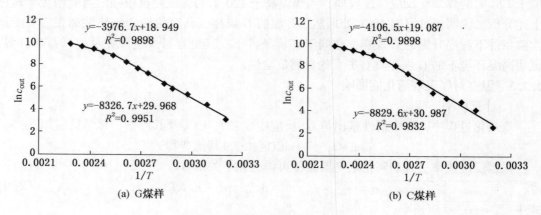

(a) G 煤样　　　　　　　　　(b) C 煤样

图 2-5　煤样 $\ln c_{out}$ 随 $1/T$ 变化关系

图 2-5 中，将煤温低于 120 ℃设为低温阶段，高于 120 ℃设为高温阶段，线性拟合的相关系数均大于 0.98，说明拟合程度较好，与实际结果相符合。根据式（2-13），通过拟合直线的斜率（$-E/R$）可以计算出两种煤样在不同温度阶段的表观活化能 E，计算结果见表 2-4。

表2-4 煤样的表观活化能

煤样编号	表观活化能 $E/(kJ \cdot mol^{-1})$		
	低温阶段	高温阶段	ΔE
G 煤样	69.23	33.06	36.17
C 煤样	73.41	34.14	39.27

从图2-5和表2-4可以看出，煤氧复合反应表观活化能在不同温度阶段有较大差异，高温阶段表观活化能较低温阶段要低，主要是由于煤温升高，煤氧分子结合碰撞机会增大，活化分子不断增多，加快了煤氧化反应速率，使得普通反应物分子变成活化分子所需能量减少所致。从表2-4可以看出，经过恒温处理后程序升温的G煤样表观活化能在各温度阶段均低于从常温条件下程序升温的C煤样，并且在低温阶段G煤样表观活化能要比C煤样低，在高温阶段，G煤样表观活化能与C煤样只相差1.08 kJ/mol，比较接近。G煤样相对C煤样，煤体表面氧化活性结构增多，氧化性能增强，具有更强的氧化反应能力。由于其表观活化能更小，尤其是低温阶段氧化反应所需能量更低，同等条件下参与反应分子更多，氧化反应速度更快，对蓄热环境要求更低，易氧化升温发生自燃，自燃危险性更大。

2.3 煤自燃特性及氧化动力学分析

2.3.1 孔隙特性与煤自燃倾向性

1. 煤样处理及工业分析

实验采用巨野矿区龙固矿煤样，块煤直径为10~20 cm。将新鲜煤样在空气中粉碎成0.075~0.1 mm，并密封存待实验测试。煤样工业分析及真密度测试结果见表2-5。

表2-5 煤样工业分析及真密度

测试类别	$M_{ad}/\%$	$A_d/\%$	V_d	真密度$/(g \cdot cm^{-3})$
测试结果	1.31	11.86	34.3	1.348

2. 孔隙特性

煤体内部存在很多孔隙，其按大小可分为大孔（孔径大于100 nm）、中孔（孔径为10~100 nm）、微孔（其孔径小于10 nm）[157]，采用Autosorb-IQ-C型全自动吸附仪在77.4 K液氮气氛实验条件下对龙固矿煤样进行孔径分布测试，测试结果见表2-6。煤样孔隙主要为大孔和中孔，中孔的总体积小于大孔的总体积，微孔的总体积占比较少。

表2-6 孔体积分布表

孔径/nm	煤样孔体积$/(10^{-3}cm^3 \cdot g^{-1})$	孔径/nm	煤样孔体积$/(10^{-3}cm^3 \cdot g^{-1})$
微孔（<10）	1.3	大孔（>100）	3.62
中孔（10~100）	2.55		

3. 煤自燃倾向性

采用ZRJ-1型煤自燃性测定仪对龙固矿煤样进行测试，煤样的自燃倾向性见表2-7。由表可知龙固矿煤自燃倾向性属于Ⅱ类。

表2-7　煤炭自燃倾向性分类

煤样	自燃倾向性	30 ℃常压煤（干煤）的吸氧量/$(cm^3 \cdot g^{-1})$
龙固矿煤样	Ⅱ	6.3

2.3.2　煤氧化过程中红外光谱特征分析

2.3.2.1　实验条件

采用 VERTEX70 型傅里叶变换红外光谱仪，其干涉仪部分为气密闭结构。试样采用 KBr 压片法制作，按照 1∶180 比例称取煤样和干燥的 KBr 粉末之后进行充分混合研磨，使用压片机压制成红外实验测试样品。红外扫描过程中设置扫描范围为 $4000 \sim 400 \ cm^{-1}$，分辨率为 $4 \ cm^{-1}$，累加扫描 32 次。为测试煤样在氧化过程中随煤氧化温度升高其活性官能团的变化规律，采用恒温氧化法制备煤样。首先将采自龙固矿的新鲜煤样在 N_2 氛围下破碎，筛选出粒度小于 0.075 mm 的碎煤，采用干锅和程序升温箱将煤样在不同氧化温度下预氧化，20 ℃为一个梯度氧化方式，煤样氧化温度范围为 40~300 ℃。到达氧化温度后维持 3 h 恒温氧化，快速取出氧化煤样，放置于 N_2 气氛的瓶中，密封保存进行红外实验，测试煤样中官能团的红外特征。煤样中官能团的红外光谱谱峰种类和归属情况见表2-8[158]。

表2-8　煤红外光谱特征谱峰类型及归属表

编号	波数/cm^{-1}	官能团	谱峰归属
1	3697~3684	—OH	游离的羟基
2	3624~3613	—OH	分子内氢键
3	3500~3200	—OH	酚羟基、醇羟基或氨基在分子间缔合的氢键
4	2975~2915	—CH_2、CH_3	甲基、亚甲基不对称伸缩振动
5	2858~2847	—CH_2	亚甲基对称伸缩振动
6	1736~1722	—COOH	醛、酮、酯类羰基
7	1706~1705	C＝O	地酮类羰基
8	1604~1599	C＝C	芳香环中的 C＝C 伸缩振动
9	1449~1439	—CH_2—CH_3	亚甲基剪切振动
10	1379~1373	—CH_3	甲基剪切振动
11	1264~1200	Ar—CO	芳香醚
12	1040	C—O—C	烷基醚
13	819~799		取代苯类

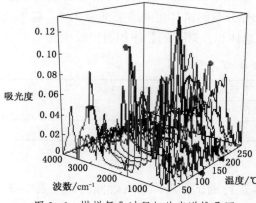

图 2-6　煤样氧化过程红外光谱堆叠图

2.3.2.2　煤样氧化的红外光谱特征

煤样在氧化过程中官能团的三维红外光谱堆叠图如图 2-6 所示，氧化过程中每隔 20 ℃测试煤样的红外光谱曲线如图 2-7 所示，官能团特征谱峰强度见表 2-9。

1. 煤样中活性官能团分析

煤样本身含有的活性官能团种类和数量可由红外谱图在室温下（20 ℃）得出。煤样红外谱曲线图在波数为 3500~3200 cm^{-1} 时出现明显的振动峰，此振动峰是煤分子活泼官能团酚

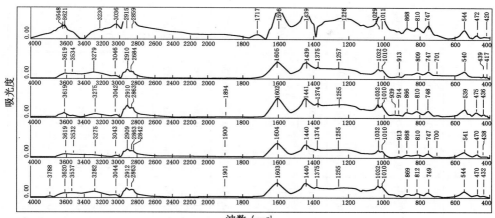

(a) 20 ~ 100℃

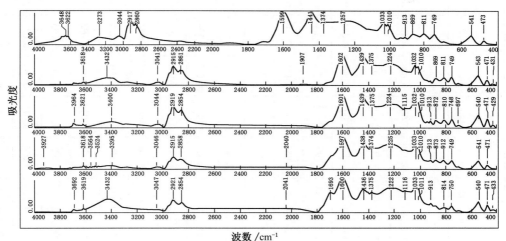

(b) 120 ~ 200℃

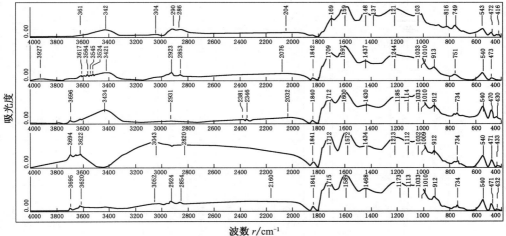

(c) 220 ~ 300℃

图 2-7 煤样不同氧化温度时的红外光谱

表2-9　煤样在不同氧化温度下的官能团特征谱峰强度

波数/cm⁻¹	原煤	温度/℃													
		40	60	80	100	120	140	160	180	200	220	240	260	280	300
3697~3684	0.047	—	—	—	—	0.019	0.004	0.001	0.006	0.005	—	0.003	0.006	0.015	0.008
3624~3613	0.048	0.02	0.017	0.012	0.015	0.021	0.007	0.008	0.012	0.007	0.004	0.008	—	0.016	0.012
3500~3200	0.023	0.023	0.013	0.009	0.002	0.018	0.006	0.01	0.007	0.025	0.015	0.015	0.028	—	0.009
3050~3030	0.036	0.009	0.009	0.006	0.02	0.018	0.006	0.008	0.008	0.005	0.005	0.005	0.005	0.029	0.016
2975~2915	0.066	0.032	0.045	0.029	0.034	0.066	0.041	0.058	0.049	0.023	0.017	0.014	0.006	0.026	0.021
2875~2858	0.054	0.027	0.037	0.025	0.027	0.052	0.032	0.045	0.04	0.018	0.016	0.01	—	0.027	0.019
1790~1770	—	—	—	0.02	—	—	—	—	—	—	—	—	—	—	—
1710~1700	0.013	—	0.03	—	—	0.006	—	—	—	0.037	0.039	0.052	0.052	0.04	0.072
1604~1599	0.114	0.062	0.073	0.051	0.052	0.082	0.072	0.087	0.134	0.066	0.074	0.064	0.065	0.041	0.078
1449~1439	0.093	0.061	0.072	0.046	0.052	0.083	0.068	0.082	0.109	0.043	0.054	0.036	0.037	0.026	0.052
1379~1373	—	0.043	0.053	0.031	0.036	0.061	0.05	0.063	0.088	0.037	0.048	—	—	—	—
1220	0.068	0.039	0.051	0.029	0.035	0.06	0.048	0.062	0.101	0.046	0.06	0.047	0.068	0.035	0.064
1040	0.072	0.036	0.048	0.026	0.042	0.056	0.044	0.074	0.093	0.049	0.051	0.052	—	0.039	0.071
870	0.032	0.017	0.019	0.009	0.01	0.026	0.015	0.018	0.035	0.034	0.025	—	—	—	—
820	0.034	—	0.023	0.011	0.014	0.027	0.016	0.019	0.033	0.009	0.022	—	—	—	—
750	0.045	0.026	0.025	0.013	0.016	0.026	0.017	0.021	0.034	0.011	0.023	0.01	0.02	0.007	0.011

羟基、醇羟基或氨基在分子间缔合的氢键（—OH）的振动谱峰，羟基峰的型较宽，面积较大，煤样中含有的羟基较多。在波数为 3697～3684 cm^{-1} 时官能团谱峰为煤样中游离态的羟基谱峰，在波数为 3697～3684 cm^{-1} 处为羟基以分子内氢键形式引起的红外谱峰，这两个谱峰在煤样红外谱图中出现，说明存在游离态羟基和分子内氢键。在波数 2810～2975 cm^{-1} 处出现双峰形式振动峰，这是煤分子中脂肪烃类官能团常见的甲基、亚甲基（—CH$_2$—CH$_3$、—CH$_2$）的谱峰。红外谱图中甲基、亚甲基峰高和峰面积大，因此煤样中含有较多数量的甲基、亚甲基。在波数为 1379～1373 cm^{-1} 处出现的红外振动谱峰是煤中含有的亚甲基（—CH$_2$）剪切振动产生的，其峰面积较小。脂肪烃是煤低温氧化过程中大量产生 CO 气体的主要活性官能团。在波数为 1736～1722 cm^{-1} 处出现的是醛、酮、酯类羰基（—COH）振动峰，含量较少，由于烟煤中很少存在羟基，此处的少量羰基是由于煤样采集和破碎时煤接触 O$_2$ 氧化产生的；在波数为 1701～1556 cm^{-1} 处出现芳香环中碳碳键伸缩振动峰，峰高大且峰型宽。芳香烃是产生烷烃和烯烃气体的主要官能团。

煤样的分子结构中含有大量易氧化的活泼官能团，主要包括羟基（—OH）、甲基亚甲基（—CH$_2$—CH$_3$、—CH$_2$）、地酮类羰基（C＝O）等。煤自燃过程中煤分子中的芳香环结构化学活性较低，在煤自燃初期不会参与煤的氧化反应；而芳香环为主体结构，单元侧链由于其性质活泼，在初期参与煤的氧化反应，这是由于芳香环侧链中含有大量羟基、甲基亚甲基、羧基等性质活泼的官能团。这些活性官能团在煤低温氧化过程中易于脱落，抗氧化能力弱，易于和 O$_2$ 发生反应，是导致煤发生低温氧化自燃的关键活性结构。

2. 煤样氧化过程中官能团变化规律

由图 2-8 可知，羟基官能团谱峰强度随煤氧化煤温升高而不断变化，这是由于煤氧化过程中不同阶段羟基参与不同反应造成。其中波数为 3697～3684 cm^{-1} 的谱峰是煤中游离羟基的红外振动峰，很容易被氧化，因此原有游离的羟基只在煤自燃初期存在，在氧化温度超过 50 ℃后即消失。当煤温升高到 160 ℃左右时，由于煤的氧化反应再次发生，其谱峰强度随煤温度升高呈现逐渐减小趋势。波数为 3642～3613 cm^{-1} 的谱峰是分子内氢键的红外振动峰，在整个升温过程中一直都存在，可被检测到，其红外谱峰的强度随煤温升高呈现逐渐减小趋势，这是由于煤的氧化过程中其参与氧化而逐渐消耗造成煤中的含量逐渐减小。波数为 3500～3200 cm^{-1} 的谱峰是酚羟基、醇羟基或氨基在分子间缔合的氢键红外谱峰，在煤温为 140 ℃时呈现为尖峰形状。

煤氧化过程中脂肪烃特征谱峰强如图 2-9 所示，脂肪烃官能团随煤温升高总体表现为先下降后上升然后再下降的趋势。波数在 2975～2915 cm^{-1} 和 2875～2858 cm^{-1} 的红外谱峰以均双峰形式出现，其强度随煤氧化温度升高有相同的变化趋势。煤温升高表现为先升高后下降的趋势，其红外谱峰强度在 160 ℃之前逐渐增大，在 160 ℃时达到最大值，之后逐渐减小。波数为 1449～1439 cm^{-1} 的红外谱峰强度随煤温升高呈现先增大后减小的趋势，谱峰强度在煤体温度为 180 ℃之前为逐渐增大趋势，在煤体温度为 180 ℃时谱峰强度达到最大值，之后逐渐减小。波数为 1379～1373 cm^{-1} 的红外谱峰在原煤样中没有被检测到，只有在氧化温度达到 40 ℃时才出现，超过 40 ℃之后其谱峰强度变化趋势与波数为 1449～1439 cm^{-1} 的红外谱峰强度类似，谱峰先增大后减小，在煤温为 180 ℃时达到最大值。

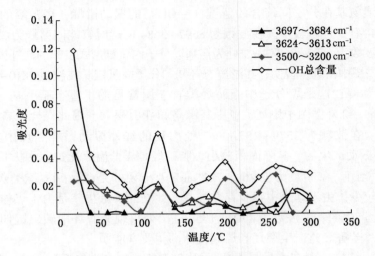

图 2-8 煤样氧化过程中羟基特征谱峰强度

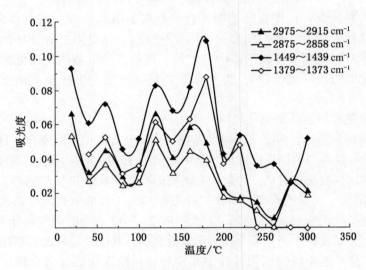

图 2-9 煤氧化过程中脂肪烃特征谱峰强度

煤氧化过程中芳香烃特征谱峰强度如图 2-10 所示。由图 2-10 可知，波数为 3050~3030 cm^{-1} 的红外谱峰强度在煤氧化初期随煤温升高而减弱，当谱峰强度减小到最小值后会稳定在一定的范围内，不会再随煤温出现大幅度的变化。波数为 900~700 cm^{-1} 的谱峰带中，波数为 870 cm^{-1}、820 cm^{-1} 和 750 m^{-1} 的谱峰强度在煤氧化过程中随着煤体氧化温度升高呈现逐渐减弱的变化趋势，其谱峰强度直到煤体氧化温度达到 180 ℃ 时突然增大，之后随煤温升高转为减小趋势；波数为 870 cm^{-1} 和 820 cm^{-1} 的谱峰强度在煤温达到 240 ℃ 时消失。波数为 1604~1599 cm^{-1} 的谱峰强度较高，在煤氧化过程中随煤温升高，其强度总体呈现先减小后增大的趋势，然后转变为逐渐减小的趋势；煤温在 100 ℃ 之前谱峰强度呈逐渐减小的趋势，煤温在 100~180 ℃ 之间转为迅速增大的变化趋势，超过 180 ℃ 之后谱峰强度随煤温升高而减小。

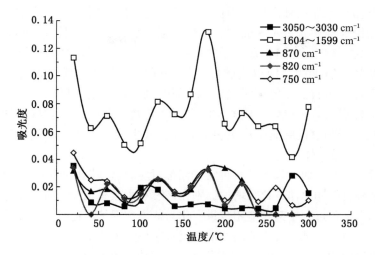

图 2-10 煤氧化过程中芳香烃特征谱峰强度

煤氧化过程中含氧官能团特征谱峰强度如图 2-11 所示。煤样中含氧官能团谱峰强度随煤温升高总体表现为先下降后上升然后再下降最后上升的趋势。波数为 1710~1700 cm⁻¹的红外谱峰在煤氧化过程中随煤温升高呈现单调递增的趋势,在煤氧化温度没有达到 160 ℃之前谱峰强度随温度的升高而缓慢增大,超过 160 ℃后红外谱峰强度随煤温升高而迅速变大。波数为 1040 cm⁻¹ 和 1220 cm⁻¹ 的红外谱峰在煤氧化过程中,其谱峰强度随煤温升高的变化情况类似,总体趋势为先减小后增大最后减小的变化趋势,其谱峰强度的最大值出现在煤体温度为 180 ℃时。

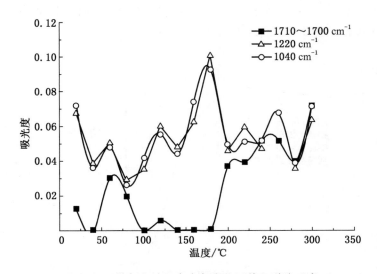

图 2-11 煤氧化过程中含氧官能团特征谱峰强度

2.3.2.3 煤氧化过程中各温度阶段主要活性官能团

煤体氧化过程中,芳香烃官能团的谱峰强度随温度升高呈现先增加后减少的趋势。环烷烃类官能团的谱峰强度与芳香烃类官能团的变化趋势类似。脂肪烃类官能团的谱峰强度随煤氧化温度升高呈现先增加后逐渐降低的趋势，这是因为煤低温氧化过程中煤中的脂肪烃类官能团在新鲜煤样中含量不多而化学活性较强，易在煤氧化低温阶段氧化。但环烷烃类官能团在煤氧化过程中会受到 O_2 分子的影响，在一些活性较强的化学键部分发生断裂，生成较多的脂肪烃类官能团，使得脂肪烃的谱峰强度表现为先减小后增长最后降低的趋势。羟基、醚键等含氧官能团的谱峰强度随煤温升高呈现先增加后降低的趋势。羰基类官能团在煤氧化的低温阶段易氧化生成酸、酯和醚，造成羟基处的吸收峰增加，随着煤氧化程度的深入，酸、酯和醚键断裂生成更多的羰基，并生成大量氧化稳定产物 CO_2、H_2O 和不稳定产物 CO、烃类气体。

煤氧化过程中，某一时刻煤中的每种官能团都对应着官能团的生成反应和消耗反应，如果某一过程中某种官能团总体变化为增加，则在该过程中其生成反应速率大于其消耗反应速率。相似的，如果在该过程中某官能团数量变化为减小，则其消耗反应速率大于生成反应速率。在氧化的某一阶段，某一种官能团的消耗反应速率大于产生速率时，说明此官能团主要参与到煤的氧化反应中，与 O_2 和其他官能团反应生成中间自由基或生成氧化的最终产物，说明此官能团就是在此过程中参与了煤氧化的主体反应，其为该温度阶段的活性官能团。

由分析可得，20~60 ℃范围内巨野矿区煤样中—OH、—CH$_3$、—CH$_2$—、C—O—C 官能团活性较大，60~100 ℃范围内巨野矿区煤样的活性官能团主要为—OH、—CH$_3$、—CH$_2$—、C—O—C，100~160 ℃时活性官能团主要为—OH、—CH$_3$、—CH$_2$—、C—O—C、C=O，160~220 ℃时活性官能团包括—OH、—CH$_3$、—CH$_2$—、C—O—C，其中 Ar—CO 在 180 ℃时活性增强。

2.3.3 煤自燃热重实验分析

本实验采用德国耐驰公司生产的同步热分析仪（TGA-DSC）。实验时气流成分采用模拟空气成分（N_2：O_2＝4：1），实验过程中设置煤样环境温度升温速率为 4 ℃/min，通过实验得到龙固矿煤样的热重 TG 曲线如图 2-12 所示。

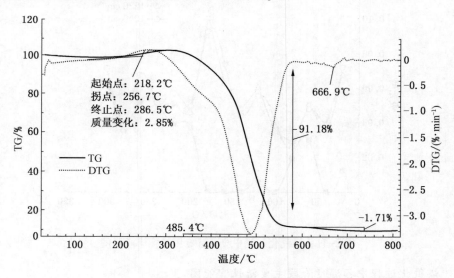

图 2-12　煤样热重 TG 曲线

自燃过程中不同阶段参与反应的官能团会发生变化，宏观表现为热重实验过程中煤的失重和热失重速率会随温度和时间发生变化[159]。煤在自燃过程中的失重和热失重速率发生特定变化的温度点，即煤自燃过程中的特征温度[160]见表2-10。

表2-10 煤自燃过程中的特征温度　　　　　　　　　　　　　　℃

T_1	T_2	T_3	T_4	T_5	T_6
38~40	75~81	128~132	153~163	256~265	304~306

煤样在反应过程中高位吸附温度 T_1 为 38~40 ℃，此温度点煤样对 CO_2、O_2、N_2 等气体的物理吸附量达到整个反应过程中的最大值。煤样临界温度 T_2 为 75~81 ℃，在临界温度以后煤样与 O_2 反应速率加快。煤样干裂温度 T_3 为 128~132 ℃，在干裂温度以后，煤分子结构中稠环芳香体系的桥键、烷基侧链、含氧官能团开始发生裂解或解聚，煤与 O_2 氧化反应速率进一步加快[161]。煤样活性温度 T_4 为 153~163 ℃。煤样增速温度 T_5 为 256~265 ℃，增速温度之后煤分子结构中的环状大分子断链裂解速度急剧增大，化学反应速度急剧升高。煤样的着火温度 T_6 为 304~306 ℃，当煤氧化温度超过煤着火温度后，与 O_2 之间的化学反应开始转变为剧烈的燃烧反应，进一步发展会出现明火，煤中芳香类结构大量热解氧化，这一过程伴随大量稳定气体态物质产生和释放。

2.3.4 煤自燃氧化动力学参数

根据阿累尼乌斯（Arrhenius）公式[162,163]可得

$$\frac{dx}{dt} = Ae^{\frac{E}{RT}} \times (1-x)^n$$

$$x = \frac{m_0 - m}{m_0} = \frac{\Delta m}{m} \times 100\% \tag{2-14}$$

式中　　x——实验过程中煤燃烧反应转化率,%；

　　　　n——反应级数；

　　　　E——表观活化能，kJ/mol；

　　　　R——摩尔气体常数，kJ/(mol·K)；

　　　　A——指前因子，s^{-1}；

　　　　m_0——样本起始质量，g；

　　　　Δm——反应过程中某时刻 t 煤样的失重，g；

　　　　m——燃烧反应过程中某一时刻 t 煤样的质量，g。

由于对龙固矿煤样的热重分析实验采用恒定的升温速率 λ（k·min^{-1}），因此实验过程中温度与时间为线性关系，由此可得

$$\ln\frac{\ln(1-x)}{T^2} = \ln\left[\frac{AR}{\lambda E}\left(1-\frac{2RT}{E}\right)\right] - \frac{E}{RT} \quad n=1 \tag{2-15}$$

$$\ln\frac{1-(1-x)^{1-n}}{T^2(1-n)} = \ln\left[\frac{AR}{\lambda E}\left(1-\frac{2RT}{E}\right)\right] - \frac{E}{RT} \quad n\neq 1 \tag{2-16}$$

上述两个方程都称为 Coats-Redfern 方程。将 Frank-Kameneskii 的近似式结合 $f(\alpha) = \frac{1}{G'(\alpha)} = \frac{1}{d[G(\alpha)]/d\alpha}$ 式可得到另一种表达形式，即

$$\ln \frac{G(\alpha)}{T^2} = \ln \frac{AR}{\lambda E} - \frac{E}{RT} \qquad\qquad (2-17)$$

选取不同的固态机理反应机理函数 $G(\alpha)$，对 $\ln \dfrac{G(\alpha)}{T^2}$ 与 $\dfrac{1}{T}$ 作图，运用最小二乘法进行拟合，能得到一条直线，从斜率 $-E/R$（对正确的 n 值而言）中可得到 E 值，截距得 A 值。常用固体反应机理函数[162] 见表 2-11。

将龙固矿煤样采用不同的机理函数进行计算，其中煤样在失水失重阶段的机理函数 $G(\alpha) = [-\ln(1-\alpha)]^4$，$n=4$，煤样在吸氧增重阶段的机理函数 $G(\alpha) = [-\ln(1-\alpha)]^3$，$n=3$。对 $\ln \dfrac{G(\alpha)}{T^2}$ 与 $\dfrac{1}{T}$ 作图，如图 2-13 和图 2-14 所示，从斜率 $-E/R$ 中可得到 E 值，截距得 A 值。

表 2-11   常用固体反应机理函数

编号	函数名称	机理	积分形式 $G(\alpha)$	微分形式 $f(\alpha)$
1	Z-L-T 方程	三维扩散	$[(1-\alpha)^{-\frac{1}{3}} - 1]^2$	$\frac{3}{2}(1-\alpha)^{\frac{4}{3}}[(1-\alpha)^{-\frac{1}{3}} - 1]^{-1}$
2	Avrami–Erofeev 方程	$n=2$	$[-\ln(1-\alpha)]^2$	$\frac{1}{2}(1-\alpha)[-\ln(1-\alpha)]^{-1}$
3	Avrami–Erofeev 方程	$n=3$	$[-\ln(1-\alpha)]^3$	$\frac{1}{3}(1-\alpha)[-\ln(1-\alpha)]^{-2}$
4	Avrami–Erofeev 方程	$n=4$	$[-\ln(1-\alpha)]^4$	$\frac{1}{4}(1-\alpha)[-\ln(1-\alpha)]^{-3}$
5	反应级数	化学反应	$(1-\alpha)^{-1}$	$(1-\alpha)^2$
6	2/3 级化学反应	$n=2/3$	$(1-\alpha)^{-\frac{1}{2}}$	$2(1-\alpha)^{\frac{3}{2}}$
7	三级化学反应	$n=1.5$	$(1-\alpha)^{-2}$	$\frac{1}{2}(1-\alpha)^3$

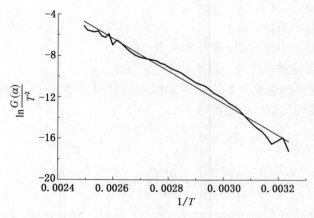

图 2-13   失水失重阶段 $\ln \dfrac{G(\alpha)}{T^2}$ 与 $1/T$ 的关系

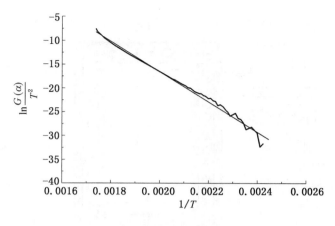

图 2-14 吸氧增重阶段 $\ln \dfrac{G(\alpha)}{T^2}$ 与 $1/T$ 的关系

根据煤样失水失重阶段活化能和吸氧增重阶段活化能的关系方程，从拟合曲线斜率 $-E/R$ 中可得到 E 值，煤样不同阶段的活化能计算结果见表 2-12。

表 2-12 龙固矿煤样不同阶段的活化能

燃烧阶段	活化能/（kJ·mol⁻¹）	lnA	相关度
失水失重	94.49	30.98	0.965
吸氧增重	231.50	52.32	0.994

由表 2-12 可得，煤样的失水失重活化能小于煤样的吸氧增重活化能，失水失重阶段反应难度小于吸氧增重阶段的反应难度。经过失水失重阶段后干燥煤表面大量吸附 O_2 使得煤体质量增加，在此阶段 O_2 主要以化学吸附和化学反应的形式与煤样结合，反应生成大量中间产物，这为下阶段出现剧烈燃烧反应提供了大量的活性基团。

2.4 煤自燃特征参数测试

2.4.1 实验条件及装置

1. 实验装置

为研究煤自燃过程中指标性气体与煤自燃温度之间的变化规律，采用 XK 型煤自然发火实验台进行实验。煤自然发火实验台主要由为实验台供气的气路、温度监测调节部分和气体采集与检测等部分组成，装置如图 2-15 所示。

2. 实验过程

将从龙固矿采集的 2 t 块煤煤样，采用颚式破碎机破碎，同时将破碎好的煤样装入煤自然发火实验装置中。炉内煤体温度从实验开始的 29.7 ℃升至 167.9 ℃，历时 69 d，除去因停电、降温、仪器维护等客观因素而造成煤自然发火实验时间的延长，按照原始温度为 37.82 ℃计算，得出煤样的自然发火期为 46 d。

2.4.2 煤自燃特征温度

高温点温度与时间之间的关系如图 2-16 所示。

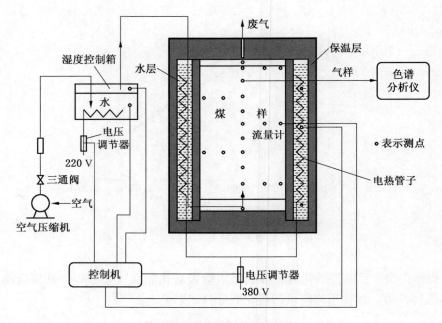

图 2-15 煤自燃发火实验台

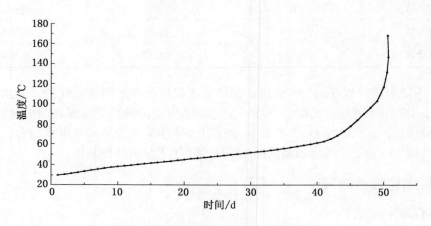

图 2-16 高温点温度与时间之间的关系

煤温拟合曲线为

$$y = 0.0007x^6 - 0.00005x^5 + 0.0027x^4 - 0.0658x^3 + 0.7401x^2 - 2.4819x + 33.019$$

由图 2-16 得出，煤自燃过程中煤氧化反应初期，煤样氧化升温速率升高较慢；42 d 之后氧化升温速率明显加快，煤温为临界温度（50~65 ℃）。48 d 之后煤样氧化升温速率迅速加快，此时煤温为干裂温度（105~115 ℃）。50.6 d 时，煤温为活性温度（140~150 ℃）。煤温超过 170 ℃后，在保持较好的外界通风供氧条件下，煤温急剧升高。

2.4.3 煤自燃指标气体

随着煤温升高及氧化程度增加，反应产生的气体会随煤温升高而发生变化，确定合适的煤自燃特征参数，对于预测煤自燃程度，实现煤自燃预警与防治具有重要[164]意义。针对龙固矿煤样，选取 CO、C_2H_6、C_2H_4 等进行分析，进一步确定合适的煤自燃预报指标气体。

1. 单一指标气体选择

低温阶段（20~80 ℃）CO 浓度与温度的关系如图 2-17 所示，气体浓度、供风量与温度的关系如图 2-18 所示。

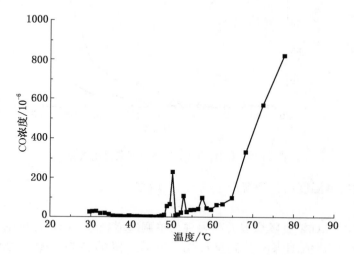

图 2-17　低温阶段（20~80 ℃）CO 浓度与温度的关系

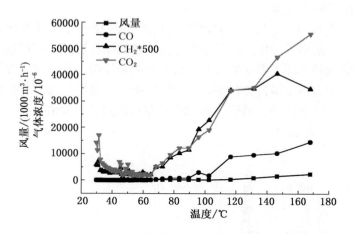

图 2-18　气体浓度、供风量与温度的关系

由图 2-17 可以得出，在自燃氧化低温阶段，CO 浓度与煤温呈正相关关系。随着煤温升高，CO 浓度逐渐增加，超过煤自燃临界温度之后，CO 浓度增长速率明显加快。

由图 2-18 可以看出，在煤氧化过程的低温阶段，CO_2 浓度随煤温升高呈先下降后升高的趋势，在煤氧化温度为 56 ℃时达到最小值。说明煤在低温阶段氧化过程中 CO_2 存在脱附现象（主要是煤中原有的 CO_2 脱附）。

C_2H_4 和 C_2H_6 浓度与温度的关系如图 2-19 所示。由图可知，煤样在实验初始阶段没有产生 C_2H_4，当煤温超过 80 ℃后出现 C_2H_4。C_2H_4 是煤裂解产生的气体，在煤自燃低温阶段，浓度随着煤温升高呈现单调增高的趋势。在煤氧化低温阶段，C_2H_6 是由煤解吸脱

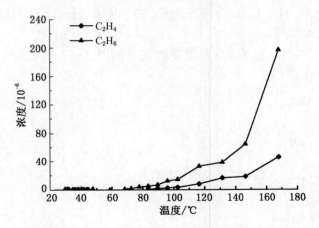

图 2-19　C_2H_4 和 C_2H_6 浓度与温度的关系

附产生的；超过裂解温度后，裂解产生的 C_2H_6 增多。

　　2. 气体比值

　　（1）CO_2/CO。CO 浓度随煤温升高表现为单调递增趋势，CO_2 浓度随着温度升高先降低后升高，CO_2/CO 比值随煤温升高呈现先上升后下降的趋势（图 2-20），当煤温达到 50 ℃左右时 CO_2/CO 达到最大值，随后呈下降趋势（图 2-21），煤体氧化温度超过 100 ℃之后 CO_2/CO 的比值趋于稳定。

　　（2）烯烷比。C_2H_4/C_2H_6 比值与温度的关系如图 2-22 所示。烯烷比是判定煤自燃程度的重要依据之一，使用烯烷比配合其他指标气体预测煤自燃的发展程度。它可以消除使用单一指标气体受到井下环境因素的影响，而不能准确推断出井下煤自燃区域的自燃危险程度的问题，可以作为判定煤自燃程度的一个辅助指标。烯烷比随着煤体氧化温度的升高总体呈现先上升后下降的趋势，烯烷比在 130 ℃左右达到其最大值。

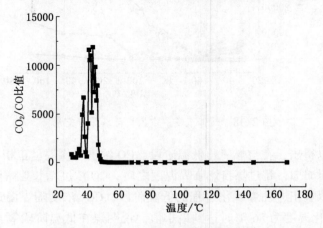

图 2-20　CO_2/CO 比值随煤温的变化关系

2.4.4　煤样自燃特征温度及其气体表征

　　煤自燃过程中各种气体指标在一些温度段会发生突变，其特征温度和气体表征见表2-13。

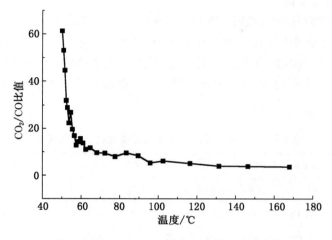

图 2-21　50 ℃后 CO_2/CO 比值与温度的关系

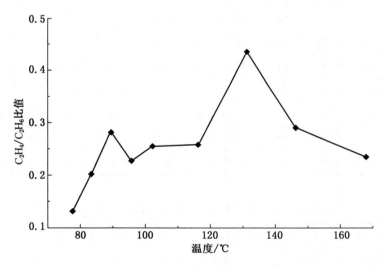

图 2-22　C_2H_4/C_2H_6 比值与温度的关系

表 2-13　煤样自然发火过程中的特征温度和气体表征

特征温度	自然发火实验			备注
	表征参数	温度范围/℃	特征温度/℃	
CO_2 脱附动态平衡温度	CO_2、CO 浓度最低,出现拐点	40~50	42	CO_2 浓度基本保持不变
临界温度	CO 和 CO_2 浓度增大;O_2 浓度降幅加大	60~70	63	耗氧加剧;化学反应速度加快
裂解温度	O_2 浓度剧降;CO、CO_2 浓度剧增;温度变化率剧增	105~135	113	侧链、桥键等断裂和裂解加快,出现 C_2H_4 等烷烃类气体
裂变温度	C_2H_4/C_2H_6 极大	135~145	143	苯环结构断裂加快,活性结构增多

2.4.5　煤样自燃极限参数

根据实验结果所测算出的放热强度和耗氧速率，可计算出煤自燃的极限参数。假设浮煤空隙率为 0.8，松散煤体导热系数为 $0.87×10^{-3}$ J/(cm·s·℃)，则可计算出浮煤厚度在 $0.5～6$ m、煤温在 $30～130$ ℃时的下限氧浓度值（表 2-14）、上限漏风强度值（表 2-15，漏风强度为零，表示忽略漏风带走的热量）、煤温在 $30～130$ ℃时的下限氧浓度值（表 2-16）。

表 2-14　不同浮煤厚度与不同煤温时的下限氧浓度　　　　%

温度/℃	0.7 m	0.8 m	0.9 m	1 m	1.2 m	1.4 m	1.6 m	1.8 m	2 m	3 m	4 m
30	17.32	13.64	11.08	9.22	6.74	5.20	4.17	3.44	2.91	1.56	1.03
40	21.34	20.47	20.36	16.82	12.13	9.24	7.33	5.99	5.01	2.59	1.66
50	22.52	21.60	21.43	20.99	15.07	11.45	9.06	7.38	6.16	3.15	2.00
60	17.66	20.35	20.59	19.44	13.96	10.59	8.36	6.81	5.68	2.89	1.83
70	14.92	11.62	9.34	7.69	5.52	4.18	3.30	2.69	2.24	1.14	0.72
80	13.77	10.73	8.62	7.10	5.09	3.86	3.04	2.48	2.06	1.05	0.66
90	12.79	9.96	8.00	6.58	4.72	3.58	2.82	2.29	1.91	0.97	0.61
100	9.27	7.22	5.80	4.77	3.42	2.59	2.04	1.66	1.38	0.70	0.44
110	5.30	4.12	3.31	2.72	1.95	1.48	1.17	0.95	0.79	0.40	0.25
120	2.43	1.89	1.52	1.25	0.89	0.68	0.53	0.43	0.36	0.18	0.12
130	1.98	1.54	1.24	1.02	0.73	0.55	0.44	0.35	0.29	0.15	0.09

表 2-15　不同浮煤厚度和不同温度时的上限漏风强度　　10^{-2} cm³/(cm²·s)

温度/℃	0.7 m	0.8 m	0.9 m	1 m	1.2 m	1.4 m	1.6 m	1.8 m	2 m	3 m	4 m
30	0.016	0.027	0.044	0.047	0.064	0.081	0.097	0.112	0.127	0.201	0.272
40	-0.008	0.000	0.010	0.012	0.023	0.032	0.041	0.050	0.058	0.097	0.133
50	-0.013	-0.006	0.002	0.005	0.014	0.022	0.030	0.037	0.043	0.074	0.104
60	-0.012	-0.005	-0.002	0.007	0.016	0.025	0.033	0.040	0.047	0.080	0.111
70	0.019	0.031	0.048	0.051	0.069	0.087	0.103	0.120	0.136	0.213	0.288
80	0.023	0.035	0.054	0.057	0.076	0.095	0.113	0.130	0.147	0.230	0.312
90	0.028	0.040	0.060	0.063	0.084	0.103	0.122	0.141	0.159	0.248	0.336
100	0.050	0.066	0.093	0.095	0.122	0.148	0.174	0.199	0.224	0.345	0.464
110	0.112	0.136	0.181	0.183	0.228	0.272	0.315	0.358	0.400	0.609	0.817
120	0.282	0.330	0.423	0.426	0.519	0.611	0.703	0.794	0.885	1.337	1.787
130	0.352	0.411	0.524	0.527	0.641	0.753	0.865	0.976	1.088	1.641	2.192

表 2-16 不同温度和不同漏风强度时的极限浮煤厚度 cm

温度/℃	0.005/ (cm³·cm⁻²·s⁻¹)	0.01/ (cm³·cm⁻²·s⁻¹)	0.015/ (cm³·cm⁻²·s⁻¹)	0.02/ (cm³·cm⁻²·s⁻¹)	0.03/ (cm³·cm⁻²·s⁻¹)	0.04/ (cm³·cm⁻²·s⁻¹)	0.05/ (cm³·cm⁻²·s⁻¹)	0.06/ (cm³·cm⁻²·s⁻¹)	0.08/ (cm³·cm⁻²·s⁻¹)	0.2/ (cm³·cm⁻²·s⁻¹)
30	60.6	64.5	68.7	73.1	82.5	92.6	103.4	114.7	138.7	299.2
40	88.0	96.1	104.9	114.3	134.6	156.6	180.1	204.6	255.9	587.7
50	100.3	110.8	122.3	134.5	161.0	189.9	220.6	252.5	319.0	744.1
60	96.7	106.5	117.1	128.4	153.1	179.9	208.3	238.0	299.8	696.5
70	58.8	62.5	66.4	70.6	79.4	88.9	99.0	109.6	132.1	283.3
80	56.4	59.9	63.5	67.3	75.4	84.1	93.3	103.1	123.7	262.9
90	54.3	57.5	60.8	64.3	71.8	79.8	88.4	97.3	116.4	245.2
100	45.9	48.2	50.5	53.0	58.3	63.9	69.9	76.1	89.4	180.8
110	34.3	35.6	36.9	38.3	41.1	44.2	47.4	50.7	57.8	107.4
120	22.9	23.5	24.1	24.7	26.0	27.3	28.6	30.0	33.0	53.9
130	20.7	21.1	21.6	22.1	23.1	24.2	25.3	26.4	28.8	45.4

2.5 煤对 CO_2、N_2 吸附惰化特性

2.5.1 实验条件与装置

将采自龙固矿的煤样粉碎成粒度为 140~160 目的实验煤样,置于 DZF-6050 型真空干燥箱在 60 ℃下预处理 5 h 制成干燥煤样。实验仪器选用 Autosorb-IQ-C 型全自动吸附仪,结合高灵敏度的 TCD 热导检测池,分别测试 30 ℃、50 ℃、70 ℃、90 ℃、120 ℃时煤样对 N_2、CO_2 单组分气体的等温吸附曲线。

2.5.2 温度和压力对煤吸附特性的影响分析

1. 温度对煤吸附 CO_2、N_2 的影响

龙固矿煤样在 0.3 MPa、0.6 MPa、1 MPa 条件下分别在温度为 30 ℃、50 ℃、70 ℃、90 ℃、120 ℃的吸附曲线如图 2-23 和图 2-24 所示。分析可知,在相同压力的情况下,煤样对 N_2、CO_2 两种气体的吸附量随吸附温度升高而逐渐减小,且呈抛物线变化趋势。

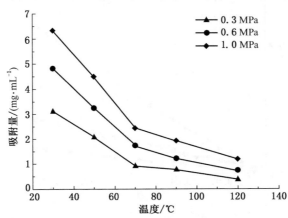

图 2-23 吸附温度与吸附 CO_2 之间的关系

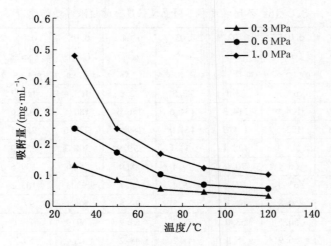

图 2-24　吸附温度与吸附 N_2 之间的关系

由于煤表面对 N_2、CO_2 两种气体的吸附是一个可逆放热动态平衡过程，提高 N_2、CO_2 气体环境温度会使煤对气体的吸附动态平衡向有利于脱附的方向移动，造成吸附总量减少；此外，煤表面对 N_2、CO_2 的吸附动态平衡过程具有一定的时间效应。温度升高造成煤表面与被吸附气体组成体系中被吸附气体的分子活性相对增强，与煤孔隙表面接触的时间相对减少，造成煤表面对气体的吸附能力减小且气体吸附量也会降低。煤吸附气体时环境温度降低极大促进煤表面对气体的吸附。因此，高地温环境会造成煤对气体物理吸附性的降低，使得采空区煤对 N_2 和 CO_2 的吸附性降低，煤温越高，造成煤对 O_2 化学吸附性增强。

2. 压力对煤吸附 CO_2、N_2 的影响

煤样在不同压力下对这两种气体的吸附量随体系压力（负压到常压阶段）变化情况如图 2-25 和图 2-26 所示。可以看出，30 ℃、70 ℃和 120 ℃时 3 种气体吸附量随压力增加呈线性增加；压力对各吸附气体影响不同，即吸附线的斜率不相等，影响次序是 $CO_2 > N_2$。

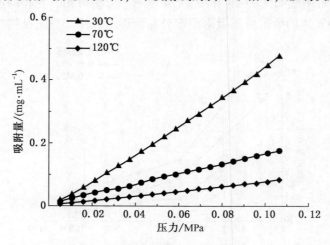

图 2-25　吸附压力与 N_2 吸附量之间的关系

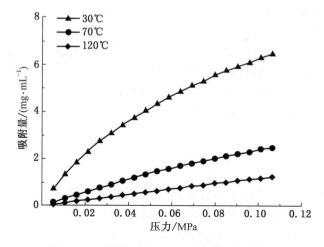

图 2-26 吸附压力与 CO_2 吸附量之间的关系

吸附过程中被吸附气体的压力是影响煤表面对气体吸附量的重要因素之一[165]。当吸附气体的压力足够低或者煤对气体的吸附能力很弱时，低压吸附量与压力呈线性关系。压力增大，吸附气体浓度增加，吸附质进入煤孔隙的分子增多，与煤表面接触的概率就越大，从而被吸附的气体也就越多。吸附过程中吸附体系的环境温度和吸附体系中气体压力两种因素都相同时，煤表面对 CO_2 和 N_2 两种被吸附气体的吸附规律是基本类似的，煤样对这两种被吸附气体的吸附量及吸附能力的大小的顺序是 $CO_2 > N_2$。由此可得，气体种类是影响煤表面对气体吸附量的重要因素之一。煤表面对气体吸附时具有一定的选择性，这是由于不同种类吸附气体的分子直径、吸附的临界温度、气体分子极性和吸附气体在煤孔隙中的扩散率不同。不同被吸附气体在煤表面不同组分和不同官能团上的吸附能力也是造成这一现象的主要原因之一[166]，煤表面吸附的气体，吸附性与其液化能力有直接的关系，吸附气体液化能力越强，吸附能力就越强；沸点越高，在煤表面吸附势阱越深，被吸附气体分子在煤孔隙中的扩散速率越小，吸附能力就越强，煤对 CO_2 的吸附势阱为-2.704 kJ/mol[167]。相同吸附条件下，CO_2 在煤表面的吸附能力比 N_2 吸附能力强，可推断出煤表面对 N_2 的吸附势阱远小于对 CO_2 的吸附势阱。温度从 30 ℃ 升高到 70 ℃，煤表面对被吸附气体的吸附量随吸附体系的温度升高而减小；温度从 70 ℃ 升高到 120 ℃ 过程中，煤表面吸附气体量的吸附速率会逐渐缩小。因此，在吸附气体压力较低的情况下，煤表面吸附气体的能力受吸附体系温度变化的影响比受吸附体系压力变化带来的影响大。在其他吸附条件相同时，煤表面对 CO_2、N_2 两种气体的吸附量随吸附体系内压力的增大呈线性增大。被吸附气体种类是影响煤表面对被吸附气体吸附量和吸附能力的本质因素，这与被吸附气体本身的物理性质及化学性质有着十分密切的关系。

2.5.3 CO_2 和 N_2 对煤惰化能力分析

相同的吸附条件下，煤表面对 CO_2 的吸附能力远大于对 N_2 的吸附能力。煤自燃过程中，煤与 O_2 的复合反应一般要经历 3 个反应阶段，即煤表面结构对氧分子的物理吸附阶段、煤表面分子的活性结构对氧分子的化学吸附阶段、产生化学吸附的活性结构与被吸附在活性结构上的 O_2 分子发生化学反应并放出热量的阶段。而在煤自燃的低温阶段，煤与

O_2 之间主要发生物理吸附和化学吸附反应，因此，煤自燃低温阶段所处环境中还含有其他被煤表面吸附的气体（如 CO_2、N_2、CH_4 等），并在煤表面与 O_2 分子产生竞争吸附现象，对 O_2 分子在煤表面的物理吸附产生不利影响，导致煤表面对 O_2 分子的物理吸附能力和吸附量减小。煤表面对被吸附气体的吸附势阱越大，在煤表面吸附能力越强，其吸附量会越大。煤表面对 CO_2 的吸附能力大于对 N_2 的吸附能力，与 O_2 在煤体表面发生竞争吸附时，CO_2 对 O_2 吸附产生的不利影响要明显大于 N_2，因此，向采空区注入 CO_2 比注 N_2 对煤自燃惰化作用大。

2.6　本章小结

（1）深井高地温矿井开采由于围岩压力大，地温高，导致煤自燃起始温度高，发火期短；由于煤体破碎氧化蓄热条件好，受冲击地压防治影响，工作面推进速度慢，使得煤氧化时间长增长，以上因素均有利于煤自燃，自燃危险性强。

（2）龙固矿煤自燃倾向性为Ⅱ类，煤体孔隙中大孔和中孔占主导地位，中孔体积小于大孔体积，微孔只占孔体积的少部分；煤分子结构中含有的大量活性官能团是导致煤自燃的关键基团。

（3）采用煤自然发火实验台测定了煤自燃特征参数，提出煤自燃指标气体及对应特征温度。采用热重分析实验确定了不同阶段煤样的特征温度。

（4）通过 CO_2、N_2 在煤表面吸附实验，煤吸附气体的能力受温度的影响大于受压力的影响，煤对 CO_2 的吸附能力大于 N_2。

3　基于指标气体的煤自燃程度识别新技术

煤层自然发火预报技术是指煤层开采后，根据煤自燃过程中气体释放等变化特征判识自燃状态，对自然发火进行识别并预警的技术。它是矿井火灾预防与处理的基础，是矿井煤层火灾防治的关键。井下煤层火灾预报的越早、越准确，则扑灭火灾所需的人力、物力越少，且越容易。只要能够准确、适时地进行煤层火灾的预报，就能做到有的放矢地采取预防煤层火灾的措施，提高措施的针对性和有效性，从而提高煤矿防火工程的经济效益。由于煤体导热性差，通过传导散热速度很慢，往往在发现煤体暴露面处的温度异常时内部火势已形成，通过直接测温法判定煤体自燃程度有一定的局限性。而煤在自燃过程中会产生多种气体，且气体的飘移性好，因此，通过气体指标来分析判定煤体自燃程度具有很大的实用价值。用气体分析法预测预报煤层自燃火灾，指标气体选择和检测技术是关键。

3.1　煤炭自然发火预报指标气体

煤炭自燃指标气体是指能预测自然发火状态的某种气体，气体产生率随煤温升高而发生变化。煤在氧化升温过程中气体释放因煤种、煤岩性质、地质条件等内外因素的不同而有差别。

3.1.1　指标气体种类与特征

煤层发火过程中将产生一系列反映煤炭氧化和燃烧程度的指标气体，如 CO、CO_2、C_2H_6、C_2H_4、C_3H_8、C_2H_2 等，随着煤温的升高，其产生量将发生显著变化，可以利用指标气体产生量及其变化率和相互间的关系，来进行煤层火灾的早期预报。目前，国内外煤矿在气体分析法的应用中，主要使用的自然发火指标气体见表3-1。

表3-1　各国自然发火指标气体

国家名称	指　标　气　体	
	主要指标气体	辅助指标气体
俄罗斯	CO	C_2H_6/CH_4
中国	CO、C_2H_4	$CO/\triangle O_2$、C_2H_6/CH_4
美国	CO	$CO/\triangle O_2$
英国	CO、C_2H_4	$CO/\triangle O_2$
日本	CO、C_2H_4	$CO/\triangle O_2$、C_2H_6/CH_4
波兰、德国、法国	CO	$CO/\triangle O_2$

实际情况下，指标气体贯穿于整个煤自然发火过程中，利用现有的检测技术和手段，CO 一般在常温情况下就可测定出来；烷烃（乙烷、丙烷）的检出温度比 CO 稍高，一般在临界温度左右，而且不同煤种有不同的显现规律；烯烃气体较 CO 和烷烃气体检出的

晚，乙烯在 100 ℃左右才能被测出，是煤自然发火进程是否加速氧化阶段的标志气体，在开始产生的浓度上略高于炔烃气体；炔烃气体出现的时间最晚，只有在较高温度时才出现，与前两者之间有一个明显的温度差和时间差，是煤自然发火步入激烈氧化阶段（也即燃烧阶段）的产物。

1. CO

根据煤炭自燃机理，煤在空气中氧化会释放出 CO 和 CO_2，但由于空气中本身存在一定量的 CO_2，目前国内外普遍采用 CO 作为煤层火灾预报的主要指标气体。因为煤在低温氧化过程中 CO 的生成量与煤温之间有十分密切的关系，随着煤温的升高，CO 浓度的变化量最明显，所以采用 CO 作为指标气体比较灵敏。另外，因为煤层中一般不含有 CO，井下爆破工作中所产生的 CO 能很快被风流所稀释和排除。并且，CO 检测比较容易、方便，只要井下空气中出现 CO，并且持续增加，就可确定井下存在自燃现象（或高温点）。

矿井中风量变化对 CO 浓度有较大影响，为消除风量影响，常使用 $CO/\triangle O_2$（Graham 系数）作为判定指标。但由于 CO 属微量分析的范畴，而 O_2 属常量分析（灵敏性差），其比值的误差较大，稳定性不好。

许多矿井的现场实践也证明，低温条件下井下煤体中也能检测出 CO，而且有时数值较大，这可能是生产过程中煤体发生摩擦断裂，增加了煤体的表面活性所致。因此作为自然发火早期预报气体，它需要根据各矿的具体条件，加强观测与分析判断，并与其他气体指标相结合来预报煤炭自燃。

2. 烃类气体

烃类气体是在煤温达到某一温度后的裂解产物和裂化产物，表 3-2 列出了煤样作加温实验时烯烃被检出的温度范围，表 3-3 是煤样破碎成不同粒度作升温实验时烯烃涌出的温度，表 3-4 为不同煤种指标气体的始现温度。

表 3-2　煤样作加温实验时烯烃被检出的温度范围　　　　　　　　　　　　℃

烯烃	乙烯	丙烯	丁烯
被检出的温度范围	110~130	130~150	150~170

表 3-3　不同粒度的煤样作升温实验时烯烃涌出的温度　　　　　　　　　　℃

煤样粒度	烯烃被检出的温度		
	乙烯	丙烯	丁烯
10~20 目	130	150	180
40~60 目	110	140	160
80~100 目	110	150	160

表 3-4　不同煤种指标气体的始现温度表　　　　　　　　　　　　　　　℃

指标气体	褐煤	长焰煤	气煤	肥煤	焦煤	瘦煤	贫煤	无烟煤
C_2H_6	84	89	79.8	66	113.5	85	84	104
C_2H_4	104	109	123.2	106	135.5	120	106	151
C_3H_8	130	132	139.8	126	157.7	145	128	174

从表中可以看出，随着煤温升高，烯烃的碳原子数依次递增，110~130 ℃出现乙烯，130~150 ℃出现丙烯，150~170 ℃出现丁烯。

煤样升温实验表明，烃类气体的检出温度范围较窄。实验条件下，只有当煤温达到70~80 ℃时才出现乙烷，达到110~130 ℃时才出现乙烯，达到130~150 ℃时出现丙烷、丙烯，达到150~170 ℃时出现丁烯。块烃气体是煤体剧烈氧化时的产物，且煤温升高时烯烃的浓度随之增大，并且呈指数曲线变化。乙烯浓度在150~160 ℃时开始猛增。利用这种特殊的规律，可以根据烷、烯、块烃的出现与否和出现的碳原子数来反推煤炭的温度范围，这一点对现场进行煤炭自燃的早期预报有着极其重要的意义。井下一旦检测出乙烯，就有充分理由证明存在110 ℃以上的高温点，发现丙烯就可能存在130 ℃以上的高温点，以此类推，就可以把预报的定性临界值转为定量临界值。

利用临界值预报煤炭自燃，能把井下风量变化等多种干扰因素降到最低水平，使预报的准确性大大提高。另外，检测烯烃碳原子数的变化，还可以预测灾情的发展趋势。乙烯是煤氧化分解及热裂解的产物，只有在煤进入加速氧化阶段，其发生量才能达到乙烯的检测限。乙烯的出现是煤进入加速氧化阶段的一个重要标志，烯烃就是最好的指标气体，在测定 CO 的同时应测定 C_2H_4。

3. 链烷比

煤在升温过程中，烃类气体的产生量是煤样解吸、氧化、分解及高温下煤裂解产物的总和，其释放规律与煤样温度和烷烃碳原子数有关。烷烃气体组分释放时的煤温度值随碳原子数的增加而增高，当进入到加速氧化阶段后，碳原子数多的烷烃释放速度（单位重量煤样单位温升下的释放量）越快。

煤氧化初期，甲烷的产生主要是解吸的结果，煤温升高，浓度增大。当煤温升高到一定温度时，解吸和氧化并存，但解吸量随温度升高而减少，甲烷浓度呈下降趋势。随着煤温的升高，氧化产物中除甲烷外，还有乙烷（C_2H_6）、丙烷（C_3H_8）和丁烷（C_4H_{10}），它们的浓度随煤温升高而增加。丙烷、丁烷和甲烷（或乙烷）浓度的比值称为链烷比。用链烷比作为预报煤炭自燃的指标气体最显著的特点就是，它与煤的氧化关系主要随煤体温度的高低而变化，而且受风流的稀释影响较小，因此链烷比这个指标比较灵敏。

在同一实验条件或井下自然发火的同一地点，通气量、煤量均相同的情况下，根据饱和碳氢化合物成分的变化，也即根据链烷比可以估测出煤的温升，图3-1是煤样在氧化升温过程中链烷比随煤温变化曲线图。

氧化初期，甲烷的产生绝大多数是煤中吸附的甲烷解吸所致，与煤样中的甲烷含量密切相关，故其初始浓度较高，因而链烷比 C_2H_6/CH_4、C_3H_8/CH_4、C_4H_{10}/CH_4 的初始值很小。随着煤温升高，吸附甲烷的释放量随时间延长而逐步减小，虽然升温中煤粒内部微孔吸附甲烷和煤分子结构间吸附甲烷的释放量会增多，但抵消不了表面吸附甲烷初始释放速率快速下降的影响，而煤吸附的乙烷、丙烷、丁烷虽然很少，但常温下其初始释放速率与甲烷相比要慢许多，温度升高使得它们的释放速率加快，这两方面的因素使链烷比随温度升高而增大。链烷比对温度的斜率从130 ℃以后开始变大，150 ℃时则急剧增大。当煤即将进入激烈氧化阶段时，链烷比值又呈下降趋势。

C_3H_8/C_2H_6、C_4H_{10}/C_2H_6 从室温到200 ℃时均呈现缓慢上升的变化趋势。由于煤层吸

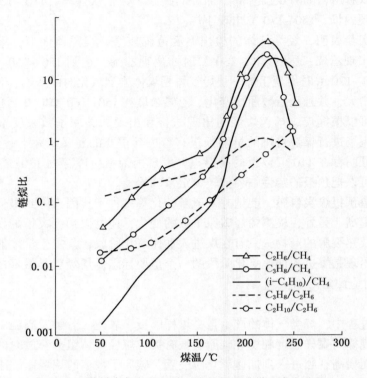

图 3-1　煤样在氧化升温过程中链烷比随煤温变化曲线

附的乙烷、丙烷、丁烷远比吸附的甲烷少，常温下随时间延长它们的释放速率的降低又比甲烷慢，因而不存在初始高浓度和释放速率快速下降的影响。也就是说，这一类链烷比比前一类更好地反映了吸附烷烃释放速率随温度的变化趋势。当煤开始进入激烈氧化阶段后，氧化分解的烷烃（如 C_2H_6）超过吸附烷烃（如 C_3H_8）的解吸量，链烷比也开始出现下降的趋势。

链烷比预报的临界值根据矿井煤热解规律和煤自燃实际数据确定，利用链烷比作指标时，一般可用带氢火焰离子化监定器的色谱仪分析链烷浓度，但当甲烷浓度过大时，甲烷色谱峰会产生严重的拖尾，把含量较小的乙烷、丙烷峰掩盖住，造成分析困难，因此需要选用高效的固定相才能解决。

3.1.2　指标气体与煤种和煤岩成分的关系

1. 指标气体与煤种的关系

大量的实验结果和应用实践表明，长焰煤、气煤、肥煤、焦煤、瘦煤、贫煤、无烟煤等煤种受热时 CO 的涌出规律比较一致，煤温升高，其浓度呈指数曲线上升，在 120~150 ℃温度范围内 CO 浓度开始急剧增高。但 CO 和煤种的挥发分产率、固定碳含量、燃点之间没有明确关系。不同煤种产生的乙烯与煤温变化关系如图 3-2 所示。可以看出，乙烯生成速率大致可分为 3 个阶段：在第一阶段检测不到乙烯；第二阶段乙烯开始出现，其产生量随煤温的升高缓慢升高；第三阶段，即当煤进入激烈氧化阶段后，乙烯的含量迅速增加，其发生速率达到最大值。同时也应注意的是，对于不同的煤样，乙烯产生这 3 个阶段的分界点温度也存在着明显差异。

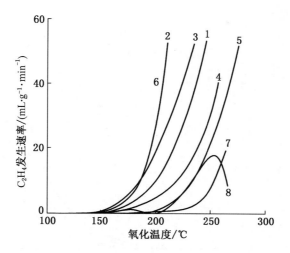

1—褐煤；2—长焰煤；3—气煤；4—肥煤；
5—焦煤；6—瘦煤；7—贫煤；8—无烟煤
图3-2　不同煤种的乙烯与煤温的变化关系

煤种挥发分、燃点和涌出乙烯时温度见表3-5。由表可知，挥发分最高的长焰煤，90 ℃乙烯已开始出现；挥发分较低的贫煤，140 ℃乙烯出现；无烟煤挥发分最低，200 ℃时仍无乙烯出现。因此，认为乙烯涌出温度与煤种挥发分产率有密切关系，即挥发分高，受热时乙烯涌出温度就低，但往往这样的煤种燃点也低。乙烯初始检出温度随煤变质程度在110~150 ℃之间变化，可以作为预报临界值。

表3-5　煤种挥发分、燃点和涌出乙烯时的温度

项　目	长焰煤	气煤	肥煤	焦煤	瘦焦煤	瘦煤	贫煤	无烟煤
挥发分/%	40.38	31.94	31.33	23.62	22.24	21.75	11.95	8.04
燃点/℃	301.9	341	357	430	425.7	453.6	428.5	477.9
乙烯涌出温度/℃	90	120	110	130	120	110	140	200 ℃时无

用烯烃作指标气体适用于气煤、肥煤、长焰煤、贫煤、瘦煤等受热时有烯烃产生的绝大多数煤种，对于无烟煤，不能用乙烯作为指标气体。

2. 指标气体与煤岩成分的关系

气煤中4种煤岩成分受热时乙烯的浓度曲线如图3-3所示。丝煤在升温到90 ℃时即有乙烯产生，而镜煤、亮煤和暗煤则升温到110 ℃之后才产生乙烯，说明丝煤在低温下容易氧化，因此丝煤成分较多的煤层更容易自燃。

3.1.3　指标气体的选取原则

通过上述分析可知，能够反映煤自燃程度的判定指标很多，因此选择合适的气体作为煤自燃程度判定指标，对煤自燃程度的判定至关重要。气体判定指标的选取主要基于以下几个原则：

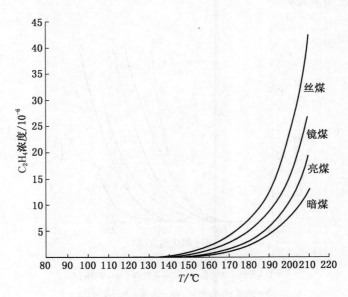

图 3-3　煤岩成分受热时乙烯的浓度曲线

（1）灵敏性。煤矿井下煤炭一旦有自燃迹象，或煤温超过某温度范围时，该气体一定能检测到，其生成量与煤温成正比，且检测到的温度尽可能低。

（2）规律性。同一煤层同一采区的各煤样在热解时，指标气体出现的温度段基本相同，且指标气体生成量与煤温有较好的对应关系，重复性好。

（3）独立性。指标尽可能不受或少受一些外界因素的干扰。

（4）可测性。现有检测仪器能够检测出指标气体的变化，并快速、准确。

目前我国煤矿所用的气体检测设备（气相色谱仪）主要检测 O_2、N_2、CO、CO_2、CH_4、C_2H_6、C_3H_8、C_2H_4、C_2H_2 等气体。

煤自燃过程中，根据各种气体的相对产生量和采用的分析方法（微量分析和常量分析），可将其划分为常量分析的气体（O_2 和 N_2）、微量分析的气体（CO、C_2H_6、C_3H_8、C_2H_4、C_2H_2）、微量分析或常量分析的气体（CO_2 和 CH_4），根据各种气体指标的产生原因，可将其分为氧化气体（与煤氧复合和煤温相关，包括 CO 和 CO_2）、热解气体（与煤温相关，包括 CH_4、C_2H_6、C_3H_8、C_2H_4、C_2H_2）。

通过上述划分，除选用各种单一气体指标作为判定煤自燃程度的表征参数外，还可选用 CO_2/CO、CH_4/C_2H_6、C_3H_8/C_2H_6、C_2H_4/C_2H_6 等气体的比值作为判定煤自燃程度的表征参数。

煤自热升温过程中，随着煤温升高，会逐步出现很多反映煤自燃程度的判定指标及其随煤温的变化规律，能够确定各项指标与煤温的对应关系。

煤自燃过程中由于反映煤自燃程度的指标随着煤温的升高而变化，在一些特征温度点，这些指标会出现或其表征参数发生特殊的变化，从而可以根据这些指标判定煤温或煤自燃程度，特征温度点寻找的越多，对煤自燃过程的划分则越细，对煤自燃程度的定量判定越精细。

　　根据目前的实验条件和检测设备，一些反映煤自燃程度的指标参数需超过临界温度后才能被检出，只有研究开发出煤自燃程度气体判定指标的提前检出技术，才能够更早地为预报煤自燃提供依据。

　　煤矿井下实际条件非常复杂，因此在井下对煤自燃程度气体判定指标测定方法和采集方法进行研究，才能实现真正意义上的煤层自然发火预报。

　　基于气体指标预报煤自燃程度的总体研究方法如图3-4所示。

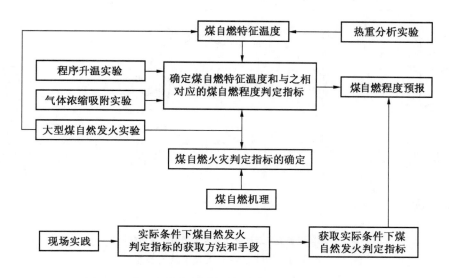

图3-4　基于气体指标预报煤自燃程度的总体研究方法

　　（1）根据煤自燃机理，从微观上研究煤表面活性基团的活性及其与氧的反应过程及产物，从而确定煤自燃程度判定指标。

　　（2）通过煤样热重分析实验、程序升温实验和大型煤自然发火实验研究煤自燃的发生及发展的全过程，确定特征温度及与之相对应的煤自燃程度判定指标。

　　（3）通过气体浓缩吸附和脱附实验，确定煤自燃程度判定指标早期检测方法。

　　（4）利用大型煤自然发火实验台模拟煤自燃全过程，验证自燃程度判定指标。

　　（5）通过现场工业试验对应用指标参数进行优选。

3.1.4　判定煤自燃程度的气体表征参数

　　煤自燃是煤与氧自发产生的氧化放热反应，始于物理吸附，然后发生化学吸附和化学反应，整个过程中伴随着氧含量的减少，反应气态产物的增加，且有吸热效应和放热效应的发生。O_2渗透进入煤体的毛细孔隙，逐渐取代各种吸附较弱（与吸附氧相比较）的气体，从而对煤的空间结构产生一定影响，一些结合较弱的交联键断裂，产生新的活性基团，这些基团又参与氧化反应，使得煤自燃过程不断发展。煤氧复合过程中，煤氧之间发生的作用不同，直接影响煤氧复合的过程，导致煤自燃发展结果的差异。不同的煤表面分子结构不同，活性结构数量和种类存在差异，使得煤自燃的化学反应过程及其氧化热效应存在差异，从而导致煤的自燃性不同。

　　煤分子的核心是芳香核，整个分子由若干结构相似但不完全相同的基本结构单元通过桥键连接而成，其内部还有一些低分子化合物，通过总结前人提出的煤化学结构模型，参照现代研究的成果，在威斯化学结构模型和本田化学结构模型基础上，描述自燃的煤分子结构模型如图 3-5 所示。

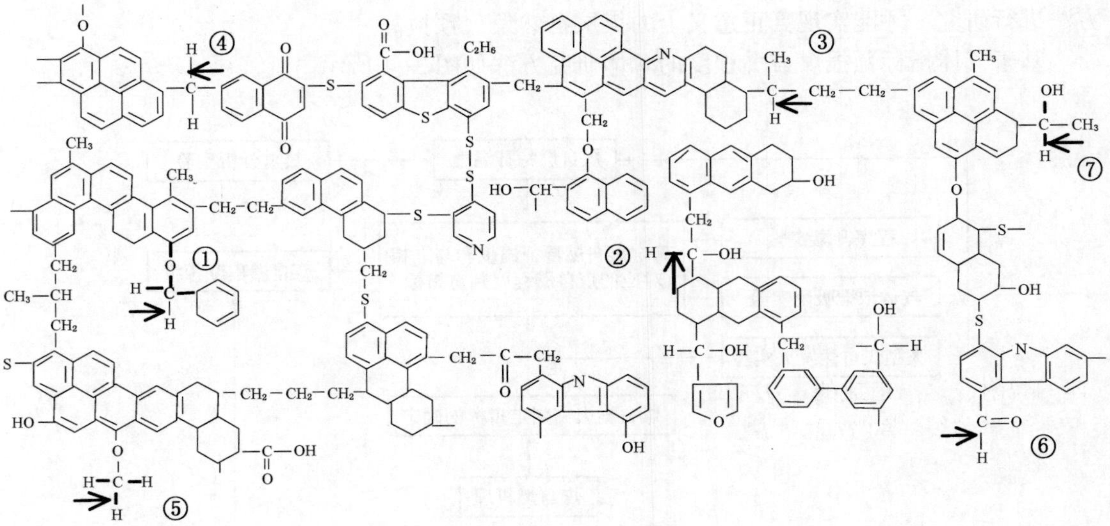

注：图箭头指示煤表面活性基团易断裂的键

图 3-5　描述自燃的煤分子结构模型

煤有机结构的主体由带有各种侧基的缩合芳环结构单元以次甲基、次乙基、醚键等桥键相连组成的一种立体网状结构的体型高聚物。煤分子中的芳香结构、环烷烃和杂环类化学性质比较稳定，不易在常温条件下与空气中的氧发生反应。在煤低温氧化过程中，主要是煤分子中的非芳香结构侧链和桥键与氧发生反应。与侧链（含氧官能团的侧链除外）相比，桥键受到芳环和其他结构（如交联键）的影响更大，易于氧化放热。随着煤温的不断升高，煤分子中的各种结构均会发生不同程度地断裂、裂解和裂化，并与氧发生反应，释放出各种气体。

3.2　煤自燃指标气体与特征温度对应关系

3.2.1　煤自燃特征温度确定

热重分析是利用热分析仪器在程序控制温度下测定物质的质量随温度和时间变化的技术。从煤的 TGA（热重曲线）和 DTG（微商热重曲线）曲线，可以清楚地看到煤从室温开始被空气氧化达到着火点以至燃烧结束时煤重量及煤氧复合速度变化的全过程。

在东滩矿井下 8 个地点采集煤样，在采集点用小锹、锤子沿煤层垂直方向从上到下挖取宽 20 cm、深 20 cm 的条形煤体，将所采煤样置于塑料布上，对块度较大者加以破碎，用缩分法采集约 1000 g 煤样，带到地面后再次破碎，收集 150 g 装入采样瓶，瓶口用蜡密封待用。采用 Dupont 2100 型热重分析仪，煤样粒度 0.01 mm 以下，实验起始温度为室温，热天平进气量为 560 mL/min，各煤样实验条件见表 3-6。

表3-6 各煤样实验条件

实验序号	1	2	3	4	5	6	7	8	9	10	11	12	13
煤样编号	4	4	4	5	6	7	8	9	10	11	11	11	11
煤样重量/mg	16.452	15.011	15.029	15.342	14.765	15.988	14.857	15.332	15.425	15.482	15.701	15.103	14.264
起始温度/℃	32	32	32	32	32	31	30	31	31	31	31	31	31
升温速度/($℃ \cdot min^{-1}$)	30	50	80	80	80	80	80	80	80	80	50	30	10
实验时间/（时/min）	15：29	16：50	17：26	18：10	19：31	21：12	21：39	15：28	16：02	16：42	17：11	20：00	21：07

TGA 曲线反映了煤氧化升温过程中煤重的变化情况，煤重的变化是由煤氧复合与各种气体的脱附、逸出造成的。DTG 曲线反映了煤氧复合速率与各种气体产生率之间的关系。根据东滩矿各煤样的 TGA 和 DTG 可得到 6 个特征点，其分布如图 3-6 所示，特征点数据见表 3-7。

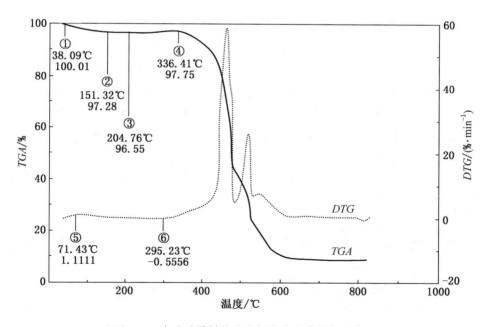

图 3-6 东滩矿煤样热重分析曲线及特征点分布图

从表 3-6 和表 3-7 可以看出，实验程序升温速率对煤热重分析的特征值有较大影响，程序升温速率增加，特征值增大。

定义煤的 TGA 和 DTG 曲线上特征点对应的特征温度分别为高位吸附温度、拐点温度（裂解温度）、活性温度、燃点温度、临界温度、增速温度。根据东滩矿煤样热重分析的实验结果，升温速率不同时，其特征值见表 3-8。

表 3-7 东滩煤样热重分析特征点数据表

TGA 曲线								DTG 曲线			
重量比最大点①		重量比拐点②		重量比极小点③		重量比极大点④		失重速率极大点⑤		失重速率极小点⑥	
温度/℃	重量比/%	温度/℃	重量比/%	温度/℃	重量比/%	温度/℃	重量比/%	温度/℃	失重速率/($\% \cdot min^{-1}$)	温度/℃	失重速率/($\% \cdot min^{-1}$)
38.09	100.01	151.32	97.28	204.76	96.55	336.41	97.75	71.43	1.1111	295.23	-0.5556
38.09	100.80	147.62	98.57	257.14	97.91	357.14	98.75	66.67	1.379	314.29	-0.6897
38.10	100.04	173.81	97.28	275.53	97.29	342.84	97.25	92.86	2.015	299.56	-0.3545
38.09	100.05	143.31	97.76			345.23	96.36	80.95	1.656	297.15	-0.08702
39.18	100.20	185.81	97.83	267.62	97.66	380.52	97.88	96.87	1.678	314.29	-0.8333
37.14	100.20	145.97	97.76	210.96	97.04	379.15	97.25	95.24	1.724	314.24	-0.7613
38.092	100.13	138.80	97.82	252.39	97.04	366.67	97.25	95.53	2.816	242.86	-0.69
36.87	100.10	176.30	97.81	287.62	97.49	342.86	98.08	89.76	1.642	313.31	-0.9097
36.52	100.00	139.88	97.83	288.10	97.41	333.82	97.91	87.00	1.825	300.94	-0.6548
35.11	100.10	148.09	97.86	288.10	97.41	344.29	97.58	92.80	1.82	304.77	-0.2982
35.92	100.40	149.38	97.81	278.23	97.27	370.54	97.00	84.00	1.36		
35.08	100.10	117.77	97.81	246.14	97.08	338.93	98.41	67.77	1.046	294.22	-0.444
36.86	101.40	112.58	98.99	230.37	98.96	346.47	100.10	52.00	0.3325		

表3-8 东滩矿煤样不同升温速率时的特征值

特征点	参数指标	程序升温速率/(℃·min⁻¹)			
		80	50	30	10
①	重量比最大值/%	100.04~100.2	100.40~100.8	101.40	
	高位吸附温度/℃	35.11~39.18	35.92~38.09	36.86	
⑤	失重速率极大值/(%·min⁻¹)	1.642~2.816	1.360~1.379		0.3325
	临界温度/℃	80.95~96.87	66.67~84.00		52.00
②	重量比拐点值/%	97.28~97.86	97.81~98.51	97.28~97.81	98.99
	拐点温度/℃	139.88~185.81	147.62~149.38	117.77~151.32	112.58
③	重量比极小值/%	97.04~97.66	97.27~97.91	96.55~97.08	98.96
	活性温度/℃	210.96~288.10	257.14~278.23	204.26~246.14	230.37
⑥	失重速率极小值/(%·min⁻¹)	-0.9097~-0.2982	-0.6897	-0.5556~-0.4444	
	增速温度/℃	314.29~242.86	314.29	294.22~295.23	
④	重量比极大值/(%·min⁻¹)	96.36~98.08	97.00~98.75		100.1
	燃点温度/℃	333.82~380.52	357.14~370.54		346.47

　　煤的 TGA 曲线和 DTG 曲线在特征点处的变化反映了煤氧复合过程中物理吸附、化学吸附、化学反应及煤分子结构发生转变的过程。煤温升高，煤对氧的物理吸附量降低，煤分子中的活性结构增加，化学吸附量增大，化学反应速度加快。煤温升高过程中，煤分子的结构变化是煤氧复合作用发生变化的根本原因。

　　从实验结果可以得出：

　　（1）在低温阶段，煤氧复合以物理吸附和化学吸附为主，化学反应速度较慢，在30~55℃煤样重量比原煤样重，说明东滩矿煤低温吸氧性强，在低温阶段对氧的物理吸附、化学吸附量大于煤氧化学反应产生气体和煤层气的脱附、逸出量。

　　（2）东滩矿煤的高位吸附温度为35~40℃，此温度时煤重达到最大值，随后重量开始减少，到55~75℃时煤重增量回零，进入失重阶段。物理吸附是可逆的，温度升高，物理吸附量下降，因此程序升温速度增大，煤对氧的物理吸附量降低，各种气体的脱附、逸出速度增加，煤样增重量减少。

　　（3）东滩矿煤的临界温度为65~100℃，此温度时煤与氧的化学反应速度加快，消耗煤体内吸附的氧，释放出 CO、CO_2 等气体，吸附的气体脱附、逸出速度加快，煤重迅速减小，失重速率达到极大值。程序升温速度增加，临界温度和失重速率极大值上升。

（4）东滩矿煤的拐点温度（裂解温度）为 110~150 ℃，此温度时煤分子结构中的侧链、桥键等小分子裂解开始加快，使得活性结构增速加快，煤的吸氧性增强，化学吸附量剧增，重量损失速率减缓，基本上不再失重，氧化反应和裂解产生的气态产物脱附、逸出速度与煤氧的结合速度基本上相等。程序升温速度增加，拐点温度和重量比拐点值增大。

（5）程序升温速度对活性温度和重量比极小值影响较大，东滩矿煤的活性温度为 200~250 ℃，此温度时煤中小分子裂解速度剧增，产生大量裂解气体，煤失重达到极小值。超过此温度后，煤中带有环状结构的大分子断键加快，煤分子中吸氧性强的活性结构增速加快，煤对氧的化学吸附量剧增，煤重开始再次增加。

（6）东滩矿煤的增速温度为 260~300 ℃，此温度时煤中环状大分子的断裂速度剧增，活性结构迅速增多，煤对氧的化学吸附量剧增，煤样失重速率急剧减小，煤重迅速增加。程序升温速度增加，增速温度和失重速率极小值上升。

（7）东滩矿煤燃点温度为 335~380 ℃，此温度时煤中活性结构数量和煤对氧的吸附量达到极大值，煤增重也达到极大值，随后煤开始燃烧，释放出大量热量和气体，煤样急剧失重。程序升温速度增加，重量比极大值和燃点温度增加。

3.2.2　煤自燃特征温度及其表征参数实验研究

采集东滩矿煤 15 t，1 月 13 日将煤样破碎至粒度小于 30 mm，边破碎边装入 MZR-15型实验炉。1 月 24 日 10：00 启动温度控制及检测系统，供入一定流量的空气，实验开始。由自动控温系统跟踪炉内煤体的温度变化情况，调节控温水层与外层煤体的温差不超过 2 ℃，连续监测煤体内的温度和气体变化情况。实验至 5 月 16 日结束，共历时 116 d，分为自然升温、绝氧降温、供风复燃和二次绝氧 4 个阶段。

（1）自然升温。实验炉从 1 月 24 日送入空气到 3 月 15 日结束，炉内最高煤温由 21.8 ℃升至 452.7 ℃，历时 51 d。

（2）绝氧降温。3 月 15 日停止供风后至 4 月 11 日，炉内最高煤温由 452.7 ℃降至 90.5 ℃，历时 27 d，观测煤体的绝氧降温过程。

（3）供风复燃。4 月 12 日继续供风后至 4 月 30 日，炉内最高煤温由 90.5 ℃升至 417.7 ℃，历时 22 d，观测煤体的供风复燃过程。

（4）二次绝氧。5 月 1 日再次停止供风后至 5 月 16 日，炉内最高煤温从 417.7 ℃降至 100.5 ℃，历时 16 d，再次观测煤体绝氧降温过程。

自然升温、绝氧降温和供风复燃过程中，实验炉顶部出口附近 12 号取气点处各种指标气体浓度及其对应的炉内最高温度见表 3-9，各种指标气体比值及其对应的炉内最高温度见表 3-10。

表 3-9　东滩矿煤样实验炉顶部出口附近 12 号取气点处各指标气体浓度分析汇总表

日期（月-日）	时间/d	T_{max}/℃	O_2浓度/%	N_2浓度/%	CO浓度/10^{-6}	CH_4浓度/10^{-6}	CO_2浓度/10^{-6}	C_2H_4浓度/10^{-6}	C_2H_6浓度/10^{-6}	C_3H_8浓度/10^{-6}	C_2H_2浓度/10^{-6}	Q/(m³·h⁻¹)	出口O_2浓度/%	$T_{水}$/℃
01-24	1	31.6	19.26	75.95	75	81	239	0.91	22.24	17.20		0.5	20.6	13.4
01-25	2	33.6										0.5	19.6	19.8

表 3-9（续）

日期 （月-日）	时间/ d	T_{max}/ ℃	O_2 浓度/ %	N_2 浓度/ %	CO 浓度/ 10^{-6}	CH_4 浓度/ 10^{-6}	CO_2 浓度/ 10^{-6}	C_2H_4 浓度/ 10^{-6}	C_2H_6 浓度/ 10^{-6}	C_3H_8 浓度/ 10^{-6}	C_2H_2 浓度/ 10^{-6}	Q/ （m^3· h^{-1}）	出口 O_2 浓度/ %	$T_{水}$/ ℃
01-26	3	36.4										0.5	19.6	25.0
01-27	4	35.0	18.48	76.87	145		294	1.28	49.65			0.4	19.6	23.0
01-28	5	36.4										0.4	19.2	23.4
01-29	6	37.4	18.62	78.55	65	16	618		21.13			0.5	20.0	24.0
01-30	7	39.2										0.5	20.5	25.4
01-31	8	42.1										0.5	19.6	29.8
02-01	9	45.9	19.84	79.16	41	81	482		14.16			0.5	19.8	32.0
02-02	10	47.6	17.06	79.12	130	32	181	0.87	49.92			0.5	19.7	35.5
02-03	11	49.8	20.80	78.53	81	18	688	0.44	26.84			0.5	19.5	38.4
02-04	12	51.4	20.75	79.39	43	24	457	0.56	12.57			0.5	19.1	39.1
02-05	13	52.8	20.16	79.96	47	56	472	0.65	12.14			0.5	20.0	39.0
02-06	14	54.4	20.47		52	67	443	0.56	12.88			0.5	19.8	41.3
02-07	15	55.5										0.5	19.8	42.1
02-08	16	56.8										0.5	19.4	44.9
02-09	17	59.3										0.5	19.1	50.1
02-10	18	61.1										0.5	18.9	50.9
02-11	19	62.1	19.09	81.65	294	90	582	0.60	66.78			0.5	18.7	50.8
02-12	20	63.8	19.67	79.14	202	27	1006	0.33	28.72	43.63		0.5	18.5	50.5
02-13	21	64.8	19.69	80.45	140	26	1016	0.26	17.85	30.79		0.5	18.3	50.1
02-14	22	66.6	19.42	80.58	259	26	1498	0.49	35.79	50.93		0.6	18.0	49.8
02-15	23	68.2	19.84	78.95	206	17	1553	0.37	24.64	35.07		0.6	18.0	50.1
02-16	24	70.1	18.68	78.83	324	31	2274	0.60	37.57	50.98		0.6	18.1	51.2
02-17	25	72.9	19.84	79.05	194	29	2251	0.37	21.63			0.6	17.9	52.1
02-18	26	74.0	19.68	80.24	196	26	2880	0.45	27.29	37.97		0.6	17.8	52.5
02-19	27	76.1	17.11	71.34	229	28	4247	0.59	37.71	54.44		0.6	17.9	53.2
02-20	28	77.8	19.28	78.60	176	33	3858	0.52	26.96	46.57		0.8	17.6	55.4
02-21	29	79.5	19.91	79.44	156	17	3919	0.48	22.48	33.97		0.8	17.6	59.9
02-22	30	82.5			164	17	4270	0.49	22.16	29.87		0.8	17.5	63.0
02-23	31	85.2	19.25	79.53	176	17	4320	0.60	23.61	32.65		0.5	17.8	69.0
02-24	32	87.2	20.62		257	19	7041	0.79	31.17			0.5	17.6	73.3
02-25	33	90.1	19.66	81.11	174	15	5401	0.54	19.28	29.07		0.5	17.4	76.0
02-26	34	92.5	19.62	81.80	209	11	5506	0.76	19.98	32.91		1.0	17.2	77.0
02-27	35	94.5	19.60	80.43	232	12	8701		25.36	48.83		1.2	17.1	79.6
02-28	36	94.6										1.2	17.2	80.7

表 3-9（续）

日期（月-日）	时间/d	T_{max}/°C	O_2浓度/%	N_2浓度/%	CO浓度/10^{-6}	CH_4浓度/10^{-6}	CO_2浓度/10^{-6}	C_2H_4浓度/10^{-6}	C_2H_6浓度/10^{-6}	C_3H_8浓度/10^{-6}	C_2H_2浓度/10^{-6}	Q/(m³·h⁻¹)	出口O_2浓度/%	$T_水$/°C
02-29	37	96.4	19.73	79.33	261	12	5380	1.35	31.14	56.87		1.2	17.3	81.9
03-01	38	97.5	14.72	83.01	779	26	18008	2.76	67.31	133.60		1.2	17.4	82.1
03-02	39	98.4	14.64	83.37	909	24	20920	3.23	66.37	139.81		1.2	17.0	85.2
03-03	40	100.3	13.13	83.98	1278	23	23248	3.64	77.72	166.69		1.2	17.3	87.5
03-04	41	101.6	14.22	84.56	1107	22	21281	3.90	68.27	141.06		1.2	16.9	89.1
03-05	42	103.1	15.54	81.21	1194	19	20154	3.49	55.92	115.60		1.2	16.9	89.6
03-06	43	104.5	15.94	82.30	1585	19	23415	4.45	57.90	120.67		1.2	17.1	91.4
03-07	44	106.1	13.24	82.82	1737	22	26256	4.72	58.60	121.64		1.0	16.7	92.3
03-08	45	106.6	13.09	86.19	1790	20	24355	5.33	57.98	110.84		1.2	16.6	91.3
03-09	46	108.9	14.71		1615	31	28407	6.03	99.17	229.08		1.5	16.8	93.6
03-10	47	112.1	14.34	85.92	1785	16	22747	0.57	18.53	90.42		2.0	16.9	94.3
03-11	48	117.4	12.44	68.22	1106	9	12122	2.44	17.10	38.74		3.0	16.7	96.6
03-12	49	123.4	14.17	82.73	2107	17	27418	5.85	34.38	85.33		3.0	17.6	95.6
	49.2	129.6	10.45	82.61	2273	18	30708	6.57	40.64	94.81				
03-13	50	149.9	15.09	82.26	2790	33	21730	7.87	25.03	50.67		5.0	16.0	90.0
	50.5	208.0	14.37	80.05	3687	94	25448	13.77	35.37	63.51				
	50.7	216.4	15.42	80.76	7730	4270	37804	81.60	801.26	341.82				
	50.8	220.2	11.51	77.39	8484	5718	42124	115.26	951.04	402.18				
	50.9	224.6	9.82	76.92	8819	7036	44685	138.08	1130.9	473.96				
03-14	51	229.8	9.11	75.80		7508	43510	286.46	2477.8		5.73	6.0	13.0	94.5
	51.1	234.3	7.70	77.94	4187	10558	37246	131.93	1206.9	614.02				
	51.3	277.0	6.05	76.25	4038	8220	36724	110.93	1066	587.52				
	51.4	326.3	4.84	76.76	4364	13321	38566	214.73	2003.3	1123.9				
	51.6	401.4	3.52	74.09	13370	16701	85501	294.14	2639.6	1338.1				
	51.7	431.9	1.50	72.48	13429	17083	86409	291	2625	1353				
	51.8	452.7	1.25	71.58	13591	19145	86687	320	2902	1484				
03-15	0	452.7	1.25	71.58	13591	19145	86687	320	2902	1484		0	1.25	
		444.9	4.15	70.70	12693	16252	82059	274	2464	1277		0	4.15	
		426.4	9.93	71.26	11018	14276	73959	224	2228	1118		0	9.93	
		408.9	12.09	73.32	9638	15347	68735	208	2356	1157		0	12.09	
		378.4	14.26	72.09	6376	17407	58887	174	2584	1235		0	14.26	
		353.6	15.31	72.52	4528	19328	52446	156	2796	1309		0	15.31	
		343.2	15.72	72.97	3734	19540	48459	141	2829	1302		0	15.72	
		317.6	15.99	72.25	2917	18448	44309	118	2808	1274		0	15.99	

表3-9（续）

日期（月-日）	时间/d	T_{max}/℃	O_2浓度/%	N_2浓度/%	CO浓度/10^{-6}	CH_4浓度/10^{-6}	CO_2浓度/10^{-6}	C_2H_4浓度/10^{-6}	C_2H_6浓度/10^{-6}	C_3H_8浓度/10^{-6}	C_2H_2浓度/10^{-6}	Q/(m³·h⁻¹)	出口O_2浓度/%	$T_水$/℃
03-15	0	303.8	15.87	71.93	2648	17063	41979	105	2683	12080		0	15.87	
		297.5	16.43	72.15	2287	14799	37534	89	2389	10750		0	16.43	
		286.1	17.26	77.56	3163	13559	34951	83	2134	832		0	17.26	
		275.8	17.58	77.97	2859	11918	36401	75	2027	963		0	17.58	
		266.1	17.82	78.22	2562	10089	33675	63	1808	864		0	17.82	
		257.5	17.06	76.04	2612	9747	34415	59	1806	860		0	17.06	
		253.6	17.22	78.10	2624	9309	35053	56	1773	852		0	17.22	
		246.1										0		
03-16	1	213.3	14.73	80.66	2051	2759	37462	16.8	1001	615		0	14.73	
03-17	2	182.9										0		
03-18	3	173.7										0		
03-19	4	152.7										0		
03-20	5	141.3										0		
03-21	6	132.7	17.18	81.82	498	67	11146	4.17	111	152		0	17.18	
03-22	7	127.5										0		
03-23	8	123.1										0		
03-24	9	118.8										0		
03-25	10	114.8	14.45	79.91	494	23	9332	3.36	47	91		0	14.45	
03-26	11	112.6	16.09	81.42	492	17	8112	2.78	34.21	59.03		0	16.09	
03-27	12	110.8	16.92	82.23	495	15	12253	3.91	30.12	48.54		0	16.92	
03-28	13	108.7	17.55	80.99	369	12	6771	3.02	14.15	16.92		0	17.55	
03-29	14	106.1	16.99	82.13	487	15	8443	2.95	16.50	18.98		0	16.99	
03-30	15	103.8	17.51	81.72	420	16	7010	2.95	12.29	14.18		0	17.51	
03-31	16	102.4										0		
04-01	17	100.6	18.17	81.96	571	11	1694	2.90	11	21.87		0	18.17	
04-02	18	99.7	16.93	81.03	580	9	6061	3.00	9.73	14.71		0	16.93	
04-03	19	99.0	16.93	81.03	580	9	6061	3.00	9.73	14.71		0	16.93	
04-04	20	97.7	14.77	76.57	674	9	7867	2.68	10.28	13.35		0	14.77	
04-05	21	96.2	15.51	84.18	886	19	7723	1.97	11.35	13.72		0	15.51	
04-06	22	95.1	14.42	79.89	999	14	9455	2.51	9.86	12.22		0	14.42	
04-07	23	94.4										0		
04-08	24	93.2	13.18	78.52	1245	41	10139	3.25	14.33	15.02		0	13.18	
04-09	25	91.9	14.95	84.08	870	51	5746	4.40	8.09	13.98		0	14.95	
04-10	26	90.5	17.72	87.00	1019	94	11038	3.40	11.81	13.26		0	17.72	

表 3-9（续）

日期（月-日）	时间/d	T_{max}/℃	O_2浓度/%	N_2浓度/%	CO浓度/10^{-6}	CH_4浓度/10^{-6}	CO_2浓度/10^{-6}	C_2H_4浓度/10^{-6}	C_2H_6浓度/10^{-6}	C_3H_8浓度/10^{-6}	C_2H_2浓度/10^{-6}	Q/(m³·h⁻¹)	出口O_2浓度/%	$T_水$/℃
04-11	27	90.4	16.18	81.24	938	78	9847	3.11	8.94	9.48		0	16.18	
	27	90.4	16.18	81.24	938	78	9847	3.11	8.94	9.48		0	16.18	
04-12	1	91.9	16.32	83.13	1082	8	14989	4.76	10.78	11.96			16.7	28.0
04-13	2	93.4	18.74	79.52	513	8	4868	2.67	3.52	4.22		0.6	16.4	28.1
04-14	3	94.7											16.7	27.1
04-15	4	95.7	17.50	82.37	870	12	7889	3.07	4.89	4.24		0.6	17.8	31.1
04-16	5	96.6											17.6	40.0
04-17	6	97.2	18.35	82.85	941	15	8304	3.65	6.06	7.00		0.6	17.2	44.1
04-18	7	97.7	16.36	82.28	1384	16	17033	5.70	12.66	16.18		0.6	17.6	49.7
04-19	8	99.2	12.80	83.18	2593	19	18880	5.23	17.27	18.83		0.6	17.8	49.7
04-20	9	98.4	16.5	81.7	1345	12	19244	5.95	13.79	20.38		0.6	17.6	59.4
04-21	10	99.0	17.09	81.9	1227	9	11342	4.37	10.66	10.97		0.6	17.8	63.6
04-22	11	101.4	18.37	80.49	781	6	14183	4.93	9.62	16.13		0.6	16.9	68.1
04-23	12	103.9										0.6	停电	
04-24	13	109.4	14.37	75.42	1192	9	13109	4.77	11.44	14.96		0.6	16.8	71.8
04-25	14	112.0										1.2	17.1	74.7
04-26	15	115.7										1.2	停电	
04-27	16	119.8										1.0	17.8	76.9
04-28	17	127.6										1.1	16.2	78.0
04-29	18	133.1										1.2	16.2	80.0
04-30	19													
05-01	20	156.5										1.2	16.1	84.8
05-02	21	170.7												
	22	179.8												
	22.3	202.6												
	22.4	223.1												
	22.5	247.5												
05-03	22.6	275.7												
	22.7	352.4												
	22.8	389.9												
	22.9	417.7												
	0	409.0												
05-05	1	209.0												

表 3-10 东滩矿煤样自然发火实验气体比值分析汇总表

日期 (月-日)	时间/ d	T_{max}/ ℃	C_2H_4/ C_2H_6 平均	C_3H_8/ C_2H_6 平均	CH_4/ C_2H_6 平均	CO_2/CO 平均	T_{omax}/ ℃	$T_{0.6max}$/ ℃	$T_{1.2max}$/ ℃	供风量/ (m³/h)	出口 O_2 浓度/%	水温/ ℃
01-24	1	31.6	0.039	0.459	7.34	4.23	31.6	21.8	17.5	0.5	20.6	13.4
01-25	2	33.6					33.6	21.0	17.5	0.5	19.6	19.8
01-26	3	36.4					36.4	21.4	20.9	0.5	19.6	25.0
01-27	4	35.0	0.026			3.55	35.0	20.0	21.7	0.4	19.6	23.0
01-28	5	36.4					36.4	21.2	22.9	0.4	19.2	23.4
01-29	6	37.4			0.71	10.6	37.4	22.2	24.1	0.5	20.0	24.0
01-30	7	39.2					39.2	23.9	26.2	0.5	20.5	25.4
01-31	8	42.1					42.1	26.5	29.4	0.5	19.6	29.8
02-01	9	45.9			5.72	11.8	45.9	30.0	33.8	0.5	19.8	32.0
02-02	10	47.6	0.017		0.70	5.75	47.6	31.7	35.6	0.5	19.7	35.5
02-03	11	49.8	0.015		0.67	5.72	49.8	33.9	37.7	0.5	19.5	38.4
02-04	12	51.4	0.016		1.03	4.19	51.4	36.0	38.7	0.5	19.1	39.1
02-05	13	52.8	0.016		2.08	3.72	52.8	37.9	40.1	0.5	20.0	39.0
02-06	14	54.4	0.015		1.99	3.83	54.4	40.1	41.3	0.5	19.8	41.3
02-07	15	55.5					55.5	41.2	42.8	0.5	19.8	42.1
02-08	16	56.8					56.8	42.7	44.4	0.5	19.4	44.9
02-09	17	59.3					59.3	45.2	46.4	0.5	19.1	50.1
02-10	18	61.1					61.1	46.7	48.2	0.5	18.9	50.9
02-11	19	62.1	0.010		1.47	8.28	62.1	47.9	50.3	0.5	18.7	50.8
02-12	20	63.8	0.010	1.259	0.76	5.58	63.8	49.7	52.2	0.5	18.5	50.5
02-13	21	64.8	0.012	1.186	1.03	6.14	64.8	50.6	53.1	0.5	18.3	50.1
02-14	22	66.6	0.013	1.215	0.71	6.03	66.6	52.4	54.5	0.6	18.0	49.8
02-15	23	68.2	0.013	1.316	0.65	6.04	68.2	53.7	56.3	0.6	18.0	50.1
02-16	24	70.1	0.014	1.313	0.66	7.49	70.1	55.4	58.2	0.6	18.1	51.2
02-17	25	72.9	0.014		0.67	10.86	72.9	57.8	60.3	0.6	17.9	52.1
02-18	26	74.0	0.014	1.322	0.77	16.23	74.0	58.9	62.2	0.6	17.8	52.5
02-19	27	76.1	0.016	1.383	0.61	21.07	76.1	61.5	64.4	0.6	17.9	53.2
02-20	28	77.8	0.015	1.344	0.60	27.57	77.8	63.7	66.1	0.8	17.6	55.4
02-21	29	79.5	0.016	1.263	0.59	36.52	79.5	65.6	67.7	0.8	17.6	59.9
02-22	30	82.5	0.018	1.271	0.58	38.04	82.5	68.3	70.3	0.5	17.5	63.0
02-23	31	85.2	0.019	1.239	0.60	36.00	85.2	70.5	72.5	0.5	17.8	69.0
02-24	32	87.2	0.021		0.57	41.10	87.2	72.8	75.0	0.5	17.6	73.3
02-25	33	90.1	0.023	1.450	0.71	35.17	90.1	74.9	77.4	0.5	17.4	76.0

表 3-10（续）

日期（月-日）	时间/d	T_{max}/℃	C_2H_4/C_2H_6 平均	C_3H_8/C_2H_6 平均	CH_4/C_2H_6 平均	CO_2/CO 平均	T_{omax}/℃	$T_{0.6max}$/℃	$T_{1.2max}$/℃	供风量/(m³/h)	出口O_2浓度/%	水温/℃
02-26	34	92.5	0.025	1.612	0.40	34.80	92.5	78.0	80.4	1.0	17.2	77.0
02-27	35	94.5	0.025	1.833	0.40	39.88	94.5	79.6	81.9	1.2	17.1	79.6
02-28	36	94.6					94.6	81.8	83.9	1.2	17.2	80.7
02-29	37	96.4	0.032	1.738	0.42	21.82	96.4	83.9	86.0	1.2	17.3	81.9
03-01	38	97.5	0.040	1.820	0.43	20.66	97.5	85.7	88.0	1.2	17.4	82.1
03-02	39	98.4	0.045	1.884	0.41	19.53	98.4	87.3	90.3	1.2	17.0	85.2
03-03	40	100.3	0.048	1.833	0.41	19.76	100.3	88.4	91.8	1.2	17.3	87.5
03-04	41	101.6	0.054	1.799	0.43	18.92	101.6	91.2	94.7	1.2	16.9	89.1
03-05	42	103.1	0.060	1.871	0.43	16.58	103.1	94.2	97.6	1.2	16.9	89.6
03-06	43	104.5	0.071	1.896	0.38	14.94	104.5	98.0	101.6	1.2	17.1	91.4
03-07	44	106.1	0.078	1.942	0.45	14.56	106.1	100.8	104.4	1.0	16.7	92.3
03-08	45	106.6	0.083	1.957	0.43	13.03	106.6	102.5	105.8	1.2	16.6	91.3
03-09	46	108.9	0.092	2.194	0.52	13.28	106.2	106.6	108.9	1.5	16.8	93.6
03-10	47	112.1	—	—		12.63	107.4	109.9	112.1	2.0	16.9	94.3
03-11	48	117.4	0.148	2.443	0.68	11.00	108.4	114.5	117.4	3.0	16.7	96.6
03-12	49	123.4	0.172	2.592	0.64	12.54	109.4	118.8	123.4	3.0	17.6	95.6
	49.2	129.6	0.172	2.592	0.63	12.58	109.8	121.7	129.6			
03-13	50	149.9	0.292	2.557	2.62	8.32	110.3	126.2	149.9	5.0	16.0	90.0
	50.5	208.0	0.121	0.476	6.14	4.70	109.6	131.1	208.0			
	50.7	216.4	0.121	0.451	6.47	4.80	113.9	131.8	216.4			
	50.8	220.2	0.125	0.441	6.15	5.00	121.3	132.0	220.2			
	50.9	224.6	0.128	0.429	6.22	5.36	135.3	132.6	224.6			
03-14	51	229.8	0.108	0.542	6.81	8.63	164.3	133.2	229.8	6.0	13.0	94.5
	51.1	234.3	0.107	0.533	7.25	9.09	192.0	134.0	234.3			
	51.3	277.0	0.106	0.562	6.54	9.08	277.0	154.6	239.8			
	51.4	326.3	0.112	0.587	5.60	8.99	326.3	193.3	242.5			
	51.6	401.4	0.115	0.515	5.95	6.35	401.4	313.1	247.9			
	51.7	431.9	0.111	0.515	6.51	6.40	431.9	346.8	278.6			
	51.8	452.7	0.110	0.511	6.60	6.38	452.7	378.8	331.2			
03-15	0	452.7	0.110	0.511	6.60	6.38	452.7	378.8	331.2	0	1.25	
		444.9	0.111	0.518	6.60	6.46	444.9	373.0	324.2	0	4.15	
		426.4	0.101	0.502	6.41	6.71	426.4	355.5	315.1	0	9.93	
		408.9	0.088	0.491	6.51	7.13	408.9	338.5	304.9	0	12.09	
		378.4	0.067	0.478	6.74	9.24	378.4	309.8	284.5	0	14.26	

表 3-10（续）

日期 （月-日）	时间/ d	T_{max}/ ℃	C_2H_4/ C_2H_6 平均	C_3H_8/ C_2H_6 平均	CH_4/ C_2H_6 平均	CO_2/CO 平均	T_{omax}/ ℃	$T_{0.6max}$/ ℃	$T_{1.2max}$/ ℃	供风量/ （m³/h）	出口 O_2 浓度/%	水温/ ℃
		353.6	0.056	0.468	6.91	11.58	353.6	286.0	265.9	0	15.31	
		343.2	0.050	0.460	6.91	12.98	343.2	276.0	257.6	0	15.72	
		317.6	0.042	0.454	6.57	15.19	317.6	250.7	257.9	0	15.99	
		303.8	0.039	0.450	6.36	15.85	303.8	237.1	256.5	0	15.87	
		297.5	0.037	0.450	6.19	16.41	297.5	231.1	255.4	0	16.43	
03-15	0	286.1	0.039	0.390	6.35	11.05	286.1	229.6	252.4	0	17.26	
		275.8	0.037	0.475	5.88	12.73	275.8	225.0	248.7	0	17.58	
		266.1	0.035	0.478	5.58	13.14	266.1	220.3	244.4	0	17.82	
		257.5	0.033	0.476	5.40	13.18	257.5	215.7	239.8	0	17.06	
		253.6	0.032	0.481	5.25	13.36	253.6	213.5	237.4	0	17.22	
		246.1	0.030	0.493	5.10	13.68	246.1	209.2	232.5	0		
03-16	1	213.3	0.016	0.560	2.61	16.07	169.1	189.8	213.3	0	14.73	
03-17	2	182.9					148.3	182.8	182.9			
03-18	3	173.7					135.3	173.7	163.6	0		
03-19	4	152.7					127.5	152.7	133.2	0		
03-20	5	141.3					122.2	141.3	119.8	0		
03-21	6	132.7	0.031	1.075	0.77	14.38	117.3	132.7	110.8	0	17.18	
03-22	7	127.5					113.9	127.5	104.2	0		
03-23	8	123.1					110.4	123.1	98.1	0		
03-24	9	118.8					107.3	118.8	92.8	0		
03-25	10	114.8	0.058	1.602	0.40	14.92	104.4	114.8	87.5	0	14.45	
03-26	11	112.6	0.080	1.525	0.52	11.85	102.3	112.6	83.8	0	16.09	
03-27	12	110.8	0.101	1.505	0.48	14.21	100.7	110.8	80.8	0	16.92	
03-28	13	108.7	0.110	1.297	0.59	11.16	98.9	108.7	77.5	0	17.55	
03-29	14	106.1	0.134	1.373	0.64	10.40	97.0	106.1	74.5	0	16.99	
03-30	15	103.8	0.135	1.190	0.64	10.29	95.5	103.8	72.1	0	17.51	
03-31	16	102.4					94.1	102.4	69.7	0		
04-01	17	100.6	0.181	1.518	0.74	2.075	92.9	100.6	67.9	0	18.17	
04-02	18	99.7	0.212	1.423	0.76	7.04	92.0	99.7	66.3	0	16.93	
04-03	19	99.0	0.208	1.312	0.73	7.69	91.1	99.0	64.9	0	16.93	
04-04	20	97.7	0.218	1.224	0.90	8.65	89.8	97.7	63.2	0	14.77	
04-05	21	96.2	0.179	1.162	1.10	9.55	88.1	96.2	61.1	0	15.51	
04-06	22	95.1	0.211	1.171	1.08	9.97	88.3	95.1	59.5	0	14.42	
04-07	23	94.4					87.7	94.4	58.3	0		

表 3-10（续）

日期（月-日）	时间/d	T_{max}/℃	C_2H_4/C_2H_6 平均	C_3H_8/C_2H_6 平均	CH_4/C_2H_6 平均	CO_2/CO 平均	T_{omax}/℃	$T_{0.6max}$/℃	$T_{1.2max}$/℃	供风量/(m³/h)	出口O_2浓度/%	水温/℃
04-08	24	93.2	0.281	1.012	36.00	8.76	88.1	93.2	56.8	0	13.18	
04-09	25	91.9	0.545	1.573	52.07	7.45	88.4	91.9	55.4	0	14.95	
04-10	26	90.5	0.265	1.067	14.09	9.60	88.9	90.5	53.9	0	17.72	
04-11	27	90.4	0.356	1.051	15.35	9.00	90.0	90.4	53.1	0	16.18	
04-11	0	90.4	0.356	1.051	15.35	9.00	90.0	90.4	53.1	0		
04-12	1	91.9					91.9	90.4	52.2		16.7	28.0
04-13	2	93.4	0.464	1.130	1.60	7.10	93.4	90.5	51.8	0.6	16.4	28.1
04-14	3	94.7					94.7	90.6	51.3		16.7	27.1
04-15	4	95.7	0.416	0.944	1.67	8.31	95.7	90.1	51.2	0.6	17.8	31.1
04-16	5	96.6					96.6	89.7	52.5		17.6	40.0
04-17	6	97.2	0.405	1.183	1.65	7.71	97.2	89.4	56.2	0.6	17.2	44.1
04-18	7	97.7	0.322	1.295	0.96	11.14	97.7	89.4	60.7	0.6	17.6	49.7
04-19	8	99.2	0.262	1.019	0.95	7.17	99.2	90	63.5	0.6	17.8	49.7
04-20	9	98.4	0.275	1.444	0.74	12.82	98.4	94.3	69.4	0.6	17.6	59.4
04-21	10	99	0.279	1.112	0.84	8.29	99.0	97.6	73.4	0.6	17.8	63.6
04-22	11	101.4	0.287	1.600	0.59	16.00	101.4	100.1	76.1	0.6	16.9	68.1
04-23	12	103.9	0.203	1.197	0.71	9.26	100.4	103.9	80	0.6	停电	
04-24	13	109.4	0.245	1.230	0.68	9.32	102.7	109.4	85	0.6	16.8	71.8
04-25	14	112.0					104.6	112.0	87.4	1.2	17.1	74.7
04-26	15	115.7					106.8	115.7	90.8	1.2	停电	
04-27	16	119.8					108.7	119.8	92.9	1.0	17.8	76.9
04-28	17	127.6					114.4	127.6	98.0	1.1	16.2	78.0
04-29	18	133.1					117.8	133.1	101.0	1.2	16.2	80.0
04-30	19											
05-01	20	156.5					128.3	156.5	113.6	1.2	16.1	84.8
05-02	21	170.7					137.4	170.7	145.7			
	22	179.8					160.5	177.4	179.8			
	22.3	202.6					202.6	179.7	190.8			
	22.4	223.1					223.1	180.5	194.5			
	22.5	247.5					247.5	194.3	168.6			
05-03	22.6	275.7					275.7	259.8	209.5			
	22.7	352.4					309.5	352.4	282.5			
	22.8	389.9					330.6	389.2	320.8			
	22.9	417.7					353.1	413.5	355.9			

表 3-10（续）

日期（月-日）	时间/d	T_{max}/℃	$C_2H_4/$ C_2H_6 平均	$C_3H_8/$ C_2H_6 平均	$CH_4/$ C_2H_6 平均	CO_2/CO 平均	T_{omax}/℃	$T_{0.6max}$/℃	$T_{1.2max}$/℃	供风量/(m^3/h)	出口 O_2 浓度/%	水温/℃
05-03	0	409.0					354.1	409.0	364.3			
05-05	1	209.0					151.7	209.0	193.2			
05-06	2	191.8					149.5	191.8	161.2			
05-07	3	174.3					143.9	174.3	139.3			
05-08	4	159.9					138.0	159.9	124.5			
05-09	5	147.8					132.5	147.8	113.6			
05-10	6	137.8					127.3	137.8	104.6			
05-11	7	129.5					122.7	129.5	97.4			
05-12	8	123.0					118.5	123.0	91.8			
05-13	9	117.7					115.3	117.7	86.8			

从表 3-9、表 3-10 可知，煤自燃过程中各种气体指标在一些温度段会发生突变，其范围及其表征见表 3-11。

表 3-11 东滩矿煤自燃过程中的特征温度及其气体表征

特征温度	热重实验		自然发火实验			备注
	表征参数	温度范围/℃	表征参数	温度范围/℃	极值点	
高位吸附温度	重量比最大	35~40	CO_2/CO 极大	35~45	40	吸氧性强
瓦斯脱附温度			CH_4/C_2H_6、CO_2/CO 极大，CH_4、C_2H_6 浓度极大	50~65	55	瓦斯脱附速度加快
临界温度	失重速率极大	65~100	C_3H_8/C_2H_6、C_2H_4/C_2H_6 剧增，CO_2/CO 极大，CO 和 CO_2 浓度剧增，O_2 浓度降幅加大	60~100	85	耗氧加剧，化学反应速度加快
裂解温度	重量比拐点	110~150	C_3H_8/C_2H_6 极大，CH_4/C_2H_6 剧增，O_2 浓度剧降，CO 浓度剧增，C_3H_8、C_2H_6 浓度极大，温度变化率剧增	100~150	130	侧链、桥键等断裂和裂解加快
裂变温度			C_2H_4/C_2H_6 极大；供氧不足，温度变化率开始降低	150~180	165	环状结构断键加快
活性温度	重量比极小	200~250	CH_4/C_2H_6 极大，O_2 浓度骤降，CO、CO_2、CH_4、C_2H_4、C_2H_6、C_3H_8 等气体浓度激增，并达到极大；CH_4/C_2H_6、C_3H_4/C_2H_6、CO_2/CO 达到恒定；温度变化率激增	210~250	230	耗氧加剧；气体析出增多；指标气体产生量剧增，但其比值基本恒定

表 3-11 (续)

特征温度	热重实验		自然发火实验			备注
	表征参数	温度范围/℃	表征参数	温度范围/℃	极值点	
增速温度	失重速率极小	260~300	CH_4/C_2H_6、C_3H_4/C_2H_6、CO_2/CO 基本恒定；CO、CO_2、CH_4、C_2H_4、C_2H_6、C_3H_8 浓度达到极小，并基本恒定；供氧不足，温度变化率骤降	250~340	280	活性结构增多；指标气体产生量基本恒定；耗氧加剧
燃点温度	重量比极大	335~380	CO、CO_2、CH_4、C_2H_4、C_2H_6、C_3H_8 浓度剧增；耗氧剧增；因供氧不足，温度变化率骤降	＞340	340	煤燃烧的起点

由表可以看出，作为煤自燃程度表征参数的气体指标及其比值，能够反映出东滩矿煤的特征温度，以及煤分子在自然升温过程中的变化情况，因此可通过气体指标对煤的自燃程度进行预报，并能对煤自燃机理进行更深一步的研究。

由实验数据分析可知，炉体内 24 个取气点各种气体浓度的值相差很大，但作为表征参数的气体浓度比值基本不变，即气体比值不受采样位置和风量的影响，因此应用气体比值的变体情况判定煤自燃程度更具有实用价值。

根据各种指标气体浓度及其比值、温度变化率随煤温的发展变化情况，结合热重分析结果，可寻找出东滩矿煤自燃过程中的特征温度，从而将东滩矿煤从常温自然升至燃点温度以上的整个过程划分为 9 个温度段，以此对煤层自燃程度进行预报。

由于实际情况下煤自燃情况极为复杂，需要通过对自燃环境的分析，并结合各种气体的浓度及其相互关系，才能对煤自燃温度进行 100 ℃ 以下、高于 200 ℃ 或已超过燃点的判断。

3.3 煤自燃指标气体的吸附浓缩检测技术

由于指标气体在井下气流中的浓度低于现有检测仪器的检测精度，使得某些本应可以有效监控井下煤自燃的指标气体可能检测不出或测不准而无法利用，给有效利用指标气体预报煤炭自燃造成了很大困难。采用气体的吸附与浓缩技术，可提前检测出一些煤自燃指标气体，并提高检测的灵敏度，改善现有指标气体预报的缺陷。

气体混合物与多孔性固体接触时，利用固体表面存在的未平衡分子引力或化学键力，把混合物中某一组分或某些组分吸留在固体表面上，这种分离气体混合物的过程称为气体吸附。具有吸附作用的固体称为吸附剂，被吸附的物质称为吸附质。

气体的吸附分为物理吸附和化学吸附，指标气体的吸附采用物理吸附。常用的吸附剂有活性炭、木炭、氧化硅胶、活性氧化铝和分子筛。由于吸附剂的品种繁多，考虑到活性炭对有机物的吸附效率高、再生能力好、价格低廉等特点，故选取果壳类活性炭作为吸附剂来吸附浓缩煤在自燃升温过程中释放的指标气体。

3.3.1 煤自燃指标气体的吸附浓缩流程

实验系统包括供气、加热、浓缩、检测四部分 (图 3-7)。气体经过活性炭吸附达到吸附平衡后，可通过加热解吸再生。解吸时，采用不同的解吸时间，确保吹扫脱附干净，从而达到指标气体浓缩的目的，也利于活性炭的重复使用。

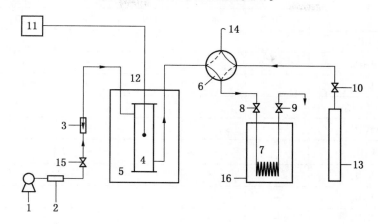

1—空压机；2—过滤器；3—流量计；4—反应管；
5—恒温箱；6—四通阀；7—吸附柱；8、9—阀；10—减压阀；11—测温仪表；
12—热电偶；13—O₂瓶；14—防空管；15—流量调节阀；16—可移动电炉

图3-7 气体浓缩吸附实验流程图

（1）吸附与浓缩。吸附浓缩前，先将四通阀置于浓缩状态，打开进气阀和出气阀，开启流量计调节阀（流量为60~150 mL/min），使通过束管来自井下的气体进入吸附柱，开始吸附与浓缩，并记录吸附与浓缩时的温度。浓缩结束后将四通阀置于放空状态，同时关闭浓缩仪的进气阀和出气阀，准备解吸。

（2）解吸。将温控仪温度设定在280~300 ℃开始升温解吸，用100 mL针筒插入取样器内，打开出气阀取样并置于备好的取样袋中，如此不断取样。解吸时间为2 h，待无解吸气体时，打开N₂吹气阀和气体进气阀，用少量N₂吹洗浓缩柱。收集气体置于浓缩袋中，如此反复若干次后于取样口取样2 mL，注入气相色谱仪内分析。若仍有烷烃气体峰出现，则继续吹洗；若没有或气体峰很小，则表明浓缩柱内已被吹洗干净，此时可开始再生浓缩柱。

（3）浓缩柱再生。四通阀置于放空状态，通入N₂，再生温度在280~300 ℃，N₂流量为40 mL/min，再生时间大于3 h。再生结束后先停止加热，待温度降至一定温度后关闭N₂，然后关闭气体进气阀和出气阀。

（4）气样分析。解吸气体在取样袋中充分混合后再取样分析，取样量为2~3 mL。

3.3.2 烃类指标气体的吸附浓缩规律

实验煤样取自南屯矿，在50 ℃、80 ℃、110 ℃、140 ℃、170 ℃、200 ℃条件下进行煤的氧化热解测定。

1. 未经吸附浓缩时烃类指标气体的检测结果

当煤体温度达到实验预定温度后开始吸附，吸附是在0 ℃条件下进行，吸附4 h后四通阀置于放空位置，从放空处收集未经浓缩处理的煤氧化分解气体样，取2 mL进色谱分析，定性分析结果见表3-12。

表 3-12   煤在不同温度下氧化分解气体定性分析表（未经吸附浓缩）

气体成分		空气浴温度/℃					
		50	80	110	140	170	200
烷烃	CH_4	—	—	—	+	+	+
	C_2H_6	—	—	+	+	+	+
	C_3H_8	—	—	—	+	+	+
	$i\text{-}C_4H_{10}$	—	—	—	—	—	—
	$n\text{-}C_4H_{10}$	—	—	—	—	—	+
	C_5H_{12}	—	—	—	—	—	+
烯烃	C_2H_4	—	—	+	+	+	+
	C_3H_6	—	—	—	—	+	+
	C_4H_8	—	—	—	—	—	—

注："—"表示未检测到的气体，"+"表示检测到的气体。

从表 3-12 可以看出，煤温在低于 80 ℃时检测不到任何有机气体组分。当煤体温度在 110 ℃以上时可检测到乙烷、乙烯，随着热解温度的进一步提高，烷烃气体、烯烃气体的组分数也随之增加，140 ℃时开始出现甲烷、丙烷，170 ℃时出现丙烯气体，200 ℃能检测到丁烷和戊烷。

将甲烷初始出现时的生成量记为 1，其他气体的生成量均以其为基准并与之相比，以观察各组分气体因煤温变化时生成量的变化（表 3-13）。

表 3-13   煤在不同温度下氧化分解气体的相对生成量（未经吸附浓缩）

气体成分		空气浴温度/℃					
		50	80	110	140	170	200
烷烃	CH_4	—	—	—	1	1.36	1.6
	C_2H_6	—	—	0.094	0.67	0.68	0.58
	C_3H_8	—	—	—	0.08	0.28	0.5
	$i\text{-}C_4H_{10}$	—	—	—	—	—	—
	$n\text{-}C_4H_{10}$	—	—	—	—	—	0.14
	C_5H_{12}	—	—	—	—	—	1.29
烯烃	C_2H_4	—	—	0.26	0.63	0.72	0.91
	C_3H_6	—	—	—	—	0.33	0.65
	C_4H_8	—	—	—	—	—	—

从表 3-13 可以看出，大部分气体的相对生成量随煤温的升高而增加，只有乙烷的相对生成量在 170 ℃时达到最大值，而后略有下降。

2. 吸附浓缩后烃类指标气体的检测结果

煤氧化分解气体在 0 ℃下流经吸附柱吸附 4 h 后升温脱附，脱附气体收集于集气袋内，取 1~2 mL 气体进色谱分析。脱附在 280 ℃下分 4 段进行，取各阶段脱附气体进行分析，进样量均为 2 mL，表 3-14 为脱附气体的定性分析结果。

表 3-14 煤氧化分解浓缩气体的定性分析表 (吸附浓缩)

气体成分		空气浴温度/℃					
		50	80	110	140	170	200
烷烃	CH_4	+	+	+	+	+	+
	C_2H_6	+	+	+	+	+	+
	C_3H_8	+	+	+	+	+	+
	$i\text{-}C_4H_{10}$	—	+	+	—	+	+
	$n\text{-}C_4H_{10}$	—	—	+	—	+	+
	C_5H_{12}	—	—	—	—	+	+
烯烃	C_2H_4	+	+	+	+	+	+
	C_3H_6	—	+	+	+	+	+
	C_4H_8	—	—	—	—	+	+

注："—"表示未检测到的气体，"+"表示检测到的气体。

从表 3-14 可以看出，经浓缩处理后的指标气体，50 ℃时即可检测到甲烷、乙烷、丙烷及乙烯，80 ℃时可检测到丙烯和异丁烷，110 ℃时可检测到丁烷，170 ℃时可检测到丁烯和戊烷。

对比吸附浓缩前后煤氧化分解气体的组分数可知，经吸附浓缩后，相同温度下可检测到的组分数增多，且各组分气体检出的初始温大幅降低，如乙烯检出温度从未浓缩前的 110 ℃降至 50 ℃，丙烯检出温度从 170 ℃降至 80 ℃。可见，吸附浓缩的效果明显，使检测出指标气体的初始温度平均提前了 90 ℃，并提高了各组分气体检测的灵敏度，尤其是对低浓度的气体，其效果显著。

以甲烷初始生成量为基准，记为 1，由分析结果和各阶段脱附的气体量计算出各气体组分的相对生成量，比较其余各气体组分在不同温度时相对生成量的变化。表 3-15 列出了气体经吸附浓缩后的相对生成量，主要有甲烷、乙烷、丙烷、乙烯和丙烯，其余较高碳数烃类在脱附过程中与活性炭吸附作用较强，脱附不充分而未考虑。

表 3-15 煤氧化分解浓缩气体的定性分析表

气体成分		空气浴温度/℃					
		50	80	110	140	170	200
烷烃	CH_4	1	0.51	0.97	1.36	1.93	4.18
	C_2H_6	0.16	0.67	1.17	35.80	75.21	79.14
	C_3H_8	0.01	0.18	0.53	6.88	43.27	53.41
烯烃	C_2H_4	0.24	0.7	1.04	24.7	70.94	82.6
	C_3H_6	—	0.32	0.89	4.29	42.97	68.19

从各个组分的相对生成量随温度的变化来看，甲烷的变化趋势较平缓，没有急剧变化的情况出现，而乙烷、丙烷、乙烯、丙烯的相对生成量随温度升高经历了一个缓慢阶段后

迅速增加，在 170 ℃时达到最大值，而后增速趋缓。造成甲烷这种变化的原因是受吸附剂容量限制，在吸附过程中甲烷沸点较低，与活性炭的吸附作用小，当活性炭的吸附量达到饱和后，其吸附位置首先被继续而来的其余几种沸点较高的气体所取代（关于这一点，从吸附尾气的分析中得到了证实）。当吸附 4 h 后，取吸附尾气分析，发现其中有且只有甲烷存在，这种现象随煤温的降低而逐渐消失。煤氧化分解气体经吸附浓缩后的相对生成量与温度关系如图 3-8 所示。

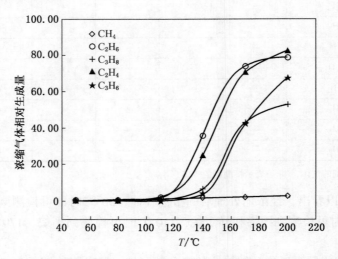

图 3-8　煤氧化分解气体经吸附浓缩后的相对生成量与温度的关系

从图 3-8 可看出，乙烷相对生成量迅速增长的拐点为 110 ℃，丙烷超过 140 ℃后迅速增加。这部分乙烷和丙烷的生成由两部分组成：一是煤中气体解吸作用结果，在外部能量增大的情况下，乙烷和丙烷先后释放；二是煤升温分解结果，随着煤体温度升高，煤氧化分解生成乙烷、丙烷。这两部分共同作用使其生成量在超过上述温度后急剧增长。

烯烃气体主要是煤裂解的产物，在低温时虽有，但其量很少，生成速率慢，随着煤温继续升高，烯烃气体的生成量指数上升。乙烯生成量迅速增长的温度拐点和乙烷一样，在110 ℃左右，丙烯和丙烷相似，在 140 ℃附近。

3.3.3　吸附浓缩后链烷比与煤温的关系

1. 甲烷比及其与温度的变化关系

表 3-16 是不同煤样氧化分解的烃类气体在 35 ℃下吸附浓缩后的解吸气样在不同温度下的甲烷比值及其与温度的关系。

表 3-16　不同煤样在不同温度下氧化分解气体的甲烷比值（35 ℃吸附）

煤样	甲烷比	50 ℃	80 ℃	110 ℃	140 ℃	170 ℃	200 ℃
南屯矿煤样	乙烷/甲烷	0.094	0.334	4.322	10.404	6.026	1.628
	乙烯/甲烷	0.500	0.267	1.645	3.62	4.445	2.031
	丙烷/甲烷	0.127	0.111	0.933	6.471	5.901	3.691
	丙烯/甲烷	—	0.234	0.240	0.246	3.083	0.927

表 3-16（续）

煤样	甲烷比	50 ℃	80 ℃	110 ℃	140 ℃	170 ℃	200 ℃
兴隆庄矿煤样	乙烷/甲烷	0.246	0.416	0.609	1.265	2.447	1.018
	乙烯/甲烷	0.305	0.373	0.340	0.477	0.744	0.801
	丙烷/甲烷	—	0.122	0.165	0.301	0.454	0.640
	丙烯/甲烷	—	0.131	0.153	0.242	0.442	0.653
唐山矿煤样	乙烷/甲烷	0.053	0.089	0.943	1.587	3.334	1.312
	乙烯/甲烷	0.050	0.073	0.591	0.511	1.233	1.168
	丙烷/甲烷	0.024	0.032	0.172	0.265	1.863	1.441
	丙烯/甲烷	—	0.029	0.053	0.059	0.465	1.185
义安矿煤样	乙烷/甲烷	0.074	0.084	0.461	1.692	2.836	0.748
	乙烯/甲烷	0.105	0.272	0.870	0.998	2.215	0.770
	丙烷/甲烷	—	0.085	0.436	2.647	1.732	1.068
	丙烯/甲烷	—	0.126	0.170	0.187	0.244	0.140
古交矿煤样	乙烷/甲烷	0.286	0.273	0.742	1.126	2.068	1.356
	乙烯/甲烷	0.302	0.219	0.368	0.531	1.087	0.851
	丙烷/甲烷	—	0.065	0.053	0.335	0.596	0.611
	丙烯/甲烷	—	0.055	0.041	0.109	0.408	0.384

从表 3-16 可以看出：

（1）在 35 ℃ 的吸附条件下，50 ℃ 和 80 ℃ 时各类烃组分的相对生成量都比较少，丙烷和丙烯在 110 ℃ 时也比较少，丙烯甚至在 140 ℃ 时的生成量也很少，而且乙烷、乙烯、丙烷、丙烯的甲烷比都经历了一个缓慢增加阶段后迅速增加，在达到最大值而后开始下降。

（2）南屯矿煤样乙烷、乙烯、丙烷和丙烯与甲烷的比值分别在 140 ℃、144 ℃、178 ℃、170 ℃ 之前随温度的升高而逐渐增加，在这些温度之后却随温度的升高而逐渐减小。这是因为在各转折点温度之前乙烷、乙烯、丙烷、丙烯的产生速率高于甲烷的产生速率，转折点温度之后，甲烷的产生速率高于乙烷、乙烯、丙烷、丙烯的产生速率，故它们的甲烷比开始随温度的升高而降低。

（3）唐山矿煤样乙烷、乙烯、丙烷与甲烷的比值分别在 170 ℃、171 ℃、180 ℃ 左右到达最高点，丙烯/甲烷在本实验的温度范围内随温度的升高一直呈增长趋势。

（4）古交矿煤样乙烷、乙烯、丙烷、丙烯与甲烷的比值分别在 170 ℃、170 ℃、182 ℃、180 ℃ 左右达到最高点。

2. 乙烷比及其与温度的变化的关系

表 3-17 是各煤种氧化分解的烃类气体在 35 ℃ 下吸附浓缩后的解吸气在不同温度下与乙烷的比值。

从表 3-17 可以看出：

（1）各煤种氧化分析气体在 35 ℃ 下吸附浓缩解吸气的乙烯/乙烷、丙烷/乙烷、丙烯/乙烷随氧化温度的变化情况与 0 ℃ 下吸附浓缩解吸气的各乙烷比随温度的变化趋势一致，

表 3-17　各煤样在不同温度下氧化分解气体的乙烷比值 (35 ℃吸附)

煤样	烯烷比	50 ℃	80 ℃	110 ℃	140 ℃	170 ℃	200 ℃
南屯矿煤样	乙烯/乙烷	5.432	0.800	0.392	0.348	0.738	1.248
	丙烷/乙烷	0.356	0.333	0.216	0.622	0.979	0.267
	丙烯/乙烷	—	0.699	0.056	0.024	0.512	0.569
兴隆庄矿煤样	乙烯/乙烷	1.237	0.896	0.558	0.279	0.304	0.787
	丙烷/乙烷	—	0.294	0.271	0.238	0.186	0.628
	丙烯/乙烷	—	0.270	0.251	0.191	0.181	0.642
唐山矿煤样	乙烯/乙烷	1.416	0.821	0.627	0.322	0.370	0.890
	丙烷/乙烷	0.668	0.357	0.107	0.167	0.559	1.098
	丙烯/乙烷	—	0.327	0.033	0.037	0.139	0.903
义安矿煤样	乙烯/乙烷	3.205	3.228	2.407	0.590	0.781	1.029
	丙烷/乙烷	—	1.010	1.207	0.565	0.611	1.068
	丙烯/乙烷	—	1.498	0.471	0.110	0.086	0.187
古交矿煤样	乙烯/乙烷	1.056	0.802	0.496	0.472	0.526	0.628
	丙烷/乙烷	—	0.238	0.071	0.298	0.288	0.451
	丙烯/乙烷	—	0.201	0.055	0.097	0.197	0.283

都经历了一个先下降然后又上升的变化过程。在这个变化过程中都有一个转折点温度，在这个温度处各烃类气体的乙烷比值达到最低点。

（2）南屯矿煤样的乙烯/乙烷、丙烷/乙烷、丙烯/乙烷在 132 ℃、142 ℃、138 ℃左右达到最低点，因为在转折点温度之前，乙烯、丙烷、丙烯的生成速率均高于甲烷的生成速率。

（3）兴隆庄煤矿煤样乙烯、丙烷、丙烯与乙烷的比值最低点所对应的温度分别为 142 ℃、128 ℃、128 ℃左右。

（4）唐山矿煤样乙烯、丙烷、丙烯与乙烷的比值最低点对应的温度分别为 140 ℃、114 ℃、129 ℃左右。

（5）义安矿煤样乙烯、丙烷、丙烯与乙烷的比值最低点所对应的温度分别为 171 ℃、150 ℃、162 ℃左右。

（6）古交矿煤样乙烯、丙烷、丙烯与乙烷的比值分别在 132 ℃、132 ℃、118 ℃左右到达最低点。

3. 烯烷比值及其与温度的变化关系

表 3-18 是各煤种氧化分解的烃类气体在 35 ℃下吸附浓缩后的解吸气在不同温度下的甲烷比值及其与温度的关系。

表 3-18 各煤样在不同温度下氧化分解气体的烯烷比值 (35 ℃吸附)

煤样	烯烷比	50 ℃	80 ℃	110 ℃	140 ℃	170 ℃	200 ℃
南屯矿煤样	乙烯/乙烷	5.342	0.800	0.392	0.348	0.738	1.248
	丙烯/丙烷	—	2.097	0.257	0.038	0.286	0.523
兴隆庄矿煤样	乙烯/乙烷	1.237	0.896	0.558	0.297	0.304	0.787
	丙烯/丙烷	—	1.071	0.928	0.804	0.979	1.021
唐山矿煤样	乙烯/乙烷	0.142	0.033	0.083	0.106	0.203	0.727
	丙烯/丙烷	—	0.818	0.309	0.055	0.141	0.374
义安矿煤样	乙烯/乙烷	3.205	3.228	2.407	0.590	0.781	1.029
	丙烯/丙烷	—	1.483	0.390	0.195	0.141	0.175
古交矿煤样	乙烯/乙烷	1.056	0.802	0.496	0.472	0.526	0.627
	丙烯/丙烷	—	0.846	0.774	0.325	0.685	0.628

从表 3-18 可以看出:

(1) 各个煤种的氧化气体在 35 ℃下吸附浓缩解吸气的乙烯/乙烷、丙烯/丙烷随氧化温度的变化情况与 0 ℃下吸附浓缩解吸气的各烯烷比随温度的变化趋势一致,都经历了一个先下降然后又上升的变化过程。都有一个转折温度,在这个转折温度处各烃类气体的烯烷比值达到最低点。

(2) 南屯矿煤样乙烯/乙烷和丙烯/丙烷的值在 148 ℃和 151 ℃左右达到最低点。由此可以看出转折点温度之前乙烷、丙烷的释放速率大于乙烯、丙烯的释放速率,使吸附剂吸附的乙烯、丙烯量大于吸附乙烷、丙烷的量,所以产生这种先升后降的变化。

(3) 兴隆庄矿煤样乙烯/乙烷和丙烯/丙烷的值达到最低点对应的温度约为 142 ℃。唐山矿煤样乙烯/乙烷和丙烯/丙烷的比值则在 140 ℃和 110 ℃左右达到最低点。义安煤矿煤样乙烯/乙烷和丙烯/丙烷的值的转折点温度分别为 171 ℃和 165 ℃左右。古交矿煤样乙烯/乙烷和丙烯/丙烷的值最低点对应的温度分别在 132 ℃、141 ℃左右。

综上所述,应用气体指标判断井下煤自燃状态,关键是掌握煤升温过程中各指标气体的生成速率与温度的关系,通过浓缩后指标气体的生成量、甲烷比、乙烷比、烯烷比与煤体温度的变化关系等多种指标,才能可靠地预报煤炭自燃程度。

4. 气体吸附与浓缩的应用

把束管监测系统与煤自燃气体指标吸附浓缩测定仪连接,对井下气体进行吸附浓缩检测。表 3-19 列出了 7313 运输巷西和 1301 采煤工作面回风巷气体经浓缩后气相色谱分析结果。

表 3-19 南屯煤矿井下气体的吸附与浓缩

采样地点	CO_2/%	CO/$(\mu L \cdot L^{-1})$	CH_4/$(\mu L \cdot L^{-1})$	C_2H_4/$(\mu L \cdot L^{-1})$	C_2H_6/$(\mu L \cdot L^{-1})$	C_2H_4/C_2H_6	备注
7313 运输巷西	0.11	1	1000	—	—	—	未浓缩
	0.2	18	25	—	—	—	浓缩样 1
	0.2	16	25	—	—	—	浓缩样 2
	0.19	15	25	—	—	—	浓缩样 3

表 3-19 (续)

采样地点	CO_2/%	CO/ ($\mu L \cdot L^{-1}$)	CH_4/ ($\mu L \cdot L^{-1}$)	C_2H_4/ ($\mu L \cdot L^{-1}$)	C_2H_6/ ($\mu L \cdot L^{-1}$)	C_2H_4/C_2H_6	备注
1301 采煤工 作面回风巷	0.14	0	1800	—	—	—	未浓缩
	0.25	66	39	0.47	0.6	0.78	浓缩样 1
	3.24	193	222	1.47	1.0	1.47	浓缩样 2
	1.6	170	420	0.96	0.75	1.27	浓缩样 3

结果表明，7313 运输巷西的风流中未发现乙烯和乙烷等指标气体，而 1301 采煤工作面回风巷风流中则检测出微量的乙烯和乙烷，尽管浓度低，但说明已存在煤体氧化升温。

3.4 本章小结

（1）通过对煤样的热重分析实验，测定煤样的质量随温度和时间变化的规律，得出了煤自燃过程的特征温度。利用特大型煤自然发火实验台，得出了煤自燃指标气体与特征温度的对应关系，将煤从常温自燃升至燃点温度以上的整个过程划分为不同的温度段，通过气体指标对煤的自燃程度进行预报和自燃程度的判定。

（2）采用煤自燃指标气体的吸附浓缩实验系统，通过对煤样在不同温度条件下热解放出的烃类指标气体吸附浓缩前后检测结果的分析，得出自燃过程中烃类指标气体吸附浓缩规律，以及气体生成速率及吸附浓缩后链烷比与煤温的变化关系，确定了煤自燃程度判定指标气体的早期检测方法，提高了检测的灵敏度和早期预报的精度，改善了现有指标气体预报的缺陷，从而为煤层自燃的准确预报提供量化的依据。

（3）结合现场实际条件，确定了指标气体的现场检测方法及自燃危险程度判定方法，建立和完善了煤层自然发火的预报指标体系，及时准确地反映自燃危险程度及其变化趋势。

4 高地温煤层综放开采采空区自燃危险区域判定与预测

采空区属于复杂多孔介质区域，具备良好的蓄热条件，存在一定厚度的浮煤在漏风供氧条件下，经过一定时间即会氧化升温并导致自燃。如果采空区地温较高，会使浮煤自然发火期缩短，自燃危险性增强。本章结合深井高地温矿井采空区遗煤自燃特点，分析采空区漏风流场的主要影响因素；采用数值模拟方法研究了采空区漏风规律；实验测定相关参数，推算不同条件下引起煤体自燃的极限参数，判定实际条件下综放工作面"三带"分布规律、自燃危险区域和安全推进速度，为自燃火灾防治提供依据。

4.1 高地温采空区漏风流场主要影响因素

采空区漏风影响因素有工作面两端压差和采空区漏风通道风阻[168]。随着工作面推进，采空区顶板不断垮落形成漏风孔隙，为采空区漏风提供了通道，其风阻受工作面长度、孔隙率和渗透率影响，而孔隙率和渗透率受顶板岩性、垮落时间、推进速度、直接顶和基本顶厚度影响。采空区漏风阻力越小，漏风量越大；工作面两端风压差越大，采空区漏风量越大。当开采技术条件一定时，工作面压差受通风量及进风端动压影响。

4.1.1 工作面通风方式及风量

工作面通风方式及其配风量是影响采空区漏风的主要因素。工作面的通风方式按通风巷道的布置方式主要分为 U 型通风、Y 型通风、H 型通风等。U 型前进式通风、Y 型通风、H 型通风会出现进风巷道或回风巷道沿采空区布置的情况，采空区漏风多，通风巷道维护工作量较大，故通风巷道向采空区的漏风难以有效控制。U 型后退式通风方式是我国矿井最常用的通风方式，其进回风巷道均不沿本工作面采空区布置，主要通过工作面上下隅角和支架后部向采空区漏风，相对其他的通风方式漏风较小。工作面按通风的风流流动方向可分为上行式和下行式两种，相同条件下，上行通风采空区漏风量比下行通风大。工作面采用上行通风时，工作面向采空区的漏风量随工作面两端落差的增大而升高；下行通风工作面通风压力小于自然风压时，漏风量随煤层倾角增大而增高[169]。

工作面配风量对采空区漏风的影响通过流场速度和采空区两端的漏风场压差决定[170]。工作面配风量越大，进风巷道和工作面的风流流速就越大，特别是工作面的进风隅角漏风的风速会显著增大，造成此处漏风量增大。另外，工作面的配风量增大，进回风巷道口的压差也就越大，造成采空区上下隅角的漏风压差越大，漏风动力增大，漏风量也同样增加。

4.1.2 煤岩体孔隙率

随着工作面推进，采空区的矿压分布会发生变化，矿压对采空区煤的孔隙率有直接的影响。采空区上部煤层顶板的岩层硬度越大，会使采空区上覆岩层的下沉量减小，采空区的矿压相对减小，煤的孔隙率增大。采空区内部距离工作面距离越远，矿压也越大，遗煤经历的压实时间也越长，遗煤孔隙率减小。

采空区漏风风流随着深入采空区的深度增加，漏风量和风速逐渐减小。根据苏联学者对采空区矿压的观测结果，随着与工作面距离的增加，采空区矿压不断增加，但其增幅会逐渐减少，当距离工作面超过一定值时矿压趋于稳定。据现场观测数据得知，顶部岩层垮落之后，形成松散煤体厚度达到实体煤厚 1.3 倍，即其孔隙率约为 30%[171]。而经过一段时间压实老空区后，经现场观测其遗煤孔隙率近似为一恒定值，约为 20%。

工作面推进过程中由于采空区四周煤壁的支撑，垮落整体形成基本顶及上覆关键岩层的 O-X 型破裂[172]。中部的采动裂隙及自由垮落岩石基本被压实，而采空区四周煤柱侧离层裂隙和垮落裂隙将保持下来，从而在采空区四周形成连通的裂隙发育区，称为采动裂隙"O"形圈，这是采空区漏风渗流的主流通道[173]。"O"形圈对采空区进风巷、回风巷的漏风影响最大，尤其是在靠近进风巷的隅角区域形成一个漏风汇，此处的漏风量也最大。

4.1.3   采空区热风压

高地温矿井由于围岩温度较高，使得井下工作环境温度较高，不利于矿井的安全生产。为使井下工作环境的温度降到合适的温度，通常采用增加风量的方法或在工作地点增加降温设备的方式降低井下工作场所的温度，这都会使井下工作环境温度降低。同时，由于风流流经工作面和采空区会受到周围岩体和设备的散热影响，使得风流的温度逐渐升高，沿工作面采空区风流流动方向形成热力梯度，从而形成热风压。

对于采煤工作面，高地温矿井由于采空区内空气受到地温的影响，相对工作面风流温度升高，同时在工作面支架后方由于堵漏措施的影响，使得此处的风阻相对较大，工作面和采空区的风流就可以近似看成并联风路。在两个并联通风通道中，两条通路中的风流存在明显的温度差，且风流通路的两端存在一定高差，就会形成热风压。工作面、采空区形成的热风压的计算公式为

$$H_r = \int_0^{L\sin\alpha} (\rho_\infty - \rho_x) g \mathrm{d}x \tag{4-1}$$

式中 H_r——热风压，Pa；

   ρ_∞——工作面（采空区）回风隅角的环境空气密度，kg/m^3；

   ρ_x——沿工作面（采空区）倾向距进风隅角为 x m 处的空气密度，kg/m^3；

   L——工作面倾向距离，m；

   α——工作面倾角，(°)；

   g——重力加速度，m/s^2。

根据波兴涅斯克（J·Boussinesq）假设可知

$$\rho_\infty - \rho_x = \rho_\infty \gamma (\theta_x - \theta_\infty) \tag{4-2}$$

$$\gamma = \frac{1}{c}\left(\frac{\partial c}{\partial \theta}\right)_p \tag{4-3}$$

式中 θ_∞——工作空间的环境温度，℃；

   θ_x——煤层内距顶板垂直 x m 处的温度，℃；

   γ——体积膨胀系数，$℃^{-1}$；

   c——空气比热容，m^3/kg。

对于理想气体，有

$$H_r = \int_0^{L\sin\alpha} \rho_\infty g \frac{\theta_x - \theta_\infty}{\theta_x} dx \tag{4-4}$$

由此可得

$$r = \frac{1}{c} \frac{R}{p} = \frac{1}{\theta} \tag{4-5}$$

式中　R——摩尔气体常数；

　　　p——压力，Pa。

$$\rho_\infty - \rho_x = \rho_\infty \frac{\theta_x - \theta_\infty}{\theta_x} \tag{4-6}$$

于是，可推出以下公式：

$$H_r = \int_0^{L\sin\alpha} \rho_\infty g \frac{\theta_x - \theta_\infty}{\theta_x} dx \tag{4-7}$$

由上式可得，随着现场 θ_x 的升高，热风压 H_r 增大，因此工作面风流温度分布不均、采空区温度分布不均衡是造成工作面及采空区局部或整体存在热风压的主要原因，同时高差也是影响工作面热风压的主要原因。

高地温矿井工作面和采空区都存在局部和整体的热风压造成的局部微循环，以及对工作面整体风流和采空区漏风产生的影响。热风压方向和风流方向相反会对工作面的通风产生不利影响，对采空区漏风有一定的抑制作用，但热风压使得采空区局部的漏风流场紊乱，可能会造成局部的漏风增大，甚至会造成局部漏风方向反向，对采空区煤自燃防治产生不利影响。

4.2　高地温采空区漏风场渗流规律数值模拟

4.2.1　数学模型的建立

随着煤氧复合反应的发展，松散煤体内的温度场、流场和氧浓度场均处于瞬态，因此建立的煤巷松散煤体自燃三维数学模型如下[171]：

$$\begin{cases} \dfrac{\partial \overline{Q}_x}{\partial x} + \dfrac{\partial \overline{Q}_y}{\partial y} + \dfrac{\partial \overline{Q}_z}{\partial z} = 0 \\[3mm] \rho g \cdot \dfrac{\partial \overline{Q}}{\partial \tau} = \rho \cdot F - \mathrm{grad}H + H_r + \mu \nabla^2 \overline{Q} + S \\[3mm] \dfrac{dC}{d\tau} + \overline{Q}_x \dfrac{dC}{dx} + \overline{Q}_y \dfrac{dC}{dy} + \overline{Q}_z \dfrac{dC}{dz} = D_x \dfrac{d^2C}{dx^2} + D_x \dfrac{d^2C}{dx^2} + D_x \dfrac{d^2C}{dx^2} - V_{02}(T) \\[3mm] \rho_c c_c \dfrac{\partial T}{\partial \tau} = q(T) + \lambda \left(\dfrac{\partial^2 T}{\partial x^2} + \dfrac{\partial^2 T}{\partial y^2} + \dfrac{\partial^2 T}{\partial z^2} \right) - \rho_g \rho_g \left(\overline{Q}_x \dfrac{\partial C}{\partial x} + \overline{Q}_y \dfrac{\partial C}{\partial y} + \overline{Q}_z \dfrac{\partial C}{\partial z} \right) \\[3mm] V_0(T) = \psi(d_{50}) \dfrac{C}{C_0} V_0^0(T) \\[3mm] q(T) = \psi(d_{50}) \dfrac{C}{C_0} q_0(T) \end{cases} \tag{4-8}$$

$$k = K \cdot \mu \tag{4-9}$$

式中　　　x、y、z——坐标；

$\overline{Q}_x$、$\overline{Q}_y$、$\overline{Q}_z$——x、y、z 方向上的漏风强度分量，m/s；其中漏风风流经过采空区
松散煤岩体中的空隙通道时渗流速度极小，采空区内部的渗流主要
是层流状态，其动量方程近似服从达西定律；

H——总水头，Pa；

μ——空气黏性系数，取 $\mu = 1.7894 \times 10^{-5}$ kg/(m·s)；

K——多孔介质中的渗透系数，采空区煤岩体的渗透率是每个方向性质相
同的多孔介质，即 $K_x = K_y = K_z$；

ρ_g——空气密度，kg/m³；

ρ_c——煤体密度，kg/m³；

c_c——煤体比热容，J/(kg·K)；

H_r——热风压，Pa；

T——温度，K；

λ——煤体导热系数，W/(m·K)；

$V_0(T)$——煤在 O_2 浓度为 C(mol/m³) 时的耗氧速率 mol/(m³·K)；

$V_0^0(T)$——煤样在新鲜风流中 C_0 的耗氧速率，可通过自然发火实验测得；

$q_0(T)$——煤体在新鲜风流中不同温度的放热强度，J/(h·m³)。

巷道周边松散煤体自燃过程三维数学模型定解条件见表 4-1。

表 4-1　松散煤体自燃过程三维数学模型定解条件

控制方程	单位面积漏风强度	温度模型	O_2 浓度模型
初始变量赋值		$T\|_{\zeta=0} = T_0$	$C\|_{\tau=0} = C_0(x, y, z)$
DirichLet 边界条件	$\overline{Q} = \overline{Q}_c + \overline{Q}_r$	$T\|_s = T_0\|$	$C_{in} = C_0$
Neumann 边界条件	$\dfrac{d\overline{Q}}{dn}\Big|_s = 0$		$\dfrac{dC}{dn}\Big|_s = 0$
混合边界条件		$-\lambda_e \dfrac{dT}{dx}\Big|_s = a\,(T_w - T_g)$	

4.2.2　工作面概况及主要参数及几何模型的建立

1. 工作面概况及主要参数

（1）工作面概况。2301N 综放工作面煤层倾角为 3°~13°（平均 8°），煤层平均厚度
为 8.5 m；工作面倾向长 270 m，宽 5 m，采高 3.7 m，放顶煤厚 4.2 m；进回风巷道高度
为 3.5 m，宽 4 m；进风侧采空区温度为 19 ℃，采空区的地温平均为 37 ℃；工作面通风
采用下行通风，即上巷进风、下巷回风，不同时期工作面的配风量不同。

（2）工作面采空区煤岩体介质参数。具体见表 4-2。

表 4-2　介质相关参数

项　目	煤体	岩体	O_2
密度/(kg·m⁻³)	1350	1650	1.43

表4-2（续）

项 目	煤体	岩体	O_2
比热/$(J \cdot kg^{-1} \cdot K^{-1})$	1250	1650	920
温度/℃	37	37	26
导热系数/$(W \cdot m^{-1} \cdot K^{-1})$	0.15	0.2	0.25×10^{-5}

（3）采空区漏风松散煤体的空隙分布公式为

$$P = \begin{cases} 0.00001y^2 - 0.002y + 0.3 & y \leq 100 \\ 0.2 & y > 100 \end{cases} \qquad (4-10)$$

式中 P——孔隙率；

y——采空区到工作面的距离。

采空区上覆岩体的孔隙率设置为0.2。

（4）其他参数。进口 O_2 体积百分比为21%，质量百分比为23%，具体见表4-3。

表4-3 煤的耗氧速率、气体产率

煤温/℃	耗氧速度/ $(10^{11} mol \cdot cm^{-3} \cdot s^{-1})$	CO 产生率/ $(10^{11} mol \cdot cm^{-3} \cdot s^{-1})$	CO_2 产生率/ $(10^{11} mol \cdot cm^{-3} \cdot s^{-1})$
40	5.480	0.380	8.731

2. 几何模型的建立

工作面通风采用下行通风，即上巷进风、下巷回风。综放工作面进风巷、回风巷及3个端头支架不放顶煤。

由于工作面上下端头3个端头支架不放煤，因此可确定采空区距离上下巷煤柱11.5 m内的遗煤厚度为7.28 m，采空区其他区域浮煤厚度为1.89 m，发生渗流的破裂带位于采空区进回风巷两侧煤壁之间、煤层底板以上30 m内的范围。由于从整个工作面向采空区渗流，故计算时可以将工作面和上下巷40 m范围统一考虑，其中工作面高3.7 m，宽为5 m，两巷高为3.5 m，宽4 m；采空区宽为270 m，深为300 m；工作面在开切眼期间通风量为1600 m^3/min，通过计算得出上隅角向采空区漏风的初始风速为1.52 m/s。正常回采期间工作面的通风量为2800 m^3/min，此时通过工作面上隅角向采空区漏风的初始风速为3.3 m/s；停采撤面期间工作面的通风量为912 m^3/min，此时通过工作面上隅角向采空区漏风的初始风速为1.07 m/s。

进风侧 O_2 体积百分比为21%。计算区域除进回风巷外，其他均为壁面。计算区域网格划分如下：巷道及工作面部分为0.5 m，浮煤部分为0.5 m，岩石部分为1.2 m，工作面物理模型如图4-1所示。

根据上述模型，数值计算可得到采空区各个节点处的漏风强度、氧浓度及 CO 浓度的大小。通过模拟得出了初采期间、正常回采期间和停采期间的采空区漏风流场、O_2 浓度场和 CO 浓度场分布规律。

图 4-1   工作面模拟模型

4.2.3   初采期间漏风流场数值模拟结果

1. 漏风流场

由图 4-2 可知，工作面在开切眼时期，进风巷的风流从工作面的上隅角漏入采空区，造成采空区靠近进风侧煤柱处的漏风风流垂直工作面向采空区深部流动，在靠近回风侧煤柱处，采空区漏风风流垂直工作面从采空区深部向工作面流动。采空区漏风基本上是从进风侧向采空区内部，从回风侧向工作面方向进风侧空气向采空区深部渗流，在回风侧，空气向工作面方向流动。从渗流速度大小等值线图可得出，采空区漏风的渗流速度在进风巷、回风巷比较高，其在采空区的中部漏风风速相对较小。在初采期间热风压影响较小，由于初采期间采空区范围小，围岩散发的热量少。采空区漏风风流在流动过程中受到煤体

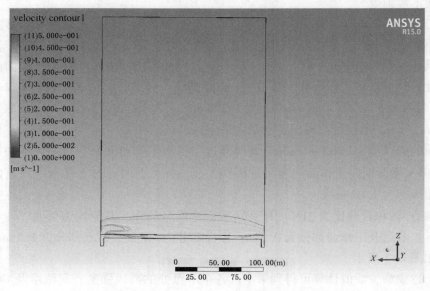

图 4-2   开切眼期间采空区的漏风场

阻力作用，使漏风在采空区向回风侧流动过程中漏风速度逐渐减小，其漏风强度也明显减小。渗流方向从进风侧向采空区内部，从回风侧向工作面。

2. 气体浓度场

由图 4-3 可知，工作面开切眼期间，采空区的氧浓度随采空区深度的增加呈现递减趋势，进风侧 O_2 扩散的范围明显大于回风侧。采空区内部 O_2 浓度以较快速度下降，其中采空区遗煤内部的氧浓度下降尤为明显，在进风侧深入采空区 100 m 左右时，O_2 浓度基本降到下限氧浓度的 5% 左右。由图 4-4 可得，工作面在开切眼期间采空区的 CO 浓度随着

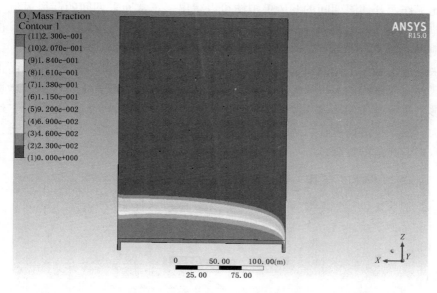

图 4-3 开切眼期间采空区 O_2 浓度场

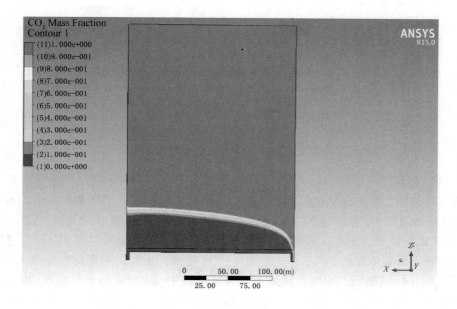

图 4-4 开切眼期间采空区 CO 浓度场

向采空区的深入逐渐增大，进风侧 CO 浓度升高明显低于回风侧，这是由于进风侧大量的新鲜空气对煤氧化产生的 CO 进行了稀释。随着漏风向回风侧的流动，其中 O_2 被大量消耗，所产生的 CO 不断累积使得回风侧 CO 浓度升高。CO 浓度场与 O_2 浓度场分布呈现相反的趋势。

4.2.4 正常回采期间的漏风流场数值模拟结果

1. 漏风流场

工作面正常回采期间，由于推进速度快，通风量大，使工作面向采空区的漏风量相对增大，对比工作面开切眼期间的漏风模拟图可以得出，正常回采期间的漏风风流与采空区的流动规律初采期间基本相同（图 4-5），均是通过工作面上隅角漏入采空区。在采空区靠近进风侧煤柱处，空气垂直工作面向采空区深部流动；在靠近回风侧煤柱处，空气垂直工作面自采空区深部向工作面流动。从渗流速度大小等值线图可以看出，工作面正常回采期间采空区相同深度处的漏风强度都相对工作面初采期间大。随着采空区范围增加，围岩散发热量多，热风压作用明显，使得正常回采期间的采空区自燃危险区域相对工作面开切眼期间增大。由于推进速度快，氧化时间短，自然氧化升温区域很快进入窒息带，使正常开采期间自然发火危险性降低。

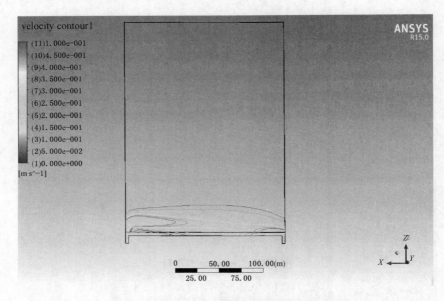

图 4-5　正常回采期间采空区漏风流场

2. 气体浓度场

正常回采期间，采空区氧浓度随深入采空区距离的增加和开切眼期间一样呈现递减趋势，如图 4-6 所示。O_2 在采空区的扩散规律也基本相同，进风侧 O_2 扩散的范围明显大于回风侧 O_2 扩散的范围。采空区内部 O_2 浓度以较快速度下降，至采空区 110 m 时进风侧 O_2 浓度基本降到下限氧浓度的 5% 左右。由图 4-7 可得出，正常回采期间采空区 CO 浓度场相对于工作面开切眼期间，相同位置处正常开采过程中 CO 浓度小于开切眼期间的 CO 浓度。由于从工作面向采空区的漏风增大，使得产生的 CO 浓度受到稀释，导致正常开采期间的 CO 浓度场向采空区深部移动。

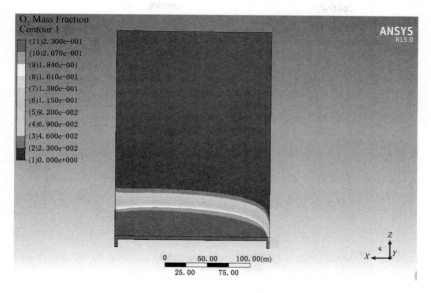

图 4-6　正常回采期间采空区 O_2 浓度场

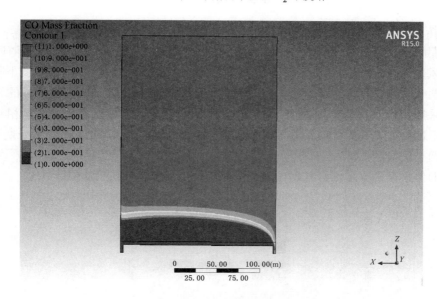

图 4-7　正常回采期间采空区 CO 浓度场

4.2.5　停采期间的漏风流场数值模拟结果

1. 漏风流场

从停采期间渗流速度大小等值线图（图 4-8）可看出，与前两个阶段的漏风流场速度比较类似，其漏风风流速度也是在采空区进风巷、回风巷比较高，在采空区中部相对较低。渗流方向基本上是从进风侧向采空区内部，从回风侧向工作面方向。停采期间由于热风压作用影响较小，使得工作面上隅角向采空区的漏风风速减小，漏风场影响范围相对开切眼和正常回采期间减小。由于工作面停采期间不推进，而自燃"三带"向前移动速度降低，自燃危险性增加。

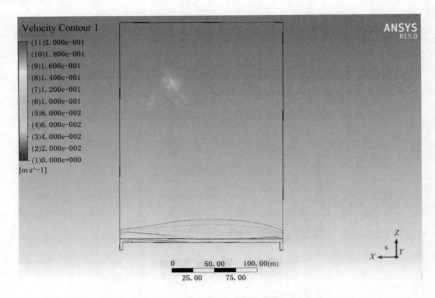

图 4-8 停采期间采空区的漏风流场

2. 氧浓度场和 CO 浓度场

停采期间采空区氧浓度随采空区深度的增加呈现递减趋势，进风侧 O_2 扩散的范围明显大于回风侧 O_2 扩散的范围，如图 4-9 所示。在进风侧，采空区内部 O_2 浓度下降速度明显大于前两个阶段，在深入采空区 65 m 时进风侧 O_2 浓度基本降到下限氧浓度的 5% 左右，这使得停采期间的"三带"明显向工作面方向移动。在停采期间，CO 浓度场相对于前两个阶段采空区的 CO 浓度场向工作面方向移动（图 4-10），在相同位置处停采期间 CO 浓度大于前两个阶段的 CO 浓度。一方面是由于漏风场向工作面方向移动造成的，另一方面由于工作面停采期采空区浮煤长时间氧化，采空区 CO 浓度升高所造成。

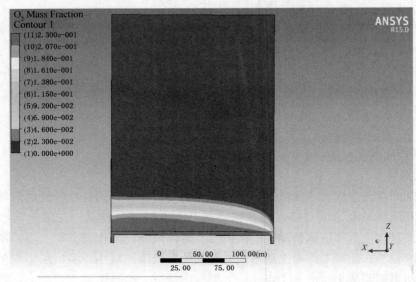

图 4-9 停采期间采空区 O_2 浓度场

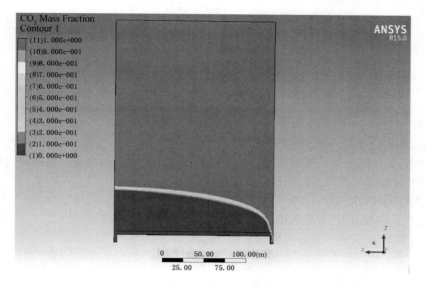

图 4-10　停采期间采空区 CO 浓度场

4.3　高地温采空区自燃危险区域判定

4.3.1　采空区浮煤自燃极限参数

1. 采空区最小浮煤厚度

若把采空区浮煤看成是无限大平面通过岩体传导散热，则漏风强度很小。认为是一维漏风，煤体内的温度近似认为均匀，则[174]

$$-\rho_g c_g \overline{Q} \frac{\partial T_m}{\partial x} + \lambda_e \frac{\partial^2 T_m}{\partial z^2} + q_0(\overline{T}_m) > 0 \tag{4-11}$$

$$\left.\begin{array}{c} \dfrac{\partial^2 T_m}{\partial z^2} \approx -\dfrac{2 \times (T_m - T_y)}{\left(\dfrac{h}{2}\right)^2} \\[20pt] \dfrac{\partial T_m}{\partial x} \approx \dfrac{T_m - T_g}{x} \\[14pt] \overline{T}_m = \dfrac{1}{2}(T_m + T_y) \end{array}\right\} \tag{4-12}$$

式中　　　h——浮煤厚度，m；

T_m——煤体内最高温度，℃；

$\overline{T}_m$——煤体平均温度，℃；

T_y——岩层温度，℃；

ρ_g——空气密度，kg/m³；

$\overline{Q}$——漏风强度，m/s；

c_g——空气比热容，kJ/(kg·℃)；

T_g——风流温度，℃。

λ_e——松散煤体导热系数，$W/(m \cdot \text{℃})$；

$q_0(T_m)$——温度 T_m、O_2 浓度为 21% 时的氧化放热强度 $J/(h \cdot m^3)$；

x——采空区距工作面的距离。

把式（4-9）代入式（4-10）化简得煤体升温的必要条件为

$$h > \sqrt{\frac{8\lambda_e(T_m - T_y)}{q_0(\overline{T}_m) - \rho_g c_g \overline{Q}(T_m - T_g)/x}} = h_{min} \qquad (4-13)$$

即当浮煤厚度 $h \leq h_{min}$ 时，松散煤体不能引起自燃升温，h_{min} 为最小浮煤厚度。从式（4-11）可以看出，h_{min} 随煤温、漏风强度、采空区距工作面的距离而变化。根据式（4-11），可计算出不同煤体温度和漏风量时的最小浮煤厚度。

2. 采空区极限氧浓度

因氧化放热强度 $q(T_m)$ 与氧浓度成正比，即

$$q(T_m) = \frac{C_{O_2}}{C_{O_2}^0} q_0(T_m) \qquad (4-14)$$

式中　$q(T_m)$——氧化放热强度，$J/(h \cdot m^3)$；

$q_0(T_m)$——氧浓度为 21% 时的放热强度，$J/(h \cdot m^3)$；

$C_{O_2}^0$——新鲜风流氧浓度，取 21%；

C_{O_2}——实际氧浓度，%。

把式（4-12）代入得

$$C_{O_2} > \frac{-C_{O_2}^0}{q_0(\overline{T}_m)}[\text{div}(\lambda_e \text{grad} T_m) - \text{div}(\rho_g c_g \overline{Q} T_m)] = C_{min} \qquad (4-15)$$

即当 $C \leq C_{min}$ 时煤体氧化产生的热量小于散发的热量，C_{min} 为下限氧浓度。

对于采空区，可简化为无限大平板的一维传热，则

$$C_{min} = \frac{C_{O_2}^0}{q_0(\overline{T}_m)}\left[\frac{8\lambda_e(T_m - T_y)}{h^2} + \rho_g c_g \overline{Q} \frac{2 \times (T_m - T_g)}{x}\right] \qquad (4-16)$$

从式（4-14）可以看出，C_{min} 随煤温、漏风强度、采空区距工作面的距离和浮煤厚度而变化。忽略风流焓变散热时，可得出不同浮煤厚度和煤体温度时的下限氧浓度值。

3. 采空区极限漏风强度

当采空区浮煤厚度大于 h_{min}，又有足够的氧浓度且风流为一维流动时，流速是个常数，则

$$U < \frac{q_0(\overline{T}_m)}{n\rho_g c_g \dfrac{\partial T_m}{\partial x}} + \frac{\lambda_e \dfrac{\partial^2 T_m}{\partial z^2}}{n\rho_g c_g \dfrac{\partial T_m}{\partial z}} = U_{max} \qquad (4-17)$$

因

$$\overline{Q}_{max} = Un$$

则

$$\overline{Q} < \frac{q_0(\overline{T}_m)}{\rho_g c_g \dfrac{\partial T_m}{\partial x}} + \frac{\lambda_m \dfrac{\partial^2 T_m}{\partial z^2}}{\rho_g c_g \dfrac{\partial T_m}{\partial z}} = \overline{Q}_{max} \qquad (4-18)$$

即

$$\overline{Q}_{max} = x \frac{q_0(\overline{T}_m) - 8\lambda_e(T_m - T_y)/h^2}{\rho_g c_g(T_m - T_g)} \tag{4-19}$$

当漏风强度 $\overline{Q} \geq \overline{Q}_{max}$ 时，煤体就不可能引起自燃升温，称 $\overline{Q}_{max}$ 为极限漏风强度。从式 (4-17) 可以看出，$\overline{Q}_{max}$ 随煤温、采空区距工作面的距离、浮煤厚度而变化。

4.3.2 采空区遗煤自燃"三带"划分方法和步骤

（1）根据实际条件，确定出采空区浮煤厚度分布等值线图及厚度分布图。

（2）根据工作面压力分布、采空区进风巷和回风巷压力分布及 O_2 浓度分布，建立渗流模型，模拟出采空区漏风强度和 O_2 浓度分布，画出其等值线平面图。

（3）现场实测空气和岩石的 T_y、T_g 值和漏风强度等，实验测定不同温度下煤的氧化放热强度 $q_0(T)$，运用极限参数计算公式可计算出不同浮煤厚度、不同煤温 T_m 和不同距离 x 时的三维极值 $h_{min}(T_i, \overline{Q}_j, \overline{x})$、$C_{min}(T_i, h_j, x_k, \overline{Q}_k)$ 和 $\overline{Q}_{max}(T_i, h_j, x)$ 值，根据计算出的三维值取其某一温度的极大值，即

$$\left.\begin{array}{l} h_{min}(\overline{Q}_i) = max[h_{min}(T_1, x_1, \overline{Q}_i), h_{min}(T_2, x_2, \overline{Q}_i) \cdots h_{min}(T_i, x_i, \overline{Q}_i) \cdots] \\ C_{min}(h_i) = max[C_{min}(T_i, x_1, h_1, \overline{Q}_1), C_{min}(T_i, x_2, h_2, \overline{Q}_2) \cdots C_{min}(T_i, x_i, h_i, \overline{Q}_i) \cdots] \\ \overline{Q}_{max}(h_i) = min[\overline{Q}_{max}(T_i, x_1, h_1), \overline{Q}_{max}(T_i, x_2, h_2) \cdots \overline{Q}_{max}(T_i, x_i, h_i) \cdots] \end{array}\right\} \tag{4-20}$$

（4）把采空区浮煤厚度等值线平面图、O_2 浓度分布等值线平面图和漏风强度分布等值线平面图绘在一起，把 $h = h_{min}(\overline{Q}_i)$、$C = C_{min}(T_i)$、$\overline{Q} = \overline{Q}_{max}(T_i)$ 的等值线在图上标出，则可知采空区散热区、氧化升温区和窒息区 3 大区域，并可得到氧化升温区的宽度 L_x。

（5）根据采空区氧化升温区的宽度 L_x，得出最大氧化升温区宽度 $L_{max} = max\{L_x\}$，并计算出工作面极限推进速度 v_{min}，然后根据实际推进速度 v 是否大于极限推进速度 v_{min}，确定采空区的自燃危险性。再根据工作面推进速度和最短自然发火期计算出能引起自燃的氧化带最小宽度 $L_{xmin} = v\tau_{min}$，即可知采空区的自燃危险区域（$L_x > L_{xmin}$）。

4.3.3 综放工作面采空区现场观测及分析

以龙固矿 2301S 工作面为例进行介绍。此工作面走向长平均为 1950 m，工作面长 260 m，属于超长综放工作面。由于工作面推进速度和地质构造的影响，自燃空间区域大，采空区自燃危险区域沿工作面倾向方向出现两个漏风汇，防灭火的难度体现在采空区漏风难以控制。

1. 采空区浮煤分布状况

综放工作面的进风巷、回风巷及两个端头支架不放顶煤，间距 7~8 m。煤层平均采高 8.5 m，割煤高度为 3.5 m，工作面综合采出率为 85%，采空区内部空隙率约为 30%。则工作面进回风巷及两端头支架处浮煤厚度为

$$(8.5-3.5) \div (1-30\%) = 7.14 \text{ m}$$

工作面中部范围内的浮煤厚度为

$$8.5 \times (1-85\%) \div (1-30\%) = 1.82 \text{ m}$$

因此推算可得 2301S 工作面采空区浮煤厚度等值线分布图，如图 4-11 所示。

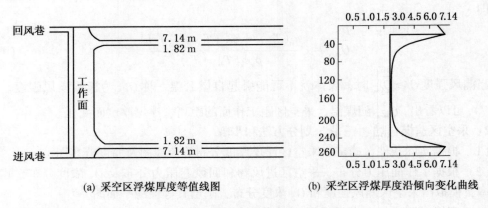

(a) 采空区浮煤厚度等值线图　　　　　(b) 采空区浮煤厚度沿倾向变化曲线

图 4-11　采空区浮煤分布示意图

2. O_2 浓度分布

进风巷选择 18 号、19 号监测点数据，监测点进入采空区距离与 O_2 浓度关系、O_2 浓度分布等值线如图 4-12 和图 4-13 所示。

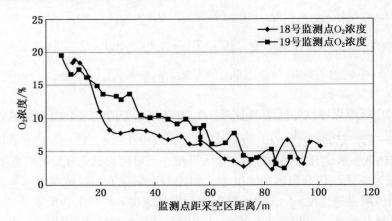

图 4-12　监测点进入采空区距离与 O_2 浓度的关系

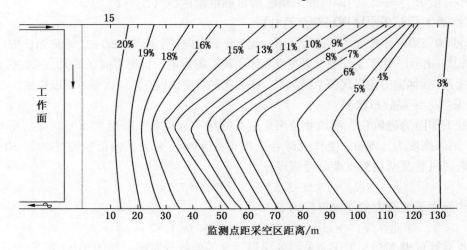

图 4-13　采空区 O_2 浓度分布等值线图

由图 4-12 和图 4-13 可以看出,随着距工作面距离的增加,采空区氧浓度呈递减趋势,且随着距工作面距离的增大,递减速度减小。

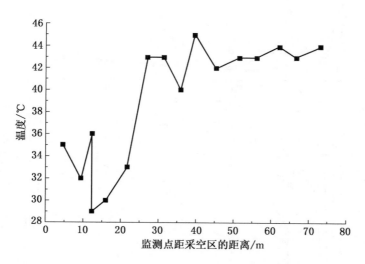

图 4-14　监测点距采空区距离与温度的关系

由图 4-14 可看出,随着测点进入采空区后,采空区温度呈现出先下降后上升的趋势,监测点位于采空区内时,风流与围岩发生热湿交换,温度有所下降;但随着漏风的减少,温度上升,在距离 40 m 后基本保持不变,即围岩温度一致。

3. 漏风强度分布

采空区能引起煤自燃的漏风强度很小,漏风渗入采空区后风流中的氧不断消耗。假定漏风流仅沿一维流动,当松散煤体内漏风强度恒定不变时,漏风强度与氧浓度有如下关系[175]:

$$\overline{Q} = \frac{V_0(T)(x - x_0)}{C_0 \ln\left(\dfrac{C_0}{C}\right)} \tag{4-21}$$

式中　C、C_0——实际氧浓度和标准氧浓度,%;

　　　$V_0(T)$——松散煤体在实际氧浓度和标准氧浓度中不同温度下的耗氧速率,mol/(cm³·s);

　　　$\overline{Q}$——松散煤体表面的漏风强度,m³/(min⁻¹·m²);

　　　x、x_0——松散煤体内部和表面的坐标。

根据龙固矿煤样实际观测结果,取煤样 40 ℃时的耗氧速率 $V_0(40 ℃) = 5.48 \times 10^{-11} \text{mol}/(\text{cm}^3 \cdot \text{s})$,利用已测得的采空区氧浓度分布规律,可推算出采空区进回风侧的漏风强度分布,如图 4-15 和图 4-16 所示。

4. 采空区浮煤自燃极限参数确定

采空区遗煤自燃必须要有足够的浮煤厚度,使浮煤氧化产生的热量得以积聚;要有足够的 O_2 浓度,能使浮煤产生足够的氧化热以提供煤体升温所需的热能;漏风强度不能过大,以免产生的热量让风流带走。不同浮煤厚度时的上限漏风强度见表 4-4。

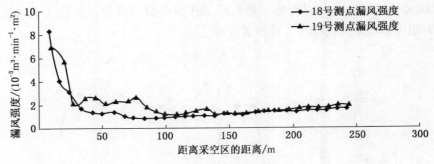

图 4-15　漏风强度分布图

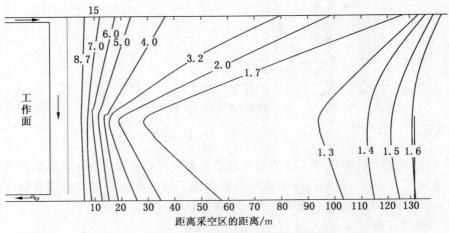

图 4-16　采空区漏风强度分布等值线图

表 4-4　不同浮煤厚度时的下限氧浓度和上限漏风强度

浮煤厚度/m	0.7	0.8	1.0	1.2	1.4	1.6	1.8	2	3	4
下限氧浓度/%	22.52	21.60	20.99	15.07	11.45	9.06	7.38	6.16	3.15	2.00
上限漏风强度/ ($10^{-2}\,cm^3 \cdot cm^{-2} \cdot s^{-1}$)	-0.013	-0.006	0.005	0.014	0.022	0.030	0.037	0.043	0.074	0.104

不同漏风强度、不同温度下的极限浮煤厚度见表 4-5。

表 4-5　不同漏风强度、不同温度下的极限浮煤厚度　　　　　　　　cm

温度/℃	漏风强度/($cm^3 \cdot cm^{-2} \cdot s^{-1}$)							
	0.005	0.010	0.030	0.040	0.060	0.080	0.340	0.430
52	70.39	75.22	102.07	109.84	137.17	166.75	605.34	762.21
60	74.54	79.95	108.16	118.92	149.74	183.05	673.07	847.86
70	49.64	52.07	63.61	68.85	81.85	95.99	315.95	396.27
80	49.88	52.34	63.81	69.29	82.43	96.72	318.86	399.95
90	49.44	51.86	63.01	68.50	81.40	95.42	313.66	393.37
100	42.70	44.50	52.67	56.78	66.19	76.42	238.51	298.37

不同温度与不同浮煤厚度下的极限氧浓度见表4-6。

表4-6 不同温度、不同浮煤厚度下的极限氧浓度 %

温度/℃	浮煤厚度/m							
	1.82	7.14	6	5	4	3	2	1
52	4.93	6.00	4.35	3.56	5.59	7.79	12.67	12.67
60	4.19	5.10	3.02	3.70	4.75	6.61	10.76	10.76
70	1.94	2.36	1.40	1.71	2.20	3.07	4.99	4.99
80	1.96	2.39	1.42	1.73	2.22	3.09	5.04	5.04
90	1.93	2.35	1.39	1.70	2.19	3.04	4.95	4.95
100	1.46	1.77	1.05	1.28	1.65	2.30	3.74	3.74

表4-7 不同温度、不同浮煤厚度下的极限漏风强度 $10^{-2} cm^3/(cm^2 \cdot s)$

温度/℃	浮煤厚度/m							
	1.82	7.14	6	5	4	3	2	1
52	0.065	0.306	0.256	0.212	0.167	0.122	0.074	0.019
60	0.079	0.361	0.302	0.250	0.198	0.145	0.090	0.026
70	0.187	0.783	0.656	0.545	0.434	0.322	0.208	0.085
80	0.185	0.775	0.650	0.540	0.430	0.319	0.206	0.084
90	0.188	0.788	0.661	0.550	0.437	0.324	0.209	0.086
100	0.254	1.045	0.877	0.729	0.581	0.432	0.281	0.122

注：取岩层温度为40 ℃。

不同温度与不同浮煤厚度下的极限漏风强度，见表4-7。根据计算结果，取最小浮煤厚度和下限氧浓度的极大值、上限漏风强度的极小值作为判定采空区"三带"的指标。从表4-4至表4-7可以看出，随着漏风强度的增大，煤自燃所需的最小浮煤厚度增加；随着浮煤厚度的增加，采空区煤自燃的下限氧浓度减小，上限漏风强度增大。

4.3.4 采空区自燃"三带"划分

将现场实际观测的浮煤厚度、氧浓度和漏风强度分布等值线图叠加，根据龙固矿煤自燃极限参数值，对2301S工作面采空区"三带"进行静态划分，如图4-17所示，"三带"分布基本分布情况见表4-8。

表4-8 2301S工作面采空区"三带"划分表 m

划分地段	散热带	氧化带	窒息带	可能自燃带宽度
进风巷采空区	0~40	40~120	>120	80
回风巷采空区	0~20	20~105	>105	85

进风巷采空区狭窄条带内由于煤壁的支撑作用，漏风通畅。同时，工作面进风巷连续

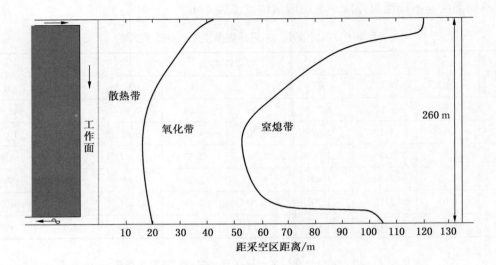

图 4-17　2301S 工作面采空区"三带"分布示意图

不断供给新鲜风流，散热带比回风侧长。回风巷采空区范围内，由于采空区中部范围内氧化后的乏风流出，氧化带范围相对于进风巷要小，在距离工作面 20~105 m 的区域。

4.3.5　采空区自燃危险区域及安全推进速度

采空区浮煤只有在氧化带范围内才有可能发生自燃，即氧化自燃区域的范围小于或等于氧化带，因此，只有根据工作面实际推进速度及氧化带的动态变化情况，才能确定采空区氧化自燃危险区域[176,177]。

根据煤层最短自然发火期 $\tau_{\min}$ 和工作面推进速度，可计算出工作面在最短自然发火期内的推进距离 L_0，即

$$L_0 = \tau_{\min} v_0 \tag{4-22}$$

式中　v_0——设计工作面推进速度或实际工作面平均推进速度，m/d。

综放工作面采空区内氧化带长度 L 小于 L_0 的区域，浮煤不会发生自燃。氧化带长度大于 L_0 的区域，浮煤有可能发生自燃，采空区氧化带内 $L-L_0$ 的区域即为采空区氧化自燃危险区域。

根据采空区氧化带长度和煤层实际最短自然发火期，可推算出工作面安全推进速度

$$v_A = \frac{L}{\tau_{\min}} \tag{4-23}$$

当工作面的推进速度 $v(\tau) \geqslant v_A$ 时采空区浮煤就不会发生自燃。对于 2301S 工作面，工作面的临界推进速度为

$$v = Lx/d_1 = 30 \times 100/46 = 65.2 \text{ m/月}$$

当工作面推进速度小于 65.2 m/月时，进风巷采空区有自然发火危险。在工作面正常推进速度时（100 m/月），采空区不会发生自燃，但进风巷、回风巷仍是防火的重点区域。

4.4　本章小结

（1）针对深井高地温矿井采空区遗煤自燃特点，分析了工作面通风、采空区煤岩体孔

隙率、热风压对采空区漏风流场的影响规律。

（2）采用数值模拟方法分别研究了工作面初采、回采、停采阶段采空区的漏风规律。

（3）在实验定量测定相关参数的基础上，推算出现场不同条件下引起煤体自燃的极限参数，判定了实际条件下综放工作面"三带"分布规律、自燃危险区域和安全推进速度。

5 高地温综放采空区自燃危险区域监测预警技术

采空区煤自然发火最直接的表征就是煤温升高，因此，煤温监测是采空区煤自燃监测最直接的方法。但煤的导热率比较低，且采空区松散煤体更不利于热量传导，单点温度监测很难准确探测到采空区煤自燃导致的温度变化。通过检测煤自燃标志性气体来判断煤自燃程度也是煤自燃监测的重要方法，但标志性气体产生量较少，受风流扰动影响大，且采空区漏风规律极其复杂，给准确检测气体浓度带来困难，不利于判断采空区高温区域。本章针对煤层埋藏深、煤岩体温度高、采空区面积大、发火期短、监测预警难等特点，研究了采空区煤自燃监测预警方法，提出了适用于工作面沿空侧和密闭区的采空区多参数无线监测预警系统，对煤自燃特征信息的融合识别及有效预警。通过掌握煤自燃危险区域的指标气体、温度变化趋势，根据氧化气体产物的构成、浓度及其变化速率、温度变化速率等特性，并以此作为煤自燃诊断和预警的判据，达到正确识别、预警的目的。这样有利于实现采空区煤火灾害预测预报和防控，降低误报率和漏报率，有效解决综放工作面采空区、沿空侧采空区和大面积封闭区等等煤自燃隐蔽区域监测预警存在的技术难题。

5.1 采空区煤自燃监测预警系统整体架构

高地温综放采空区煤自燃危险区域主要包括工作面采空区、相邻工作面的沿空侧采空区和已封闭采区。这些区域是煤最易自然发火的地点，据相关统计，国内煤火灾害采空区煤自燃占 80% 以上。随着开采强度增大，采空区面积越来越大，无煤柱开采导致采空区之间相互贯通，漏风通道多，如受采掘活动、大气压变化的影响，采空区易出现"呼吸"现象引起煤火灾害[178,179]。由于煤层埋藏深，通风系统和地质条件复杂，采空区范围大，漏风通道多，采空区密闭墙多，且受动压影响，闭墙漏风供氧区域易出现自燃[180-182]。而采空区煤自燃特征信息的变化监测困难，人工监测存在工作量大、巡检周期长、连续性差、盲区多等问题，使得采空区煤自燃的监测与防控难度更大，不易实现对煤火灾害的有效监测与预警。巨野矿区在预防煤火灾害方面投入了很多的资金，做了大量的基础研究和现场应用，但由于煤自燃隐蔽火源处于什么位置、温度多高、发展到着火温度最短需多长时间这 3 个问题仍没有很好地解决，给煤火灾害的防控带来了许多难题。为此，本章介绍了采空区煤自燃监测预警系统的构成与应用。

该系统主要由采空区煤自燃无线监测系统、采空区温度场分布式光纤监测系统和预警软件系统组成。系统整体架构按照智慧矿山的基本层次分为感知层、网络层、应用层，其中感知层主要指采集煤自燃火灾各类特征信息的传感器，网络层主要指信息传输的载体，即实现井上和井下数据的传输与交互，应用层主要指井上监控主机和预警软件系统。整体架构如图 5-1 所示。

感知层由沿空侧煤自燃特征信息无线采集、密闭区煤自燃特征信息无线采集、采空

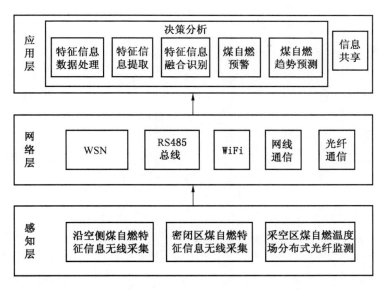

图 5-1　采空区煤自燃监测预警系统整体架构图

煤自燃温度场分布式光纤监测组成。

网络层主要包括无线感知网络（WSN）、RS485 总线、WiFi、矿井工业以太环网，以煤矿现有的工业以太环网为主干，多种通信网络为分支，WSN 和光纤传感为末梢，形成一体式的异构网络平台。

应用层采用云网络技术实现决策分析和信息分享功能。通过云网络方式实现煤自燃多源信息大数据整合与交互；利用集群大数据云计算进行数据分析、状态识别、火灾预警、火灾定位、智能管理和趋势预测，结合专家系统和现场经验，挖掘煤自燃致灾因素和危险源的异常特征信息，实现整个系统的动态分析和决策；采用云网络技术的分享功能，实现监控中心、相关部门、各级领导对煤矿火灾的动态感知、协调管控和应急反应。

5.2　采空区煤自燃无线监测技术

5.2.1　采空区煤自燃无线监测装置

该装置主要包括无线自组网模块、数字式温度传感器、CO 传感器、O_2 传感器、CH_4 传感器、射频天线、供电模块、红外遥控收发模块、模块、微处理器、显示屏、传感器调理模块等。无线自组网模块为美国 2.4 GHz DIGI MESH XBEE，数字式温度传感器为 DS18B20，CO 传感器为英国 CITY4CM（0~2000 ppm，1 ppm = 10^{-6}），O_2 传感器为英国 city 4OXV（0~25% VOL），CH_4 传感器为俄罗斯 MIPEX 红外传感器（0~10%），CO_2 传感器为非色散（NDIR）红外传感器（0~20000 ppm），C_2H_4 传感器为电化学传感器（0~200 ppm），C_2H_2 传感器为电化学传感器（0~200 ppm），射频天线增益为 5 dbi，电池采用 3.6 V 锂亚电池，外接电源采用 12~24 V 宽电压范围的电源芯片，红外遥控收发模块采用 3~5 V 工作电压的 IRDA 红外收发器 HSDL-3610，微处理器选用 STM32L152，RS485 芯片选用 MAX3485，参考电压芯片选用 REF3030 等。

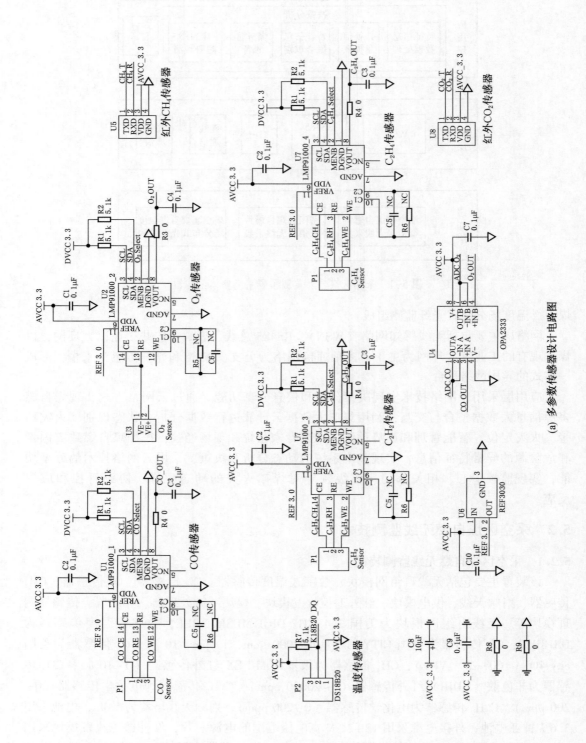

(a) 多参数传感器设计电路图

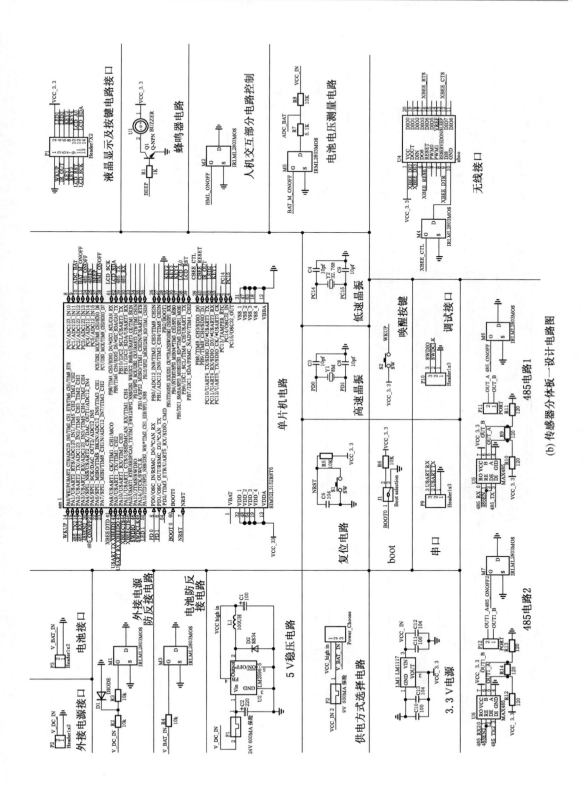

(b) 传感器分体板一设计电路图

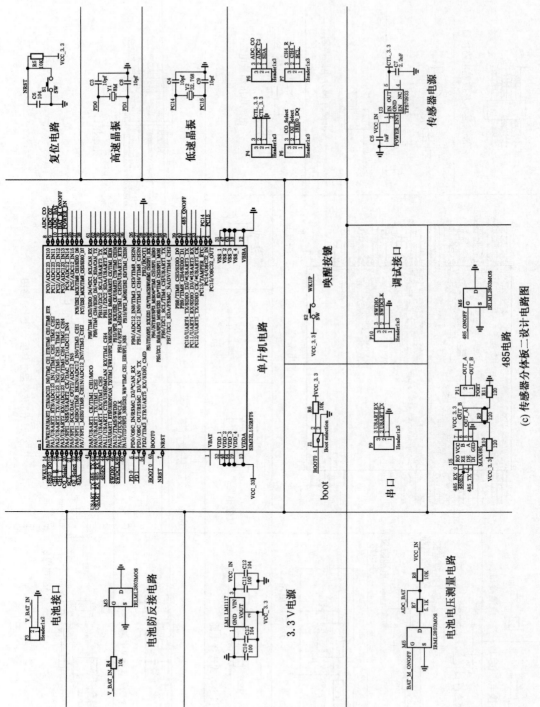

(c) 采空区煤自燃分体板二设计电路图

图5-2 传感器分体板二设计无线监测装置的电路

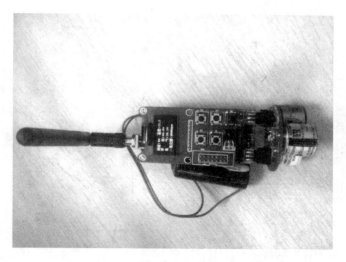

图 5-3 采空区煤自燃无线监测装置硬件实物图

研制出集温度、CO、CO_2、CH_4、O_2、N_2、C_2H_4、C_2H_2 于一体的矿井采空区煤自燃特征信息采集装置（N_2 通过置换获取气体浓度），具备外接电源和内置电池供电，预留标准的 modbus RTU 协议的 RS485 通信接口，通过红外收发模块实现多参数无线采集装置的红外遥控校准。无线监测装置的电路如图 5-2 所示，硬件实物如图 5-3 所示。

（1）采集时间不大于 5 min 时的功耗测试。设定数据采集时间小于或等于 5 min，然后再初始节点，待需要测试的节点全部初始化完成后，网络空闲时再进行网络初始化，网络初始完成后所有节点都进入睡眠状态（采集时间小于 5 min 时节点传感器部分电路不休眠），此时用电流表测睡眠节点供电电路中的电流。测试结果：供电回路中的电流小于 1.5 mA。

（2）采集时间大于 5 min 时的功耗测试。设定数据采集时间大于 5 min，然后再初始节点，待需要测试的节点全部初始化完成后，网络空闲时再进行网络初始化，网络初始完成后所有节点都进入睡眠状态（采集时间大于 5 min 时整个系统进入休眠），在基站网络倒计时时间大于 5 min 时用电流表测睡眠节点供电电路中的电流 I_a，基站网络倒计时时间小于 5 min 时用电流表测睡眠节点供电电路中的电流 I_b。测试结果：回路的工作电流 I_a 小于 245 μA，I_b 小于 1.45 mA。

5.2.2 煤自燃危险区域特征信息无线监测基站

无线监测基站主要包括 RS485 总线模块、RJ45 以太网模块、WiFi 通信模块、电源模块、工业触摸屏、无线自组网模块、无线监测基站的电路、防爆外壳。单片机选用 STM32，RJ45 模块选用 HLK-RM04，RS485 模块选用 MAX3485，WiFi 模块选用 HLK-RM04，外接电源采用 12~24 V 宽电压范围的电源芯片，触摸屏采用 3.5 英寸 4 线电阻触摸屏，无线自组网模块选用美国 DIGI MESH XBEE 通信模块。研制出集 RS485 通信、RJ45 通信和 WiFi 通信的多网兼容的无线监测基站，通过工业电阻触摸屏人机界面实现监测基站的实时采集、显示、存储、报警和查询功能。煤自燃隐蔽区域无线监测基站电路如图 5-4 所示，实物如图 5-5 所示。

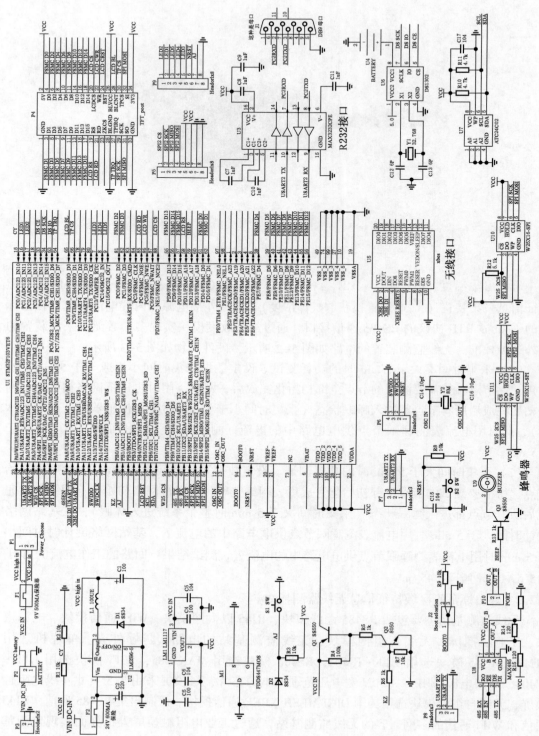

图5-4 煤自燃隐蔽区域无线监测基站电路图

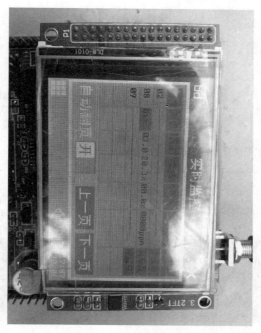

图 5-5　煤自燃隐蔽区域无线监测基站实物图

目前版本系统桌面有 6 个图标（图 5-6），分别对应 6 个功能，以方便用户对系统进行配置。

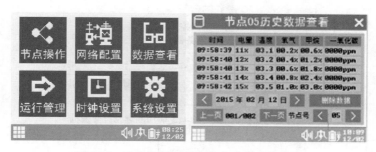

图 5-6　无线监测基站人机交互显示屏桌面

（1）节点操作。可以向系统里面添加新节点或删除已有节点。

（2）网络配置。点击后进入网络配置应用界面，可以查看系统当前的所有节点信息，可以对节点及网络进行初始化。另外，在系统运行时，用户也可以手动进行网络刷新。

（3）数据查看。点击后进入数据查看应用界面，在此应用内可以查看当前系统中各个节点所采集的最新数据信息，也可以进行历史数据信息的查询。

（4）运行管理。点击后进入运行管理应用界面，在此应用中可以查看系统的一些运行参数，如实时数据更新周期、预警阈值的设定等。

（5）时钟设置。通过时钟设置应用人机界面，可对监测系统的时间进行设定。

（6）系统设置。点击后进入系统设置应用界面，在此应用中可以进行背光、音效及恢复出厂设置等操作。

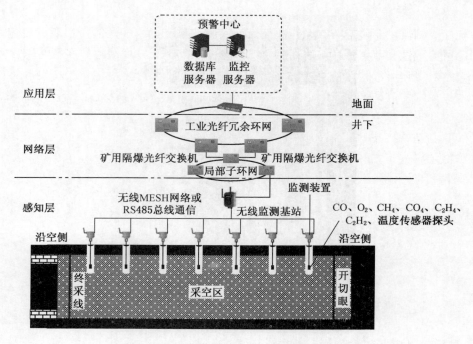

图 5-7　沿空侧煤自燃危险区域无线监测系统布置方式

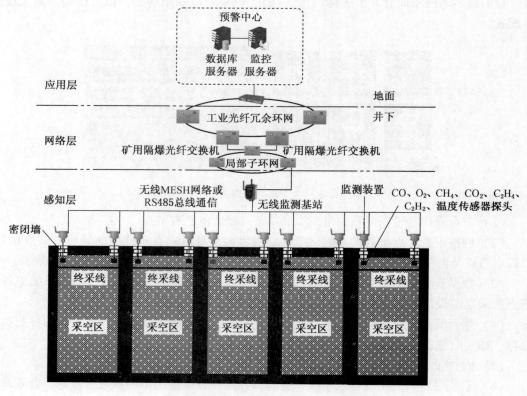

图 5-8　密闭区煤自燃危险区域无线监测系统布置方式

5.2.3 煤自燃特征信息无线监测现场应用工艺

系统性能测试主要包括节点无线通信性能测试、系统无线多跳通信性能、丢包率、响应时间、可剪裁性、节点寿命等。在巨野矿区龙固矿井下布置无线监测系统进行工业试验测试，确定出煤自燃危险区域无线采集装置监测节点的部署方式，优选出监测装置的布置方案，通过无线监测系统的现场工业性试验测试，考察该监测系统煤自燃特征信息采集、通信的实时性与可靠性、系统的稳定性；结合现场应用环境条件，确定无线多参数采集装置和无线监测基站在井下带状三维受限空间的通信性能、可靠性、稳定性，并对现场工业性试验测试结果进行总结、归纳和分析。

沿空侧煤自燃危险区域无线监测系统布置方式、密闭区煤自燃危险区域无线监测系统布置方式分别如图 5-7、图 5-8 所示。

5.3 采空区煤自燃温度场分布式光纤监测技术

采空区煤自燃温度场分布式光纤测温系统能够实现对采空区及回风巷遗煤区域温度场的动态监测。研制该系统的目的是为了弥补煤自燃指标气体分析方法的缺陷，及时准确地对采空区的煤自燃隐患进行在线监测与预警，降低采空区遗煤自燃的威胁，保障矿井的安全生产。

5.3.1 RAMAN 分布式光纤测温系统的原理

对温度检测时，RayLeigh 散射信号对温度变化不敏感；BriLLouin 散射信号的变化与温度和应力有关，但信号剥离难度大；Raman 散射信号的变化与温度有关，而且 Raman 散射信号相对容易获取和分析，因此应用中主要采集 Raman 散射信号进行温度分析。Raman 散射会产生两个不同频率的信号，即斯托克斯（Stokes）光（比光源波长长的光）和反斯托克斯（Anti-Stokes）光（比光源波长短的光），光纤受外部温度的调制会使光纤中的反斯托克斯（Anti-Stokes）光强发生变化，Anti-Stokes 与 Stokes 的比值提供了温度的绝对指示，利用这一原理可以实现对沿光纤温度场的分布式测量。

通过采集和分析入射光脉冲从光纤的一端（注入端）注入后在光纤内传播时产生的 Raman 背向反射光的时间和强度信息，得到相应的位置和温度信息，根据每一点的温度和位置信息得到关于整根光纤不同位置的温度曲线。

Raman 分布式光纤测温系统的原理是基于光纤的后向自发 Raman 散射温度效应和光时域反射 OTDR 技术来实现分布式测温的。OTDR 分布式光纤后向散射传感技术原理如图 5-9 所示。

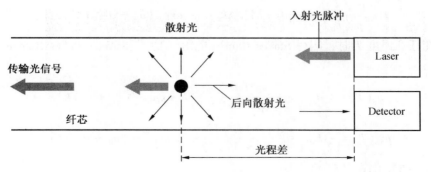

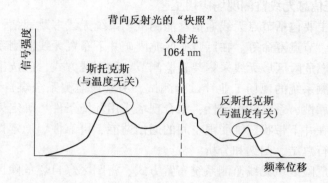

图 5-9   OTDR 分布式光纤后向散射传感技术原理图

光纤中注入一定能量和宽度的激光脉冲时，激光在光纤中向前传播的同时，自发产生 Raman 散射光波，Raman 散射光波的强度受所在光纤散射点的温度影响而有所改变，通过获取沿光纤散射回来的背向 Raman 光波，可以解调出光纤散射点的温度变化。同时，根据光纤中光波的传输速度与时间的物理关系，可以对温度信息点进行定位。

5.3.2   温度信号解调方法

基于自发后向 Raman 散射的分布式温度检测技术，Anti-Stokes Raman 散射光对温度变化比较敏感。作为温度的信号光，Stokes Raman 散射光受温度变化的影响。幅度十分小，作为温度信号的参考光，采用 Stokes Raman 散射 OTDR 曲线解调 Anti-Stokes Raman 散射 OTDR 曲线，从而实现温度信号的解调，再利用两路信号强度的比值得到需要检测的温度信息。此种解调方法有效降低了光纤弯曲损耗、光源波动和光纤传输损耗、光纤插入损耗及光纤传输过程中的耦合损耗所带来的不利影响。首先，测出整条感温光纤在某时刻（$T=T_0$）时的 Stokes Raman 散射光功率和 Anti-Stokes Raman 散射光功率，即

$$p_S(T_0) = \frac{v}{2}E_0 \frac{1}{1-\exp(-hV_v/kT_0)} \Gamma_S \exp[-(\partial_0 + \partial_S)L] \tag{5-1}$$

$$p_{AS}(T_0) = \frac{v}{2}E_0 \frac{\exp(-hV_v/kT_0)}{1-\exp(-hV_v/kT_0)} \Gamma_{AS} \exp[-(\partial_0 + \partial_{AS})L] \tag{5-2}$$

将式（5-2）比式（5-1）得

$$\frac{p_{AS}(T_0)}{p_S(T_0)} = \exp(-hV_v/kT_0) \frac{\Gamma_{AS}}{\Gamma_S} \exp[(\partial_S - \partial_{AS})L] \tag{5-3}$$

然后在任意温度 T 时，测得 Stokes Raman 散射光功率和 Anti-Stokes Raman 散射光功率分别为

$$p_S(T) = \frac{v}{2}E_0 \frac{1}{1-\exp(-VE/kT)} \Gamma_S \exp[-(\partial_0 + \partial_S)L] \tag{5-4}$$

$$p_{AS}(T) = \frac{v}{2}E_0 \frac{\exp(-VE/kT)}{1-\exp(-VE/kT)} \Gamma_{AS} \exp[-(\partial_0 + \partial_{AS})L] \tag{5-5}$$

将式（5-5）比式（5-4）得

$$\frac{p_{AS}(T)}{p_{S}(T)} = \exp(-hV_v/kT)\frac{\Gamma_{AS}}{\Gamma_{S}}\exp[(\partial_S - \partial_{AS})L] \tag{5-6}$$

将式（5-6）比式（5-3）得

$$\frac{p_{AS}(T)}{p_{S}(T)} \bigg/ \frac{p_{AS}(T_0)}{p_{S}(T_0)} = \exp(-hV_v/kT)/\exp(-hV_v/kT_0) \tag{5-7}$$

化简处理后的温度曲线为

$$T = \frac{hV_v T_0}{hV_v - kT_0 \ln\left[\frac{p_{AS}(T)}{p_{S}(T)} \bigg/ \frac{p_{AS}(T_0)}{p_{S}(T_0)}\right]} \tag{5-8}$$

式中 T——绝对温度，K；

h——普朗克常数；

k——波尔兹曼常数；

V_v——波数；

$\dfrac{p_{AS}(T)}{p_{S}(T)}$、$\dfrac{p_{AS}(T_0)}{p_{S}(T_0)}$——温度为 T 和 T_0 时 Anti-Stokes 和 Stokes Raman 散射光功率的比值，由高速数据采集卡获得，在 DTS 进行温度标定之后就可测算出感温光纤沿程各点的温度数值。

5.3.3　采空区煤自燃温度场分布式光纤监测装置的设计与实现

5.3.3.1　分布式测温系统的结构组成

该装置由脉冲激光器、WDM、感温光纤、APD（AvaLanche Photodiode）光电探测器、16 位高速数据采集卡、信号处理系统等组成。脉冲激光器发出的脉冲光通过 WDM 进入感温光纤，脉冲光在感温光纤内传输时产生 Stokes Raman 散射光和 Anti-Stokes Raman 散射光。Stokes 背向散射光和 Anti-Stokes 背向散射光再通过 WDM 进入 APD 进行光电信号的转换，高速数据采集卡对电信号进行采集与累加平均后，通过信号处理系统解调得到温度数值。采空区煤自燃温度场分布式光纤监测装置结构如图 5-10 所示。

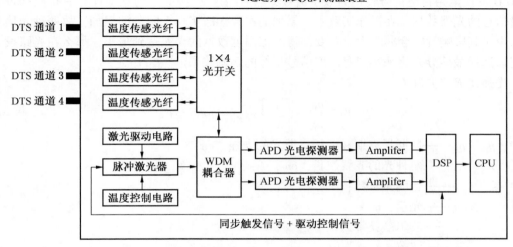

图 5-10　采空区煤自燃温度场分布式光纤监测装置结构图

采空区煤自燃温度场分布式光纤监测装置系统光路设计结构如图 5-11 所示，高功率脉冲激光器会产生较窄带宽的入射光脉冲，该入射光脉冲经过高增益放大器进行放大，使得光脉冲功率加大后经由光纤分路器耦合到传感光纤和恒温槽中。传感光纤中出现的后向散射光传输至光线滤波器进行滤波，能够分离出 Anti-Stokes 光（其携带着主要温度信号）及后向 Rayleigh 光（其携带着温度参考信号），对 Anti-Stokes 光的温度信号起到温度信号修正作用。然后再经过光纤耦合器，将两种光线分别经过两种滤光片，使其进入到不同的光路对其进行处理。还需要对 Stokes Raman 散射光和 Anti-Stokes Raman 散射光采取带通滤波处理，以消除两种散射光中夹杂的其他光线的干扰，然后得到所需干扰信号较少的 Raman 散射光。再利用 APD 光电探测器对 Raman 散射光采取光电信号之间的变换，并对变换后的电信号采取放大处理。最后通过高速 A/D 数据采集卡将之前转换后的模拟信号转换为数字信号，以便上位机分析与测算，处理之后显示出相应空间距离点上的具体温度信息。

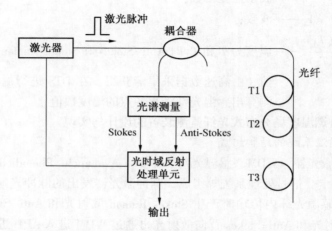

图 5-11　采空区煤自燃温度场分布式光纤监测装置光路示意图

由于散射信号强度和功率不足，需要通过 APD 光电探测器将光信号变换为电信号，用 A/D 变换电路将电信号转换为数字信号，然后经过 2^{16} 次的平均累加计算后得出携带着热量信息的光强数据。在操作实践中，累加的次数无法实现无限制的累加，故两种光信号的噪声对其影响肯定会非常大。若要使得所测温度数据的误差达到最小，那么在光路设计时应该选择最佳分光比来实现对温度信号良好的解调效果。

光强比 $R(T)$ 为

$$R(T) = \frac{p_{1A}}{p_{1S}} = \left[\frac{\lambda_S}{\lambda_A} \right]^4 \exp[-hcV_v/kT] \tag{5-9}$$

式中　p_{1A}、p_{1S}——反斯托克斯和斯托克斯光的光强，cd；

λ_S、λ_A——两种光的光线波长，cm；

h——普朗克常数；

c——光速，m/s；

k——波尔兹曼常数；

V_v——波数；

T——绝对温度，K。

真实测量数据为

$$R(T) + N = \frac{I_0(T) + N_0}{I_S(T) + N_S} = \left[\frac{\lambda_S}{\lambda_A}\right]^4 \exp[-hcV_v/kT] + N \tag{5-10}$$

式中
N_0——反斯托克斯多次累加后的输出噪声，dB；

N_S——斯托克斯多次累加后的输出噪声，dB；

$I_0(T)$、$I_S(T)$——信号强度，dBm；

$R(T)$——光强比值；

N——系统噪声，dB。

分布式光纤测温系统的噪声主要成分是 APD 电路的热噪声，故认为方差和温度没有关系，简写成 σ_A^2、σ_S^2 的高斯随机变量值为 $N[I_A(T), \sigma_A^2]$、$N[I_S(T), \sigma_S^2]$。若随机变量是 $z = \dfrac{x}{y}$，那么概率密度函数为

$$f_z(z) = \int_{-\infty}^{+\infty} |y| f_{xy}(zy, y) \mathrm{d}y \tag{5-11}$$

忽略 A/D 量化的非线性效应，即

$$N = \frac{I_A(T) + N_A}{I_A(T) + N_S} - R(T) = Z - R(T) \tag{5-12}$$

测量误差的均方值为

$$\overline{N^2} = \int_{-\infty}^{+\infty} [z - R(T)]^2 f_{xy}(z) \mathrm{d}z \tag{5-13}$$

此时两路分光强分别为 kP_{IS} 和 $(1-k)P_{IA}$。其中向后 Raman 散射光 P_{IS} 比 P_{IA} 强 6 dB，故近似有

$$P_{IS} = 4P_{IA} \tag{5-14}$$

两路光的温度数据的真实测量值为

$$I_S \propto kP_{IS}$$
$$I_A \propto (1-k)P_{IA} \tag{5-15}$$

A/D 量化时必须将光信号进行放大，故 APD 电路所产生的噪声的方差和输入光功率之间的关系为

$$\sigma_A^2 \propto \left[\frac{kP_{IS}}{(1-k)P_{IA}}\right]^2 \sigma^2 \tag{5-16}$$

由式（5-16）可得出 $\dfrac{S}{N} = \dfrac{R^2(T)}{N^2}$ 与分光比 k 的定量关系。经实验测试，当分光比 k 近似为 25% 时，系统中有效作用信号与噪声信号的比值最大，而噪声对温度信号的影响最小，所得误差也就最小。

5.3.3.2 系统电路的设计与实现

本系统中，系统进行信号处理的重点在于高速数据采集电路的设计。激光脉冲在传感光纤中的传输速度约为 8×2^{10} m/s，A/D 转换器采样速率便需要实现每秒 1×5^{10} 次才能实现空间分辨率达到 1 m。此外，因为光纤测温中对应光纤上的测量位置会随着采样时钟的频

率和相位的改变而改变，也会随之产生偏移，故需要采用高速 A/D 转换器对斯托克斯和反斯托克斯两种光信号分别进行实时采样。对于高速 A/D 转换器来说，应该及时读取数据，然后对数据进行高速、可靠的传输。系统电路主要由中央控制电路、光开关控制电路、Ns 级激光驱动电路、光放大控制电路等组成（图 5-12 和图 5-13），由嵌入式主板通过 ISA 总线与高速数据采集系统通信，获取光电转换信息，计算温度后通过工业串口液晶屏显示温度和报警信息，配合继电器接点模块可以联动其他设备；单片机控制电路与嵌入式 CPU 进行通信，控制光开关切换、LED 状态等的显示，并定时获取机箱内部温度等信息；Ns 级激光驱动电路对激光器温度进行精确控制，从而精确控制激光输出波长的变化，产生 Ns 级的高电流脉冲驱动信号；光放大控制电路控制光放大器的增益倍数。

5.3.4　DTS 温度误差修正方法

脉冲激光器发出的脉冲激光经 1×3 Raman WDM 后进入感温光缆，APD 光电探测器得到的后向 Raman 散射光通量可表示为

$$\phi_u = h\nu_u\eta_u\Delta f_u P_0 lg_R N_u D\exp[-(\alpha_0 + \alpha_u)l] + \phi_u' \tag{5-17}$$

式中　ϕ_u——单位时间内散射的光强，cd；

$\quad\quad h$——普朗克常数；

$\quad\quad \nu_u$——光子频率，s^{-1}；

$\quad\quad \phi_u'$——由暗计数和 Rayleigh 背向散射引起的背景光通量；

$\quad\quad \eta_u$——探测器的探测效率与滤波器传输系数的乘积；

$\quad\quad \Delta f_u$——系统中 Stokes 和 Anti-Stokes 通道滤波器的带宽；

$\quad\quad P_0$——脉冲激光器光脉冲的 peak 值功率，W；

$\quad\quad l$——感温光缆长度，m；

$\quad\quad g_R$——Raman 增益系数；

$\quad\quad D$——脉冲激光器光脉冲的占空比；

$\quad\quad \alpha_0$——入射光的衰减系数；

$\quad\quad \alpha_u$——Raman 散射光的衰减系数；

$\quad\quad N_u$——Stokes 和 Anti-Stokes 能级上的光子数。

N_u 服从波尔兹曼分布，可以表示为

$$N_{AS} = \frac{1}{\exp\left[\dfrac{h\Delta v}{k_B T(l)}\right] - 1} \tag{5-18}$$

$$N_{ST} = \frac{1}{\exp\left[\dfrac{h\Delta v}{k_B T(l)}\right] - 1} + 1 \tag{5-19}$$

式中　N_{AS}、N_{ST}——Anti-Stokes 和 Stokes 能级上的光子数。

$\quad\quad k_B$——BoLtzmann 常量；

$\quad\quad T(l)$——感温光纤 l 处的温度，℃；

$\quad\quad \Delta v$——Raman 的频移量，cm^{-1}。

假设 Raman 的增益系数 g_R 与 Stokes 和 Anti-Stokes 的平移量及滤波器的带宽没有关系，则 Stokes 的光子计数率与 Anti-Stokes 的光子计数率之比为

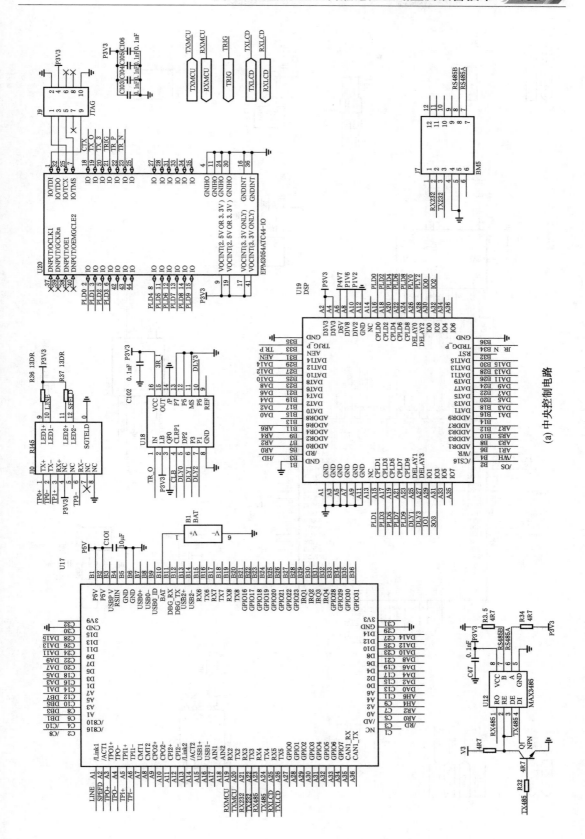

(a) 中央控制电路

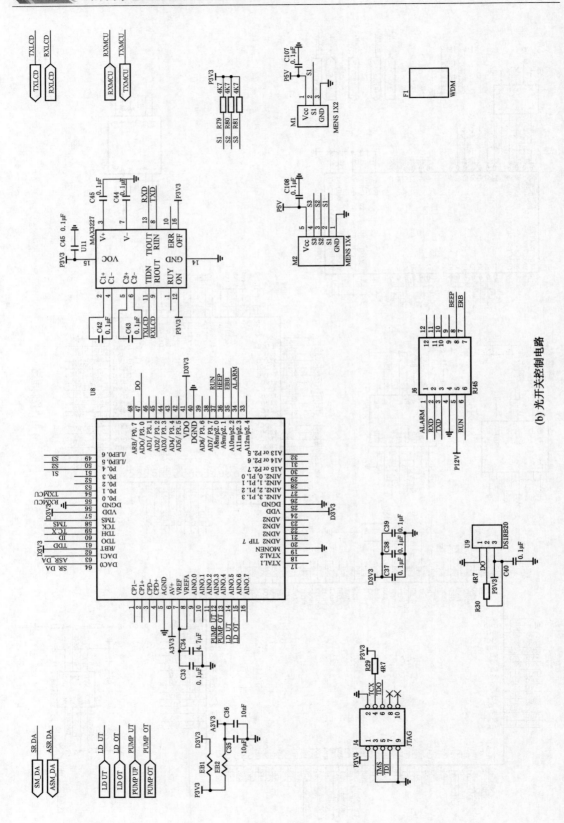

(b) 光开关控制电路

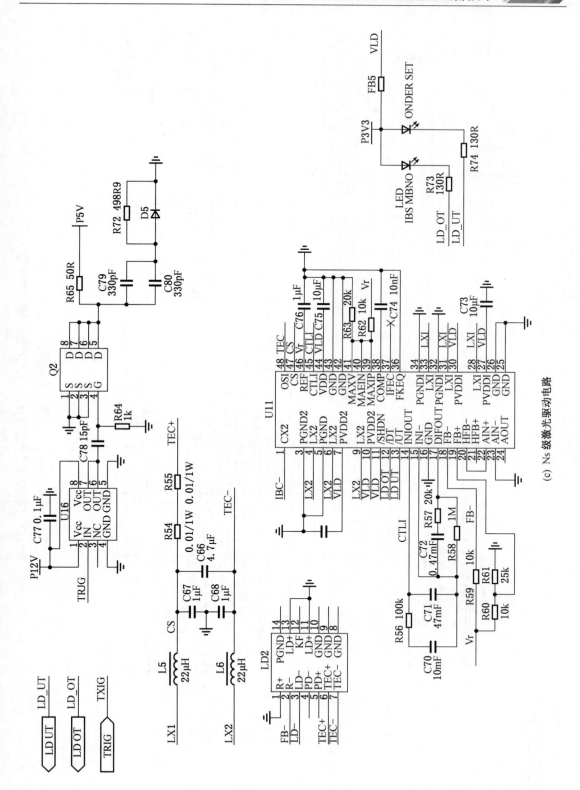

(c) Ns 级激光驱动电路

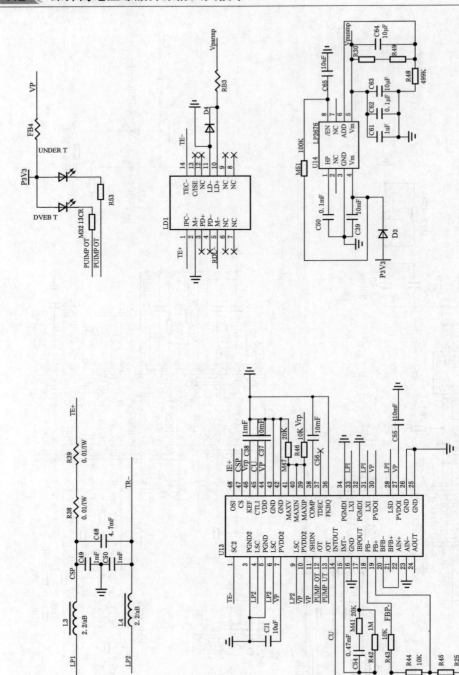

(d) 光放大控制电路

图5-12 采空区煤自燃温度场分布式光纤监测装置电路原理图

图 5-13 采空区煤自燃域温度场分布式光纤监测装置实物图

$$F(T_l) = \frac{\phi_{ST}(l) - \phi'_{ST}}{\phi_{AS}(l) - \phi'_{AS}} = C\exp\left[\frac{h\Delta v}{k_B T(l)}\right]\exp\left[-(\alpha_{AS} - \alpha_{ST})l\right] \qquad (5-20)$$

式中 ϕ_{ST} (l)、ϕ_{AS} (l)——在被测感温光缆 l 处 Stokes 和 Anti-Stokes 的光通量;

α_{ST}、α_{AS}——Stokes 和 Anti-Stokes 散射光的衰减系数;

ϕ'_{ST}、ϕ'_{AS}——暗计数和 Rayleigh 散射引起的背景噪声,dB;

C——常量,包括探测器的探测效率、相对 Raman 增益等。

式 (5-20) 两边同时取对数可得

$$\ln[F(T_l)] = \ln C + \frac{h\Delta v}{k_B}\frac{1}{T(l)} + (\alpha_{ST} - \alpha_{AS})l \qquad (5-21)$$

若将被测感温光纤 l_0 处的一部分放置在已知温度 T (l_0) 的环境中,可得

$$\ln[F(T_{l_0})] = \ln C + \frac{h\Delta v}{k_B}\frac{1}{T(l_0)} + (\alpha_{ST} - \alpha_{AS})l_0 \qquad (5-22)$$

联立得

$$R(T) = \frac{1}{T(l)} - \frac{1}{T(l_0)} = \frac{k_B}{h\Delta v}\left[\ln\frac{F(T_l)}{F(T_{l_0})} + (\alpha_{ST} - \alpha_{AS})(l - l_0)\right] \qquad (5-23)$$

通常情况下可近似认为 $\alpha_{AS} \approx \alpha_{ST}$,并且在忽略 ϕ'_{ST} 和 ϕ'_{AS} 的情况下,则根据式 (5-23) 就可解调出感温光纤上任意点的温度,即

$$R(T) = \frac{1}{T(l)} - \frac{1}{T(l_0)} = \frac{k_B}{h\Delta v}\left[\ln\frac{F(T_l)}{F(T_{l_0})}\right] \qquad (5-24)$$

$$T(l) = \left[\frac{k_B}{h\Delta v}\ln\frac{F(T_l)}{F(T_{l_0})} + \frac{1}{T(l_0)}\right]^{-1} \qquad (5-25)$$

实际上,Raman 散射产生的 Stokes 和 Anti-Stokes 在感温光缆中传播时的损耗不同,所

以式（5-24）解调出的温度将会产生误差（不能忽略 α_{AS} 和 α_{ST} 的差异）。

由于同种材料的 α_{AS} 和 α_{ST} 受感温光缆应力、弯曲和环境温度的变化也将发生改变，因此直接使用 α_{AS} 和 α_{ST} 的经验值仍然会给温度的解调带来一定的误差，从式（5-23）可以看出，整条光纤在相同的温度条件时 $R(T)$ 的值应该为水平直线，若忽略 α_{AS} 和 α_{ST} 差异而认为 $\alpha_{AS} \approx \alpha_{ST}$ 时，$R(T)$ 应该为倾斜的直线，在此情况下可以通过拟合式（5-24）得到该直线的斜率，用该值代替 $\alpha_{AS} - \alpha_{ST}$ 代入式（5-23）即可完成 $R(T)$ 的初步修正。

实验发现，经过上述修正后的系统仍然存在测温误差，并且这种误差在温度高于和低于校准温度时都会逐渐变大，此时还需要对解调温度进一步修正。式（5-23）中忽略了背景噪声的影响，在考虑背景噪声的影响下，可以得到

$$\ln[\phi_{ST}(l) - \phi'_{ST}] - \ln[\phi_{AS}(l) - \phi'_{AS}] - \ln C + (\alpha_{AS} - \alpha_{ST})l = \frac{h\Delta v}{k_B}\frac{1}{T(l)}$$

$$(5-26)$$

当脉冲激光器的参数、探测器所处的环境温度和偏压、光纤的种类都确定后，ϕ'_{ST} 和 ϕ'_{AS} 可以近似为定值，因此只要求得 ϕ'_{ST} 和 ϕ'_{AS} 的值即可实现温度的修正。

从式（5-26）可看出它的非线性方程存在有 3 个未知量 ϕ'_{ST}、ϕ'_{AS} 和 C，这 3 个未知量可通过两种方法求出：①感温光纤 3 个不相同位置的 Stokes 信号、Anti-Stokes 信号与对应的实际温度数值；②在感温光纤的同一位置通过改变温度，取 3 组不同的温度及其对应的信号值。

将以上已知量分别代入式（5-26）通过解非线性方程组即可求得 ϕ'_{ST} 和 ϕ'_{AS}，再将该值代入式（5-20）即可完成对温度的最终修正。显然，对于第一种方法需要在 3 个不同的位置同时设置 3 个温度，这将给工程应用带来不便，而第二种方法就显得更加容易实现。

通过上述方法进行误差修正后得出的温度解调结果为

$$T(l) = \frac{1}{\frac{k_B}{h\Delta v}\left\{\ln\frac{[\phi_{ST}(l) - \phi'_{ST}][\phi_{AS}(l_0) - \phi'_{AS}]}{[\phi_{AS}(l) - \phi'_{AS}][\phi_{ST}(l_0) - \phi'_{ST}]} + (\alpha_{AS} - \alpha_{ST})l\right\} + \frac{1}{T(l_0)}} \qquad (5-27)$$

搭建的实验测试系统如图 5-14 所示，脉冲激光器的光谱中心波长为 1550 nm（谱线的宽度小于 1 nm，脉冲线宽 10 ns，脉冲的重复频率为 $1 \sim 50$ kHz），发出的光经 1×3 Raman WDM 被耦合到待测多模光纤（62.5/125 μm），其 Raman 背向散射光再次通过 WDM 将 λ_{ST} 和 λ_{AS} 分别耦合进入探测器（双通道 InGaAs APD，3 dB 带宽 80 MHz）中，采集卡通过脉冲激光器外部触发的方式实现温度信息的同步采集（双通道 16 位，采样率设置为 150 MS/s），采集到的温度信号由上位机进行处理和显示。

分布式光纤测温系统的误差分析及其修正过程感温光纤内的 Raman 背向散射光包含 Stokes 散射光和 Anti-Stokes 散射光，由于 Raman 散射产生的两种脉冲激光波长不相同，所以在背向的传播沿程中存在损耗的本质差异。除此类本质差异外，当感温光缆某一区域内的环境条件发生改变，尤其当环境温度发生改变时，不相同波长的脉冲激光会产生不同的附加损耗，这种差异将增加该区域及脉冲激光传输方向区域内的温度测量误差，从而影响解调温度的准确度。针对以上的误差来源分析，本文采用两种方法分别修正对应的

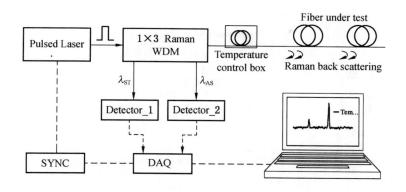

图 5-14　分布式温度传感实验系统图

误差：

（1）采用恒温拟合的方法除去 Stokes 散射光和 Anti-Stokes 散射光的损耗差异对温度解调结果的影响。该方法可以在不知道两种光损耗具体数值的情况下进行温度修正，可以避免弯曲、应力及温度差异等引起的附加损耗对修正值的影响。图 5-15 所示为 2000 m 光纤在 15 ℃ 恒温箱中的测量结果。

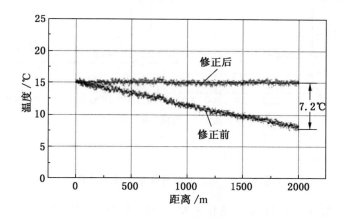

图 5-15　光纤固有损耗差异修正后的温度解调结果

（2）采用大量实验总结的经验公式修正传感光纤上的温度场附加损耗对测量结果的影响，使得该系统能够更加准确反映长距离分布式光纤测量不同温度区域的真实温度。图 5-16 所示为一条 2000 m 光纤同时测量两个不同温度区域时光纤温度附加损耗修正的结果。

基于以上修正的系统结构简单，工程实施方便，修正后的温度传感器的测温误差小于 ±0.6 ℃。其中温度测量范围为 -15～+150 ℃，空间分辨率不大于 1 m，感温长度不大于 0.5 m，温度分辨率不大于 0.2 ℃，测温周期不大于 5 s（传感距离为 5000 m）。

5.3.5　DTS 现场应用工艺

研制出高强度铠装矿用阻燃感温光缆，优化感温光缆在采空区温度场分布式监测的布

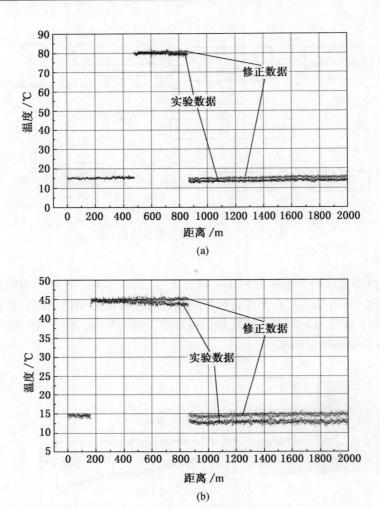

图 5-16　光纤温度附加损耗修正结果

置方式，将感温光缆与井下 DTS 分站相连接，DTS 分站实现温度信号的解调、结果的显示、存储，然后将采集的温度信息经井下工业以太环网发送到井上安全监测中心的监控主机。采空区内的感温光缆拟采用 L 形的布线方式，最终将温度数据采用算法实现采空区温度场的重建，最短空间感温光纤长度小于 0.5 m，感温光纤空间采样间隔不大于 0.25 m，使用周期长，本质安全，可有效解决采空区煤火灾害隐蔽火源高温点探测和定位的难题。采空区煤火灾害隐蔽火源高温点探测与定位的 DTS 现场应用布置方式如图 5-17 所示。此种布置方式可以较为全面地反映出采空区内部温度的变化情况，有助于分析采空区煤层自然发火导致的不同区域温度的变化情况。如果采空区敷设的光缆处附近煤层有自燃的趋势，该处的温度会升高，测量得到的该点处的温度会有相应改变，发火的速率可以根据测量得到的温度信息计算得到。依据这些信息，可以建立采空区煤自燃温度场分布趋势图，从而为判定采空区自然发火提供良好的理论及实验依据。

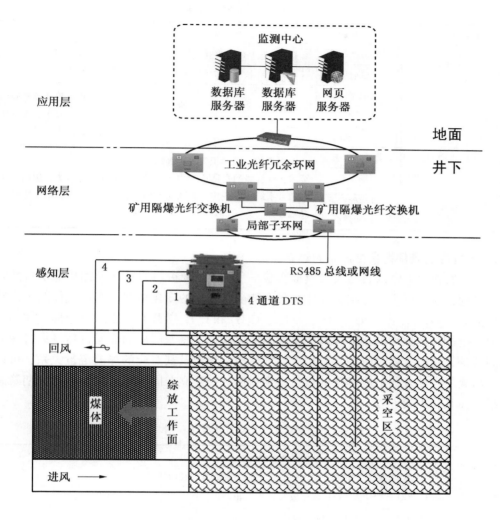

图 5-17　采空区煤火灾害隐蔽火源高温点探测与定位的 DTS 现场应用布置方式

5.4　采空区煤自燃预警方法研究

5.4.1　信息融合算法

煤自燃特征信息融合预警方法，主要是利用不同时空的煤自燃多组分指标气体传感器和温度传感器采集的煤自燃特征信息资源，在融合识别算法的准则下进行分析、综合和应用，获得对被测采空区煤自燃的一致性解释与描述，从而实现对应状态的分析、决策及评估，使整个预警系统获取比其各个独立的子系统更加完善的信息[183-186]。

根据不同的研究方向，各国科研机构提出了很多有效的融合识别算法。一些融合预警算法在工程实际中有许多成功应用的报道。目前经常见到的多源信息融合识别算法分为：经典融合识别算法和现代融合识别算法，两类融合识别算法的对比见表5-1。

表5-1 两类信息融合识别算法比较

算法类		主要算法	优点	缺点
经典融合识别算法	统计方法	贝叶斯估计法	具有公理基础，直观、易于理解、计算量小	需要比较多的先验知识，适用条件比较苛刻
		D-S 证据理论法		
	估计方法	极大似然估计	信息损失少，适用于原始数据的融合	需要获得对象比较精确的数学模型，对于复杂、难以建立模型的场合无法适用
		卡尔曼滤波		
		最小二乘法		
现代融合识别算法	信息论方法	聚类分析法	对对象的先验知识要求不高或无要求，有较强的自适应能力，容易在融合系统中实现主、客观间的信息融合	运算量比较大，规则难建立或学习时间长，不容易实现
	人工智能法	模糊逻辑		
		神经网络		
		支持向量机		

5.4.2 煤自燃监测预警指标体系的建立

采用西安科技大学煤自然发火模拟实验平台，实研研究巨野矿区龙固矿煤层自然发火的实际过程，煤自燃多组分指标气体在某个特征温度段的变化情况，指标气体的浓度范围等，根据 O_2、N_2、CH_4、CO、CO_2、C_2H_2、C_2H_4 和 C_2H_6 等煤自燃多组分指标气体的浓度及某两种指标气体浓度的比值随煤样温度的变化规律，将龙固矿的煤层自然发火过程划分为不同的特征阶段。各个阶段都有相应的气体指标参数及其对应的煤温定量关系，可以分别判定出煤层自然发火危险程度的量化识别指标，并建立龙固矿采空区煤自燃早期隐患的预报指标体系，见表5-2。

表5-2 煤自然发火危险程度量化识别指标

特征温度名称	大型煤自然发火实验			备 注
	表 征 参 数	温度范围/℃	极值温度/℃	
高位吸附温度	CO_2/CO 开始变大；CO_2 浓度极大	40~50	42	吸氧性强
临界温度	CO_2/CO 极大；CO 和 CO_2 浓度剧增；O_2 浓度降幅加大	60~70	63	耗氧加剧，化学反应速度快
裂解温度	C_2H_4/C_2H_6 剧增；O_2 浓度剧降；CO 浓度剧增；C_2H_6 浓度变大	105~135	113	侧链、桥键等小分子裂解快
裂变温度	C_2H_4/C_2H_6 极大	135~145	143	苯环结构断裂加快，活性结构增多
活性温度	C_2H_4/C_2H_6 基本恒定	170~230	188	CO、CH_4、C_2H_4、C_2H_6、C_3H_8 等可燃可爆气体析出剧增
增速温度	CH_4/C_2H_6、CO_2/CO 基本恒定；CO、CH_4、C_2H_4、C_2H_6、C_3H_8 等气体浓度剧增；O_2 浓度骤降	230~300	245	活性结构增多；指标气体产生量基本恒定；耗氧加剧
燃点温度	耗氧剧增，因 O_2 不足，温变率剧降	>320		煤燃烧的起点

5.4.3 煤自燃特征信息融合预警机制研究

煤自燃特征信息融合预警过程融合了采空区煤自燃无线监测系统、采空区温度场分布式光纤监测系统、束管火灾监测系统等煤自燃多组分指标气体和温度的监测大数据，提高采空区煤自燃特征信息融合与预警方法的全面性、科学性及合理性，解决采空区煤自燃的误报、漏报技术难题。采空区煤自燃特征信息融合预警数据主要是西安科技大学大型煤自然发火模拟实验平台得出的实验数据和龙固矿采空区遗煤自燃的现场观测数据，采用最小二乘法、微粒群算法、支持向量机等融合识别算法与煤自然发火危险程度量化识别指标体系相结合，进行大数据的挖掘、融合与处理，并通过决策结果对煤自燃危险程度进行判定和评估。

5.4.4 采空区煤自燃融合预警方法研究

5.4.4.1 煤自燃特征信息融合

煤自燃特征信息融合主要是根据一些传感器提供的诸如气体浓度及温度等信息，给出当前发生煤自燃的危险等级，从而起到预警的作用，防止煤火灾害的发生。

从3个层次对传感器测得的一些数据进行融合分析处理，数据层采用多项式最小二乘法拟合建立煤温和各个气体的关联，采用拟合方法得出匹配的定量数据关系式，并根据煤温和各个气体之间关联的表达式，再进行最小二乘法拟合，将煤温拟合成关于各个气体浓度的表达式。进行数据拟合的目的有两点：一是对缺失数据的处理，通过拟合表达式得到缺失数据的拟合值，从而为后面特征层提供完整的数据；二是为决策层提供一个可供参考的拟合温度值。

在特征层，采用支持向量机对数据层提供的完整气体数据和煤温数据进行分析，根据相应的气体数据和煤温数据进行训练，得到匹配的融合识别模型，为决策层的判定提供基础依据。

在决策层，接收来自数据层及特征层提供的数据，并进行最终的融合。进行融合判决的方法是将测温法和气体浓度法得到的特征信息进行判决融合，最后给出危险等级。

以上3个层次的融合实际上没有明显的界限，是最终给出煤自燃的危险等级过程中必备的一些步骤，各个层次之间不必刻意区分。

5.4.4.2 实验原始数据分析

根据龙固矿所测的实验数据，绘制氧化过程中产生的气体（主要有 O_2、N_2、CO、CO_2、CH_4、C_2H_6 等）和温度的关系图。图 5-18~图 5-20 为煤自燃指标气体浓度与特征温度相应关系的曲线图。煤的氧化过程中，一些气体浓度的比值也和温度有相应的对应关系，根据实验结果，给出气体浓度比值和温度的关系图，如图 5-21 和图 5-22 所示。

由图 5-18 可以看出，O_2 浓度随着温度的变化有小幅波动，整体上温度越高，O_2 浓度呈现下降趋势。出现这种趋势的原因是由于煤层自燃温度的增高，煤样氧化进程的加快，导致 O_2 的消耗速度加快。从图中可看出，N_2 浓度伴随煤自燃温度的增高，存在平稳的增高趋势。

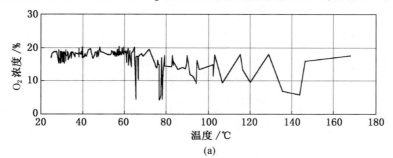

(a)

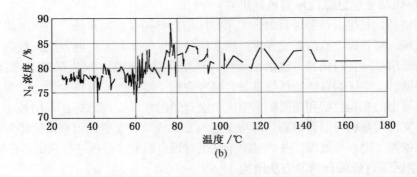

(b)

图 5-18 O_2 浓度、N_2 浓度和温度的对应关系

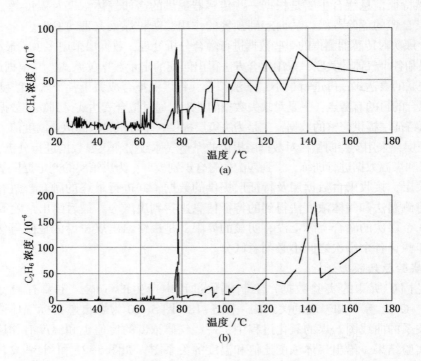

(a)

(b)

图 5-19 CH_4 浓度、C_2H_6 浓度和温度对应关系

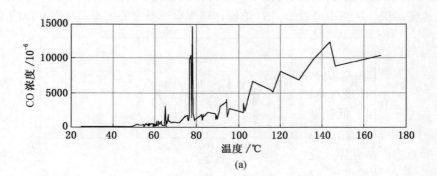

(a)

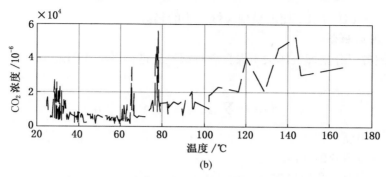

图 5-20 CO 浓度、CO_2 浓度和温度对应关系图

图 5-19、图 5-20 所示为 CH_4、C_2H_6、CO、CO_2 的浓度随煤自燃温度升高的关系曲线图。由图可以看出，CH_4、C_2H_6、CO、CO_2 的浓度随温度的升高呈现增大的趋势，这是由于温度上升引起煤自燃的氧化作用增强，含碳指标气体产生量增多。这与 O_2 浓度伴随温度的变化曲线图趋势一致。

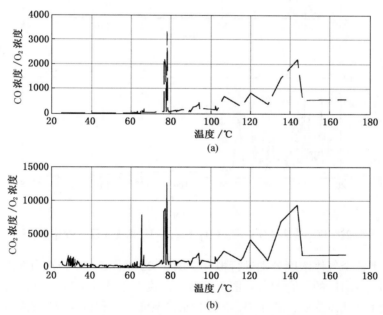

图 5-21 CO 浓度、CO_2 浓度与 O_2 浓度比值和温度的对应关系图

图 5-21 为 CO 浓度、CO_2 浓度与 O_2 浓度比值和温度的对应关系图，对照图 5-18 和图 5-21，O_2 浓度变化较小，CO 浓度、CO_2 浓度与 O_2 浓度比值和温度对应关系与图 5-20 的曲线走势较为接近。

图 5-22 为 CO_2 浓度/CO 浓度、CH_4 浓度/C_2H_6 浓度和温度的对应关系图，由 CO_2/CO 的浓度比值可以看出，低温状态下 CO_2 浓度远高于 CO 浓度，这是因为低温下氧化作用弱，CO 很少，空气中含有的 CO_2 导致 CO_2/CO 的比值较大。伴随煤自燃温度的增高，煤样氧化作用加快，在煤样氧化不充分的条件下 CO 产生量比 CO_2 产生量增加得快，导致 CO_2/CO 的指标气体浓度比值减小。由 CH_4/C_2H_6 的指标气体浓度比值发现，伴随煤自燃

温度的升高，其 CH_4/C_2H_6 比值呈现缓慢变小的趋势。

5.4.4.3 数据级融合

对煤自燃各组分指标气体关于煤自燃特征温度进行多项式的最小二乘法拟合，拟合得出的数学式为

$$T_j = Q_j^i \sum_{i=0}^{n} a_i \quad j = 1, 2, \cdots, 6 \tag{5-28}$$

式中 T_j ——温度，℃；

       Q_j ——待拟合的气体浓度；

       a_i ——需要拟合的参数。

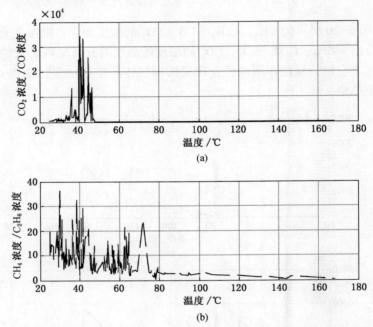

(a)

(b)

图 5-22 CO_2 浓度/CO 浓度、CH_4 浓度/C_2H_6 浓度和温度的对应关系图

将温度关于各个气体浓度分别进行拟合。图 5-25 至图 5-30 分别为温度关于 O_2、N_2、CO、CO_2、CH_4、C_2H_6 的拟合图，各图上部分为温度关于气体浓度的拟合值和原始值的对比，下图为抛开该气体浓度，关于 O_2 浓度的原始温度曲线和拟合温度曲线的对比图。

图 5-23 至图 5-28 给出了温度关于各个气体浓度的拟合关系图，如果给出各个气体的浓度，可以拟合得到关于温度的多个拟合值，如何确定综合的温度拟合值是接下来所需要解决的。

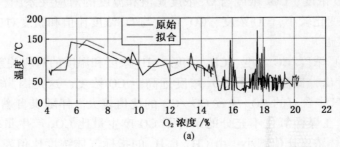

(a)

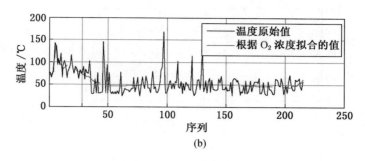

图 5-23 温度关于 O_2 浓度的拟合

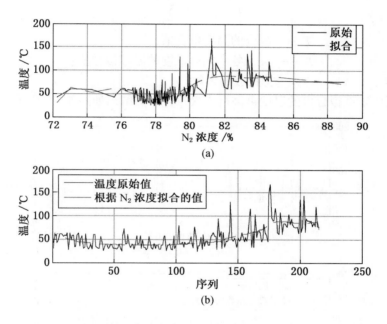

图 5-24 温度关于 N_2 浓度的拟合

确定综合的温度拟合值，最简单的方法是将温度关于各个气体浓度得到的拟合值进行加权平均，得到均值。也就是说，将各个气体浓度不进行差异化处理。鉴于此，综合温度拟合值根据各个气体浓度拟合出的温度值再进行二次拟合，拟合的形式如下：

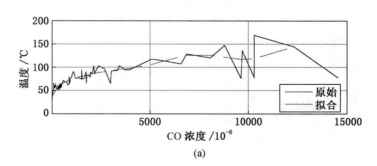

(a)

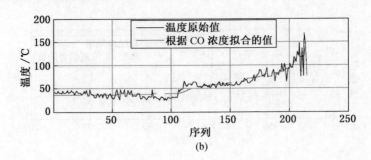

(b)

图 5-25　温度关于 CO 浓度的拟合

$$T = b_0 + T_j \sum_{j=1}^{n} b_j \tag{5-29}$$

式中　　　　　　　　T——综合的温度拟合值；

　　　　　　　　　T_j——关于各个气体浓度的温度拟合值；

　　b_j ($j = 0$, 1, …, 6)——待拟合的参数。

将各个气体浓度拟合出的温度再进行二次拟合，其结果如图 5-29 所示。

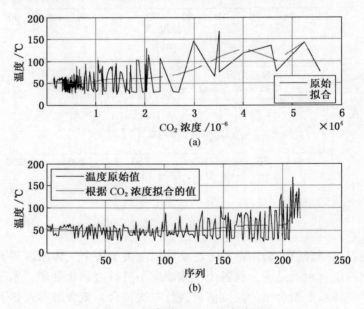

(a)

(b)

图 5-26　温度关于 CO_2 浓度的拟合

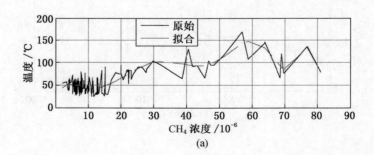

(a)

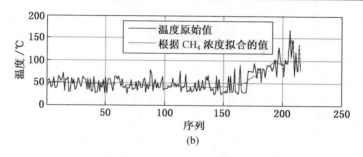

图 5-27 温度关于 CH_4 浓度的拟合

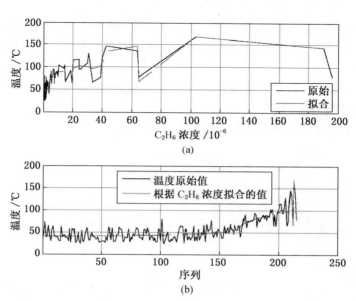

图 5-28 温度关于 C_2H_6 浓度的拟合

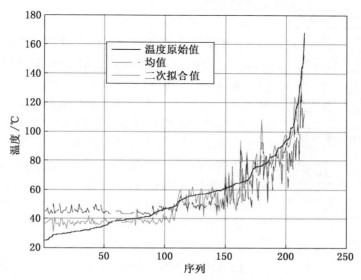

图 5-29 温度关于各气体参数拟合的均值及二次拟合值

由图可以看出，二次拟合的值相对于直接加权平均的均值更接近温度的原始值，故进行二次拟合是有必要并且是有效的。

5.4.4.4　特征级融合

1. 支持向量机

支持向量机（SVM）由 Vapnik 等在统计学习理论的基础上提出来的一种机器学习的算法，因为它具有优良的学习能力，很快得到了推广与应用。设定训练样本的集合为 $M = \{(x_i,\ y_i),\ i = 1,\ 2,\ \cdots,\ n\}$，$x_i$ 是集合的输入值，y_i 是集合的输出目标值。依据设定的训练数据集合 M，寻找一个函数 $y = f(x)$，使得函数表示 y 与 x 的关系，从而可以用来预测不同的输入 x 所对应的输出 y。

针对非线性映射关系的训练样本集合 M，需要将训练样本集合空间进行非线性变换到高维的特征几何空间，在该空间中构造出线性的回归函数关系式。通过确定合适的核函数 $K(x_i,\ y_i)$ 来实现：

$$K(x_i,\ y_i) = \phi(x)^{\mathrm{T}}\phi(x) \tag{5-30}$$

式中　$\phi(x)$——非线性函数。

非线性回归的函数关系式可总结为以下的优化问题：

$$\min \frac{1}{2}\|w\|^2 \tag{5-31}$$

满足的约束条件是

$$|w^T\phi(x_i) + b - y_i| \leqslant \varepsilon \quad i = 1,\ 2,\ \cdots,\ n \tag{5-32}$$

式中　w——权重向量；

　　　b——偏置项；

采用支持向量机进行分类，选择合适的核函数及相关参数即可进行分类（不仅可以针对二分类问题，也可以解决多分类的问题）。

2. 粒子群算法

粒子群算法也称粒子群优化算法（Particle Swarm Optimization，PSO），是近年来发展起来的一种新的进化算法（Evolutionary Algorithm，EA）。PSO 作为 Evolutionary Algorithm 的一种，与 Simulated AnneaLing Algorithm 相似，它同样是通过随机解开始，采用迭代方法寻找出最优的解，通过适应度来评估最优解的品质，但它比 Genetic Algorithm 的规则更加简单，它没有 Genetic Algorithm 的交叉（Crossover）与变异（Mutation）的操作，是经过追随当前搜寻得到的最优数值来寻找出全局的最优解。PSO 是一种并行算法，其流程图如图 5-30 所示。

3. PSO-SVM

信息融合的第二级是特征级融合，该级融合的主要任务在于融合各个传感器的同类量测数据，获取精准度较高

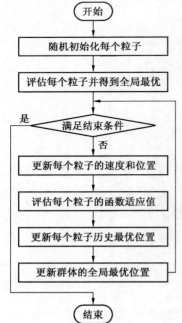

图 5-30　粒子群算法流程图

的属性数据集合，为决策级的数据融合提供可靠的数据支撑。在特征层，采用支持向量机对数据层提供的完整的气体数据和煤温数据进行分析，根据相应的气体数据和煤温数据进行训练，得到相应的模型，为决策层的判断提供依据。本书采用改进的参数自寻优支持向量机对传感器的数据进行分类，并将分类结果提供给决策层。

实验中采集到的数据包括 O_2、N_2、CO、CO_2、CH_4、C_2H_2、C_2H_4、C_2H_6 的浓度及 CO_2/O_2、CO/O_2、CH_4/C_2H_6、CO_2/CO 的比值，这些值将作为输入。将不同温度段划分为不同的类别，将火灾发展过程划分为 7 个阶段，对应特征温度范围分别为 20~35 ℃、35~45 ℃、45~65 ℃、65~75 ℃、75~100 ℃、100~150 ℃、150~170 ℃以上，将所划分的危险等级作为输出。

根据煤自燃危险程度等级的划分，将煤自燃的原始数据划分为 7 类，采用 SVM 进行分类。通过 MATLAB 语言编程，利用 SVM 进行分类识别，准确率为 60%。使用 PSO 算法优化 SVM 算法的核函数，进行自适应寻优 SVM 的分类识别，采用 MATLAB 语言编程来实现，图 5-31 给出了粒子群算法进化代数和适应度，其识别的准确率为 80%。由此可见，采用改进的方法可以显著提高准确率，从而给决策层提供更准确、可靠的信息。

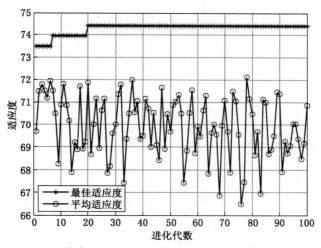

注：参数 c1=1.5，c2=1.7，终止代数为 100，种群数量为 20

图 5-31　进化代数和适应度

5.4.4.5　决策级融合

煤自燃特征信息融合的第三层是决策级融合，该级融合可根据煤自燃特征信息第二层特征级融合所提供的属性数据集合，融合得到相应的温度信息，从而达到煤自燃特征信息融合识别与预警的目的。根据上述内容，在数据级融合进行了相应的最小二乘法拟合，在特征级进行了相应的分类识别。对于数据层进行的拟合，如果只给定气体浓度，根据之前的拟合参数进行温度的拟合，然后判断危险等级，准确率仅为 46.67%，但通过编程发现，预测的区间落在原来区间或者相邻区间的准确率高达 96.67%。而通过 PSO 优化的 SVM 预测分类的准确率达 80%，结合这两者的预测特性及预测准确性数据，制定合理的决策，从而得出正确的结论。

基于此，若需要给出严格的危险等级，可以根据 PSO 优化后的预测分类结果给出的等级来判断。如果只是需要给定等级范围，可以参照最小二乘法给出的上下区间范围和 PSO-SVM 给出的值。若 PSO-SVM 给出的值不在最小二乘法给出的区间范围内，根据几种融合结果的准确率可看出最小二乘法拟合得出的区间范围可信度更高。

5.5 采空区煤自燃无线监测系统

采空区煤自燃无线监测系统软件是煤火灾害预警系统中煤火灾害多组分指标气体与特征温度融合的主要载体和具体实现，是煤火灾害预警系统中非常重要的构成部分。预警软件主要由用户管理、系统设置、通信设置、温度监测、煤自燃特征信息监测、微压差监测、历史查询等主要功能模块组成，主要实现数据采集与存储、数据列表显示、多测点气温趋势曲线显示、异常信息筛选及实时显示与报警、测点位置及状态示意显示（可直观显示各测点位置及当前温度值，且可根据气温值所处范围的不同测点显现不同的颜色）、无线传感器基本参数设置、无线通信拓扑结构设置与显示（可根据现场测点布置情况设置通信拓扑结构）、特征信息采集周期或睡眠时间设定、历史信息及报警信息查询等功能。通过预警系统的软件实现对煤火灾害危险程度的识别、分级预警及煤自燃异常区域的判定，并根据融合结果分析给出煤自燃火灾防治的技术措施；实现煤自燃指标气体比值等指标参数以趋势曲线、数据列表等形式显示，并可实现历史数据查询；按照某种判断方法（趋势分析、限值设置等）实现煤自燃程度的预警，做出预警提示（同温度监控一样），并作为预警日志存储，且可历史查询。预警软件系统功能如图 5-32 所示。

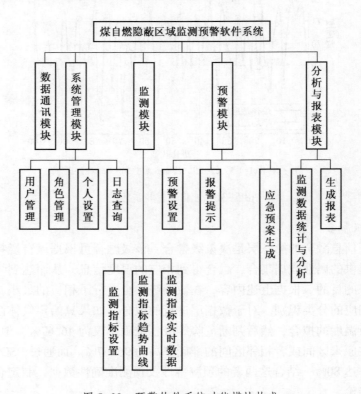

图 5-32　预警软件系统功能模块构成

基于大型煤自燃实验研究、现场监测、专业知识及专家经验得出煤自燃的预警指标体系及煤自燃火灾发展过程与规律，融合煤自燃多组分指标气体和特征温度，采用 SVM 算法，融合处理来自采空区不同位置、不同物理含义的煤自燃特征信息，判断煤自燃的危险程度，确定煤自燃的危险区域，在时间、空间和程度上给出精确的预测、预警，并根据煤火灾害的实际情况做出相应的治理方案和预控措施。

1. 预警模型设置

在煤自然发火规律及其特征信息融合预警方法的基础上，基于最小二乘法、粒子群算法、支持向量机等方法，建立煤自燃多组分指标气体与温度联合预警的数学模型，通过 C++ 与 MATLAB 混合编程来实现融合识别的预警方法。

2. 预警流程设置

不同煤矿的开采条件不一样，煤自然发火规律也就存在差异，因此，采空区煤自燃特征信息融合预警算法中不仅预警模型存在一定的差异，而且预警判定流程与推理方法也有

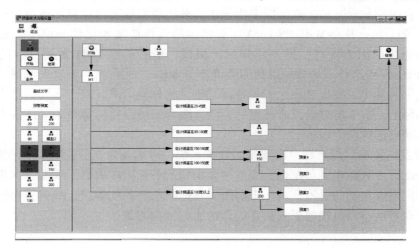

图 5-33　煤自燃早期隐患预警判定流程

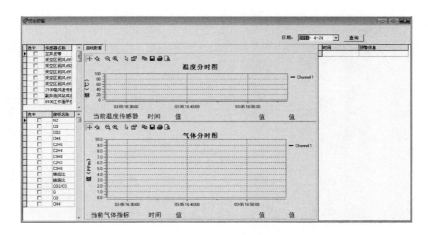

图 5-34　预警软件监测界面

不同。根据龙固矿煤自燃早期隐患预警判定的流程图，设计的煤自燃早期隐患预警判定流程如图 5-33 所示，预警软件监测界面如图 5-34 所示。

5.6　本章小结

（1）研制了煤自燃危险区域无线监测装置和无线监测基站，确定了采空区煤自燃特征信息无线监测系统的井下现场应用布置方案，实现了大面积沿空侧采空区和密闭采空区内的大范围监测，有效解决了采空区隐蔽区域煤自燃早期隐患的监测技术难题。

（2）研究了 DTS 温度信号解调方法，通过设计 DTS 的系统光路和电路，研制了采空区煤自燃危险区域温度场分布式光纤监测装置；提出了分布式光纤测温系统温度误差的修正方法，提高了检测温度的精确度；确定了采空区煤自燃隐蔽区域温度场 DTS 井下现场应用的布置方案。

（3）分析了实验得出的煤自燃多组分指标气体与温度的对应关系，提出了煤自燃 3 层特征信息融合识别预警方法，数据级采用最小二乘法得出温度与煤自燃各组分指标气体的定量关系；特征级采用 SVM 和 PSO-SVM 对给出的气体浓度和比值与温度的数据进行分类，将一部分数据用于训练，另一部分用于测试，最后得到 SVM 预测分类的准确率为 60%，而 PSO-SVM 进行预测分类得到的准确率为 80%，改进的算法效果明显；决策层采用数据层提供的最小二乘拟合表达式和特征层提供的分类结果，基于不同的要求给出不同的决策。实际上，这 3 层融合没有严格的界限，融合的最终目的都是为了能够有效地进行预警，给出相应的危险等级。

（4）开发出采空区煤自燃监测预警的软件系统，通过各独立子监测系统采集的数据库调用数据，进行大数据整合与挖掘，通过融合识别预警知识库的数学模型、判定流程和预警规则，判定出煤自燃的危险区域，识别出煤自燃的危险程度等级，根据预警软件的专家预警机制自动做出有针对性的煤火灾害应急措施与预控方案。

6 高地温煤层综放开采煤自燃预控技术

高地温矿井开采煤层围岩温度高，自燃蓄热条件好，煤氧化反应放出热量容易蓄积，有利于煤自燃发生。由于采空区地温高与工作面温差大而形成热风压，是采空区漏风供氧的主要动力。综放工作面采空区存在一定厚度的遗煤，在足够漏风量的条件下，经过长时间氧化升温可能导致自燃。现有的防灭火技术主要有以减少或杜绝松散煤体 O_2 供给为主的均压技术；以降低火区氧浓度、窒熄火区为主的惰气、惰泡、三相泡沫等技术；以降低煤体的氧化活性、抑制煤氧结合为主的盐类阻化技术；以降低高温煤体温度、窒熄高温火区、防止火区复燃为主的注胶、液氮、液态二氧化碳等惰化降温技术等。这些技术对煤自燃防治起到了重要的作用，本章针对高地温矿井工作面后部采空区煤自燃特点，构建了一套行之有效的煤自燃预控模式和技术体系。

6.1 高地温综放开采煤自燃预控模式

针对煤自然发火形成的三要素（即煤、氧、温度），分别从控制丢煤区域、减少 O_2、控制温度等方面对可能着火区域进行预防，使其不产生隐患。如果预防失败，根据煤自燃特征，能够有效地预报自然发火位置、温度及距着火需要的时间，使其能够早期治理，避免隐患扩大。一旦失败，需要快速控制火势发展并能迅速、有效的治理。

针对高地温采空区环境和条件，本研究提出了集隔离、堵漏、惰化、阻化为一体的采空区防灭火工艺。高地温采空区煤自燃防控技术主要以漏风控制为主的巷道堵漏技术，可以降低热风压对采空区的供氧，减少工作面向采空区后部漏风和采空区内部热量向工作面的运移；充分应用注 N_2、CO_2 等惰化技术，提高注氮效果，降低 O_2 浓度，减弱煤的氧化放热性；对运输巷、回风巷局部丢煤区域以堵漏降温为主，抑制煤自燃升温作用，最终形成一套适合高地温矿井采空区的防治方法，如图 6-1 所示。该技术主要体现在管理、装备和技术上形成了科学的煤自然发火技术与管理体系，以有效治理、早期预报与早期控制、超前预防为核心，实现煤层火灾由被动治理向超前防控、由传统技术向高新技术、由分散实用技术向成套适用技术的转变，构筑了自然发火灾害早期预防、早期预报、快速控制 3 道防线，有效消除了煤自然发火灾害。

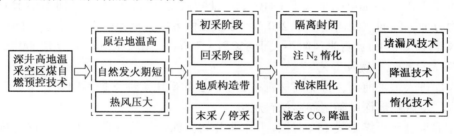

图 6-1　深井高地温采空区煤自燃预控体系

6.2　高地温采空区煤自燃防控关键技术

6.2.1　采空区封闭隔离防控技术

6.2.1.1　采空区封闭隔离技术

巨野矿区煤层开采深度大，原岩地温梯度高，且大部分矿井普遍面临着冲击地压、矿井涌水、地热等因素的影响，作业环境复杂恶劣，煤层自燃危险性强，矿井防灭火工作难度大。主要表现在以下方面：

（1）工作面初采期间由于顶板的悬臂梁作用，开切眼附近的煤体在很长一段距离内不垮落，即使顶板初次来压垮落，在运输巷、回风巷及开切眼处也难以被松散煤岩体填充压实，从而形成采场"O"形圈。这样的环境下漏风通畅，煤体长期处于良好的氧化环境，易形成煤自燃灾害。

（2）正常回采期间工作面运输巷、回风巷丢煤多，回采巷道采用锚网支护，顶煤难以垮落，采空区漏风严重，易造成采空区浮煤自然发火。

（3）终采线附近不放顶煤，遗煤量大，工作面从末采到停采需要经历较长的时间，若不采取措施，极有可能导致煤自然发火事故；采空区的有毒有害气体会随着漏风运移至工作面，严重恶化井下作业环境。

基于以上分析，提出基于漏风封堵的采空区封闭隔离技术，尽量减少上下端头的漏风，缩短"三带"宽度，具体实施如下：

（1）工作面初采及正常回采期间，顶板垮落之前应在上下巷道的端头支架上方铺设挡风布，并在上下隅角挂设挡风帘，从而有效防止工作面向采空区内部漏风。

（2）工作进入末采期间，在工作面支架后部全面铺设漏风隔离材料，使得采空区与工作面形成两个完全隔离的环境。一方面，能够减少工作面的新鲜风流进入采空区，防止遗留的松散煤体氧化而造成采空区的自然发火灾害；另一方面，将采空区与工作面隔离开来，能有效阻止采空区的有毒有害气体及高温、高湿气体涌至工作面，为作业人员创造安全、良好的工作环境。

（3）工作面老巷、联络巷等地点采空区漏风问题，采用轻质混凝土堵漏密闭技术，确定采空区密闭充填的轻质混凝土配合比，提出适用于煤矿井下轻质混凝土堵漏系统工艺，施工工艺简单、效果好、速度快、成本低。

6.2.1.2　工作面后部采空区封闭隔离技术参数及工艺

1. 采空区封闭隔离防灭火材料参数

选用纤维-凯夫拉为骨架材料，PVC 膜为上下表面涂层的隔离材料，阻燃性能方面，氧指数不小于 27；表面电阻不大于 $1 \times 10^8\ \Omega$；扯断强度方面，经向、纬向不小于 1300/50；在撕裂力方面，经向、纬向不小于 200 N；在耐温性方面，低温 $-10\ ℃$ 到高温 $230\ ℃$ 之间；百米漏风率不大于 4%；百米风阻不大于 $850\ N \cdot S^2/m^3$；耐风压值不小于 10000 Pa。

2. 防灭火系统布置及工艺

工作面进入末采前期，将隔离材料夹置于双层的矿用柔性支护网中间，根据工作面支架个数和采空区隔离深度确定隔离材料规格。

工作面推进至距终采线 18 m 处，工作面开始全面铺设漏风隔离材料。首先将卷状的隔离材料通过绞盘固定到支架伸缩前梁处（图 6-2），然后通过操作液压支架前立柱将顶梁降低，在支架伸缩前梁和工作面顶板之间形成一定空隙，再将隔离材料的一端铺设至支架顶梁上部，最后将支架顶梁复位至与顶板接合。

隔离材料全部吊挂完好后工作面正常割煤，之后将手动摇盘松开，将卷状隔离材料下放（图6-2），再进行移动液压支架等工序。

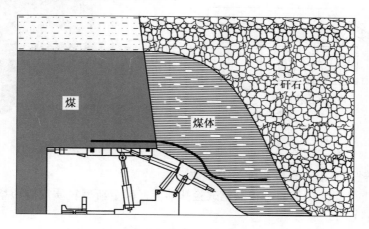

图6-2 高地温煤层综放开采采空区封闭隔离示意图

卷状隔离材料用完后重新铺设隔离材料时，原隔离材料剩余部分与新敷设材料的边缘处应错式布置，内错平距为0.3 m，且新敷设材料位于原隔离材料的上部，再依次进行下一茬敷设。

6.2.1.3 采空区轻质混凝土堵漏充填工艺

1. 采空区混凝土充填系统概述

根据充填材料的特性，采用新型轻质混凝土堵漏系统。充填系统由制浆系统、制泡系统和混合系统组成。其中制浆系统由上料机、搅拌主机、泵送机、气路控制系统、电器控制系统等组成；制泡系统由制泡机、气路控制系统、电器控制系统等组成。充填系统工艺流程如图6-3所示。

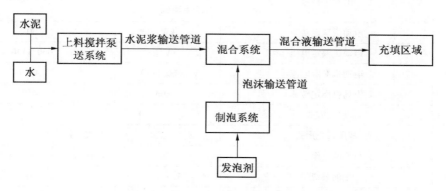

图6-3 充填系统生产工艺流程图

相应的充填设备如图6-4所示，充填系统开始工作时，水泥通过螺旋输送机送到搅拌机与水混合，制成水泥浆液，通过液压输送泵被压送到输送管中；与此同时，发泡系统将发泡剂、外加剂、水和压缩空气混合后，通过发泡装置形成细密泡沫，与水泥浆液在混合器中混合，形成发泡水泥，由管路输送到密闭模板内。

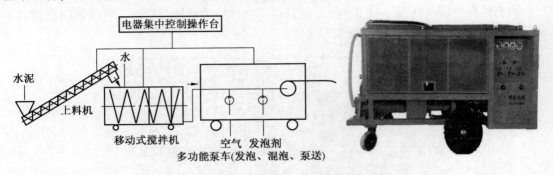

图 6-4　轻质混凝土堵漏设备示意图及外观

2. 采空区轻质混凝土充填系统关键参数

在现有轻质混凝土设备调研和填充试验基础上，确定新型轻质混凝土堵漏设备，其主要技术参数见表 6-1。

表 6-1　新型充填设备主机技术参数

整机性能	主油缸缸径/杆径-行程	mm	$\phi 80/\phi 55-500$
	输送缸径	mm	$\phi 120$
	分配阀		球阀
	最大理论输送量	m^3/h	20 ± 0.5
	最大理论出口压力	MPa	4 ± 0.5
	输送管公称内径	mm	$\phi 50$
	最大理论输送距离	m	水平 240
			垂直 100
动力系统	电动机型号		YBK2-200L-4（660/1140）煤矿井下用隔爆型三相异步电动机
	电动机额定功率	kW	30
	电动机额定电压	V	660/1140
	电动机额定电流	A（660/1140）	33.4/19.3
	电动机额定转速	r/min	1460
	启动方式		△
液压系统	液压系统形式		开式回路
	油泵组		40/20/10/10
	主油泵流量	L/min	40
	泵送油压	MPa	16 ± 0.5
	料斗搅拌油压	MPa	16 ± 0.5

充填开始之前应确保已完成所有的设备安装和调试工作。物料注入料斗并通过输送管

进行泵送之前应确保设备工作正常，输送管的设计符合输送压力，并连接正确。充填施工工艺流程图如图6-5所示。

3. 轻质混凝土密闭墙充填快速施工方法

首先在需要建设密闭墙的地点，对顶板、底板和巷道壁进行掏槽，掏槽深度50~300 mm，然后用模板构筑两道挡墙，封闭巷道。挡墙施工完毕后连接轻质混凝土泵送接口，向所围成的区域充填轻质混凝土，施工完成后回收模板及立柱。

1）制浆系统

充填材料需要通过管路才能输送至充填区域。由于泡沫输送流量较小，且流量压力小。根据水泥料浆输送速度以1.8~2 m/s考虑（防止料浆沉积），则输送管路内径应不低于103 mm。考虑到管路应具有较低的摩擦阻力与较好抗磨损的基本要求，选择外径为114 mm、壁厚为5 mm的无缝钢管。考虑到泵送系统的泵送压力，要求管路应具有相应的抗压能力。

由于采用水泥浆体与泡沫双料输送系统，水泥浆体与泡沫在输送到充填面之前，必须实现充分混合，由混合系统来完成。水泥浆液流量较大，要使其与泡沫充分混合，需要大流量混合系统来完成任务，大截面混合管可满足这样的条件。选定的混浆管内径应不低于100 mm，出口软管直径不得低于50 mm，浆液管里的平均流速在0.5 m/s以上。为使水泥浆与两种浆液充分混合，在混合管里应有一定的混合时间，因此确定混浆管长度应为2 m左右。大截面混合管具有将水泥浆、泡沫两种浆液充分混合均匀的作用。在选用直径为100 mm内壁光滑的无缝钢管作为混合管的同时，为了改善混合效果，在管内加装齿片，减缓混合液的流速，增加在混合管内的时间。

2）料浆制备

进行充填工作之前，施工人员应对充填系统进行检查，包括上料系统、搅拌系统、制泡系统、混泡系统和泵送系统等是否正常，并确定液压水泥发泡机与管路等连接是否可靠。发泡剂与水按1∶70的比例调好，备好水泥。然后水泥浆体和泡沫生产系统可进行试生产，并注意各子系统的运行情况，观察水泥浆体与泡沫两种浆体是否按1∶1体积比进行输送。无问题后开始进行充填。正常充填工作开始后，水泥浆体与泡沫生产系统尽量保持连续生产，减少停泵次数，保持充填工作的连续性。

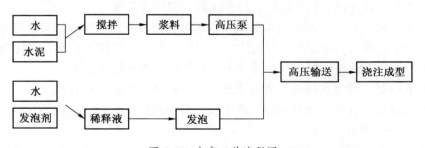

图6-5 生产工艺流程图

充填工作结束后，必须对管路进行清洗。清洗管路用水量要适量，不宜过多，只要把管路中残存的水泥浆体冲出即可。另外，为了保证充填工作的连续进行和充填的质量，应定期对设备进行系统检修和清理。

6.2.2　采空区注氮惰化防控技术

6.2.2.1　采空区注氮惰化技术

高地温综放工作面采空区具有温度高、丢煤量大、漏风量大等特点，在煤体破碎、供氧充足、漏风适宜、蓄热环境好的地点最易发生遗煤自燃。根据前文的研究，采空区内氧化带宽度大，且距离工作面较近，一旦形成高温火源点，极易从采空区深部向工作面方向蔓延，给整个工作面的安全生产造成极大的威胁。

N_2 是一种无毒的不可燃气体，标准状态下密度为 1.25 kg/m^3，与同体积空气质量比为 0.9673；无腐蚀性，化学性质稳定；微溶于水，不助燃，地面大气中 N_2 约占整个大气体积含量的 79%。常温常压下氮分子结构稳定，很难与其他物质发生化学反应，所以它是一种良好的防灭火用惰性气体。N_2 注入采空区起到以下作用：

（1）N_2 属于惰性气体，随着采空区注入的 N_2 浓度升高，O_2 浓度就会相对减小，N_2 就会进入煤体裂隙表面置换 O_2，使得煤体表面的吸附 O_2 降低，从而达到抑制遗煤氧化的目的。

（2）采空区注入 N_2 后，不仅降低了漏入采空区的风量，而且可渗入到采空区垮落区、裂隙带及遗煤带，降低了这些区域的氧浓度，形成遗煤惰化带，起到了隔绝空气的作用，从而达到抑制采空区遗煤自燃的目的。

（3）采空区注入的 N_2 一般温度低于采空区气温，N_2 在流经破碎煤体时吸收了煤表面氧化释放的热量，减缓了煤体的升温速率，使遗煤的蓄热条件遭到破坏而延缓或终止煤自燃火灾发展。

煤矿 N_2 防灭火技术近年来发展较快，无论是制氮装备还是注氮工艺均取得比较丰富的研究成果和大量的防灭火实际经验，该技术已成为矿井防灭火中不可或缺的手段。目前 N_2 制取主要是分离空气中的 O_2 和 N_2，工艺方法有深冷空分法、碳分子筛变压吸附法和膜分离法。深冷空分法产氮纯度高（可达 99.99%），可同时生产出 N_2 和 O_2，缺点是从开机到产氮需要时间长，生产液氮需要高压，设备不易维护。膜分离法是利用空气中的 N_2 和 O_2 等组分对高分子薄膜的渗透率不同，O_2 透过薄壁而富集，N_2 未透过膜层滞留于原始气体一侧而富集。根据膜分离原理制成的井下移动式制氮装置，运行可靠，操作方便，随即产生的 N_2 就地注入采空区进行防灭火，可节省地面建设和井下管路工程投资。

注氮工艺有埋管注氮、钻孔注氮、插管注氮、密闭注氮等方式。

（1）埋管注氮。在工作面的进风侧沿采空区埋设注氮管路，在注氮口间隔一定距离分别设置注氮管路，埋入一定深度后开始注氮，当第二个注氮口位于氧化升温带与散热带的交界处时停止第一根管路注氮，开启第二条注氮管路，如此依次循环。

（2）钻孔注氮。通过在地面或者井下施工钻孔向井下预定区域注氮。

（3）插管注氮。在工作面开切眼、终采线和巷道高冒区，通过直接插管的方式向火源点注氮，如图 6-6 所示。

（4）密闭注氮。利用密闭墙上预留的注氮管路向火区或者隐蔽火源区域进行注氮。

6.2.2.2　采空区注氮惰化技术参数及工艺

1. 采空区注氮管路选择与铺设

管道直径的大小根据管道阻力的计算及制氮装置出口 N_2 压力来确定。合理的管路系统应使其总管道阻力低于制氮装置的 N_2 压力，并有一定的富余系数，在此前提下尽量选

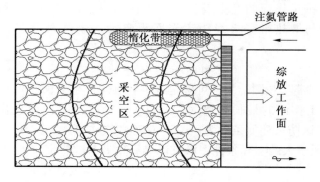

图 6-6 插管注氮

择管径较小的管材，以节约投资。

注氮管路计算时，应选取管路最长、阻力最大的系统来计算。管道阻力是由摩擦阻力和局部阻力两部分组成，一般来说，局部阻力按照摩擦阻力的 10% 来计算。

管道摩擦阻力的计算公式为

$$Re = \frac{VD\rho}{U} \tag{6-1}$$

式中　Re——雷诺数；

　　　V——管道内 N_2 平均流速，m/s；

　　　D——管道内径，m；

　　　ρ——N_2 密度，kg/m³；

　　　U——N_2 动力黏性系数，Pa·s。

经计算，$Re > 10^5$，气体在管道中的流动属完全紊流状态，此时低压管路沿程阻力可按下式计算：

$$H = \frac{9.8 \times 10^{-6} Q^2 LF}{KD^5} \tag{6-2}$$

式中　H——管路沿程阻力，MPa；

　　　Q——N_2 流量，m³/h；

　　　L——管路长度，m；

　　　F——N_2 比重，取 0.9672；

　　　D——管道内径，cm；

　　　K——不同管径系数。

一般当 $D = 5$ cm 时，$K = 0.52$；$D = 7.5$ cm 时，$K = 0.56$；$D = 10$ cm 时，$K = 0.62$。

若管路系统较长，需要采用不同直径的管路时，应分别予以计算，然后将各段的摩擦阻力相加，算出管路系统的总摩擦阻力，再将管路的局部阻力加上去，得出总的管路阻力。

2. N_2 防灭火系统布置及工艺

1）N_2 释放口位置

从理论上来说，N_2 释放口应位于采空区氧化带，向该区域注入 N_2 进行惰化，可达到防火的目的。按工作面的开采设计，若工作面月推进度为 v_1，煤层最短发火期为 T_1，采空区氧化带与散热带分界线距工作面距离为 C_s，则氧化带距工作面最短距离 C_{min} 为

$$C_{min} = V_1 T_1 \qquad C_s < V_1 T_1 \tag{6-3}$$

根据采空区"三带"观测结果，可确定进风巷氧化带与窒息带的分界线距工作面的距离 L_z，即氧化带距工作面的最长距离（$L_{max} = L_z$），则综放工作面氧化带的宽度为 $\Delta L = L_{max} - L_{min}$。因此采空区防火注氮条件为：$\Delta L > 0$ 时必须注氮；$\Delta L \leq 0$ 时不需要注氮。结合龙固矿综放工作面风量大的实际条件，沿进风巷氧化带与散热带分界线距工作面的距离取 40 m。

龙固矿 2301S 综放工作面推进速度按 5 m/d，自燃带距工作面最小距离 $L_{min} = (v_1 \cdot T_1)/2 = 46 \times 5/2 = 115$ m $\geqslant 40$ m。根据其他矿综放工作面生产经验，结合龙固矿实际条件，窒息带距工作面距离一般大于 100 m，故本设计取 $L_{max} = 100$ m。因 $L_{min} \gg L_{max}$，故综放工作面正常推进时可以适当减少注氮。

2301S 综放工作面最小日推进速度 $v_{min} = 100/46 = 2.17$ m/d，若工作面日推进度小于或等于最小安全推进速度 2.17 m/d，则氧化带距工作面最小距离为 $L_{min} = (v_1 \cdot T_1)/2 = 46 \times 2.17/2 = 49.9$ m > 40 m。因 $L_{min} \leqslant L_{max}$，故工作面推进速度小于 2.17 m/d 时需进行注氮防火。

2）N_2 释放口间距

注入采空区的 N_2，在本身压力与采空区漏风的作用下向采空区扩散，两个 N_2 释放口之间的距离取决于每个 N_2 释放口沿走向 N_2 扩散的宽度，即 N_2 释放口有效扩散半径。

合理的 N_2 释放口间距应该是在两个注氮口同时注氮时，N_2 能够充分覆盖两释放口间的采空区，不存在注氮盲区。N_2 释放口有效扩散半径是一个经验数据，需经大量实测才能得出，2301S 工作面经过实测，该半径一般在 25~30 m，一般取 15 m，则推算出 N_2 释放口间距为 60 m。

3）注氮支管路的布置

注氮支管预先由进风巷埋入采空区，前端要连接 0.5 m 左右的堵头花管，花管倾斜向上指向采空区，并用木垛加以保护，以免堵塞注氮口。每个 N_2 释放口均与一根注氮支管连接，支管的长度取决于采空区氧化带与窒息带分界线距工作面的距离 C_{max}，当 N_2 释放口进入采空区窒息带不需注氮时，应在工作面回采巷道内将其关闭并切断其与注氮主管路的联系。每个注氮支管与主管路之间要用三通连接，若要考察每根支管的注氮量，还应安装流量计。当工作面推过 60 m（即 N_2 释放口间距）时埋入下一个注氮释放口及支管，以此类推。

当一个 N_2 释放口进入窒息带停止注氮时，其外部与主管路连接处的三通、控制阀、流量计及一段主管可回收。

4）注氮量

向采空区注 N_2 的目的，就是将较高浓度的 N_2 充满采空区的垮落空间，因此注氮量与采空区每日垮落空间、工作面推进速度有关。

综放工作面采空区每日注氮量按下式计算：

$$Q = bLhR_1R_2R_3 \tag{6-4}$$

$$R_3 = \frac{C_{\max} - C_{\min}}{C_{\max}} \tag{6-5}$$

式中　Q——日注氮量，m^3；

b——工作面日进尺，m；

L——工作面长度，m；

h——采高，m；

R_1——采空区垮落矸石松散系数，取 0.8~0.9；

R_2——采空区气体置换系数，取 2~3；

R_3——工作面推进速度校正系数；

$C_{\max}$——采空区氧化带与窒息带分界线距工作面的距离，m；

$C_{\min}$——采空区氧化带距工作面的最短距离，m。

采空区防火注氮量确定原则是：采空区氧化带 O_2 浓度不大于 10%，且保证工作面回风流中的 O_2 不小于 19%。若采空区中 CO 浓度较高，或者工作面上隅角 CO 浓度超限，或出现高温、异味等自燃征兆，都应加大注氮强度和注氮量。若发现工作面回风隅角 O_2 浓度降低，应暂停注氮或减少注氮强度。

按采空区氧化带内氧含量及惰化指标计算注氮强度，其计算公式为

$$q = \frac{60 Q_{漏}(C_1 - C_2 - C_3)}{C_3} \tag{6-6}$$

式中　q——采空区注氮强度，m^3/h；

$Q_{漏}$——采空区氧化带漏风量，m^3/min；

C_1——采空区氧化带内初始氧含量；

C_2——采空区氧化带内 CO_2、甲烷等惰性气体含量；

C_3——采空区氧化带惰化指标规定的氧含量，可取 5%。

按工作面氧含量计算允许最大注氮量其计算公式为

$$q_{\min} = 60 \times \frac{Q \times (C_1 - C_2)}{C_2} \tag{6-7}$$

式中　$q_{\min}$——按采面回风巷允许氧浓度 19% 计算的采空区允许最大注氮强度，m^3/h；

Q——工作面风量，m^3/min；

C_1——采面初始氧浓度，可取 21%；

C_2——工作面允许氧含量，19%。

实际计算时，按采空区注氮量全部泄漏到工作面和回风巷计算出允许最大注氮强度。

6.2.3　阻化泡沫防灭火技术

6.2.3.1　阻化泡沫防灭火技术概述

巨野矿区主要是以中等变质程度的气肥煤、焦煤等为主，相比较而言，这类煤体的自然发火期较短。如龙固矿的 2301S 工作面为气肥煤，其最短自然发火期为 46 d，赵楼矿 1306 工作面为 1/3 焦煤，其自然发火期为 42 d。矿井火灾防治中常用的煤体阻化防灭火技术，主要是通过煤体阻化来延长破碎煤体的自然发火期，从而为工作面顺利推进

提供保障。

阻化剂主要通过 3 种途径实现松散煤体的阻化作用：

（1）通过覆盖煤的表面活性中心，在煤体表面形成一层保护层，减少煤氧接触机会，从而对煤的表面进行惰化。

（2）通过带入大量的水，水分蒸发时吸收大量的热量，起到降温作用，减小了煤堆的升温速率。

（3）具有优良的保水性，使采空区煤体表面长期保持湿润状态并为化学阻化剂作用的充分发挥提供一个良好的环境。化学阻化剂是通过破坏或减少煤体中反应活化能较低的结构，改变煤的氧化放热性来防止煤自燃。无论物理阻化剂还是化学阻化剂，都只能在某一方面对防治煤自然发火起到抑制作用，而且化学阻化剂作用的充分发挥必须要求物理阻化剂所能够提供一个良好的湿润环境，因此需要将物理阻化剂和化学阻化剂进行复配，以达到更优的阻化效果。

国内外常用的煤自燃阻化剂主要有卤盐类吸水溶液、铵盐类水溶液、抗氧化类阻化剂、粉末状阻化剂、凝胶、石膏浆喷注灌浆、惰性泡沫堵漏、惰性气体稀释、水泥速凝堵漏等。

阻化泡沫防灭火是以流动性、堆积强、黏壁性强和发泡倍数高的泡沫为载体，以惰性气体 N_2 为泡沫填充材料，将物理阻化剂和化学阻化剂带入到采空区内部较隐蔽的煤自燃危险区域防治煤自燃的一种技术。它利用惰性气体、物理阻化剂和化学阻化剂对采空区遗煤进行阻化，降低采空区内部遗煤自燃的概率，有效防止采空区内部大范围遗煤自燃。阻化泡沫不仅适应于采空区隐蔽区域煤自燃的防治，而且适用于易发火区域的防火，同时也可用于外因火灾发生时的灭火。阻化泡沫最大的优势是能用泡沫作为介质将阻化剂带入采空区，并且能够送到采空区内部高位远距离空间，达到对采空区高位遗煤防灭火的目的。

由于泡沫的衰变需要一定的时间，N_2 能有效封存于惰气泡内，使 N_2 在防灭火区域中保持相对长的滞留时间，进而对火区更为有效的惰化。泡沫的稳定时间越长，惰化效果越好，阻化泡沫发生装置示意图如图 6-7 所示，其防灭火系统工艺如图 6-8 所示。

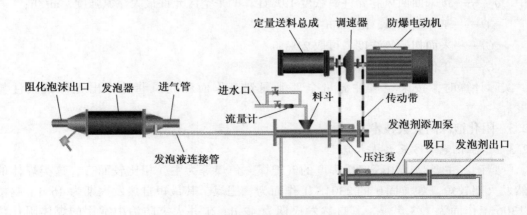

图 6-7　阻化泡沫发生装置示意图

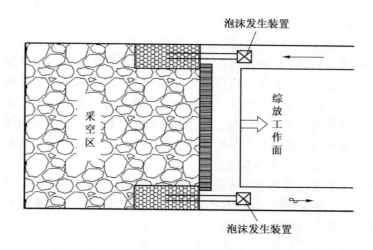

图 6-8 阻化泡沫防灭火系统布置示意图

6.2.3.2 阻化泡沫防灭火技术参数及工艺

1. 阻化泡沫防灭火技术参数

发泡系统主要由专用泵、溶剂箱、泡沫发生装置、高压胶管、输气管路及压力表组成。其工艺流程为：利用压风管路内的高压气体作为专用泵的动力来源，通过专用泵把水和溶剂箱里面的阻化剂按预定比例混合并送入泡沫发生装置；另一路注 N_2 管路连接到泡沫发生装置。阻化泡沫溶液和 N_2 通过泡沫发生装置的发泡网产生阻化泡沫，由注液管路送到采空区防灭火区域。

阻化泡沫阻化剂比重为 $1.01 \sim 1.20 \ kg/m^3$，pH 值在 $6.5 \sim 7.5$，凝固点不大于 $-50 \ ℃$，不溶物不大于 0.05%，阻化剂含量 20% 左右，与水配比为 1:2（按体积算），发泡倍数为 $150 \sim 200$ 倍，泡沫稳定时间大于 20 h；压风或注惰气的压力为 $0.4 \sim 0.7 \ MPa$，流量为 $200 \sim 300 \ m^3/h$，阻化泡沫产生量为 $200 \sim 300 \ m^3/h$。

1）压注地点

压注地点为上隅角采空区和回风侧采空区，分别利用预埋的注浆管路和高位钻孔向上隅角采空区和回风侧采空区压注阻化泡沫。

2）压注量

上隅角采空区压注量由下式计算：

$$Q = K_1 WLHK_2 \qquad (6-8)$$

式中 Q——总的注入量，m^3；

　　K_1——注阻化泡沫系数；

　　W——惰化带宽度；

　　L——惰化带长度；

　　H——惰化带高度；

　　K_2——松散系数。

3）压注方式

先对上隅角采空区进行压注，再利用高位钻孔对下隅角采空区压注，需要补注时主要根据采空区的惰化情况确定压注量。

2. 阻化泡沫防灭火系统布置及工艺

根据注阻化泡沫与采煤工作面推进的关系，阻化泡沫施工工艺可分为随采随注和采后再注两种方式。随采随注实际是随着采煤工作面地推进向采空区压注阻化泡沫。在工作面上下隅角附近向采空区打钻注阻化泡沫，由于泡沫具有良好的流动性和堆积性，并且只含有少量的水，在注阻化剂的过程中克服了灌注泥浆时扩散范围小、湿润效果较差，注入的浆水从工作面下隅角渗出后恶化生产环境，增大排水量，甚至有时浆水还从工作面中部渗出，严重影响工作面正常回采等一系列缺点。

采后注阻化泡沫实质是当采空区或采区一翼全部采完后，将整个采空区封闭起来向采空区灌注阻化泡沫。主要针对终采线附近大量的遗煤进行处理，并且对采空区内暴露的煤体表面进行阻化。一般在邻近巷道用打钻的方法向采空区或利用工作面上下两端密闭墙上分别预设的注浆孔向采空区注阻化泡沫。灌入的阻化泡沫可以对暴露的煤体进行表面处理，并且当泡沫破灭后可充分湿润封闭区的浮煤体。

（1）利用井下的注氮系统作为泡沫阻化剂设备的气源，需保证气源清洁。N_2 出口压力为 0.4~0.7 MPa。将压风管路作为气源，另准备一路水源，N_2 注泡沫阻化剂另准备一高压胶管。

（2）泡沫注射泵出口为快节，输泡钢管将快节与向采空区铺设的注浆管连接。泡沫注射泵出口至采空区注浆管出口长度不要超过 100 m，预埋管长度为 30 m 左右，过长会影响发泡倍数，导致效果不明显。高压胶管最短不低于 3 m。

（3）准备体积不小于 0.5 m³ 的两个液体箱，将泡沫阻化剂和水分别加入事先准备好的两个液体箱内，将专用泵的进水管和进液管分别插入盛水溶液的箱内，当设备和管路连接均完好时打开专用泵进气阀门和发泡进气阀门，调节专用泵吸料阀门，使阻化溶液和水的配比为 1:2。

3. 阻化泡沫适用区域

阻化泡沫防灭火的适用范围主要为采煤工作面后方采空区、采煤工作面临近采空区、高瓦斯矿井火区密闭启封时、工作面过断层或抽采时的丢煤地点等。

工作面初采时，开切眼处防灭火可利用注浆管或架间压注泡沫阻化剂，如图 6-9 所示。工作面后方采空区丢煤易自燃，可利用预埋注浆管压注泡沫阻化剂（图 6-10）。相临采空区发火时，在就近巷道打钻压注泡沫阻化剂（图 6-11）。远距离大采空区内发火时，可在可疑发火地点的附近巷道打钻压注泡沫阻化剂（图 6-12）。高瓦斯矿井启封密闭时，先向发火可疑地点打钻压注泡沫阻化剂再启封密闭（图 6-13）。工作面过断层所丢的三角煤、工作面推进速度慢而自然发火期较短的采煤工作面易自然发火，可注泡沫阻化剂，如图 6-14 所示。多煤层上层煤不采（或厚煤层上部留防水煤柱）时，下层煤采空区留有垮落碎煤易发生自燃，可注泡沫阻化剂防灭火，如图 6-15 所示。

6.2.3.3　压注阻化泡沫的操作规程

1. 正常操作

（1）管路连接前先将管口擦拭干净，开气吹一下管路中的杂质后再进行连接，保证气源的清洁。

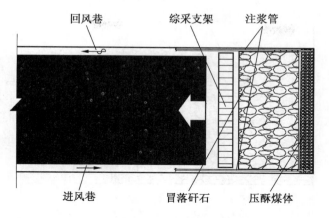

图 6-9　阻化泡沫开切眼灌注位置示意图

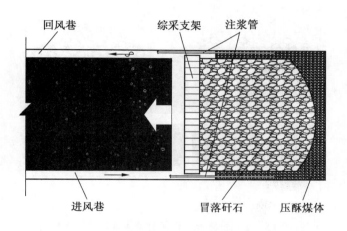

图 6-10　阻化泡沫后部采空区灌注位置示意图

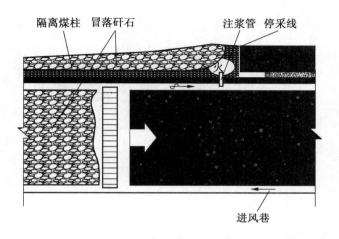

图 6-11　阻化泡沫相邻采空区灌注位置示意图

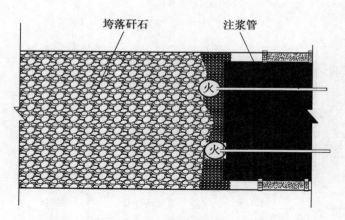

图 6-12　阻化泡沫远距离大采空区灌注位置示意图

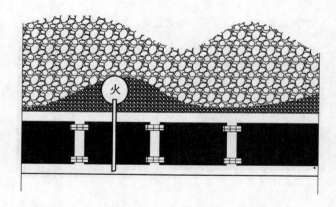

图 6-13　阻化泡沫高瓦斯启封密闭灌注位置示意图

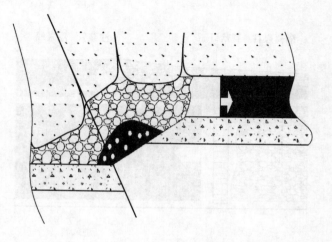

图 6-14　阻化泡沫推进速度慢时灌注位置示意图

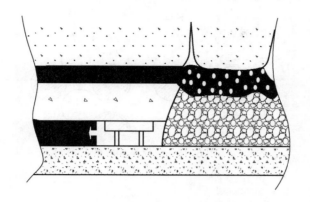

图 6-15　阻化泡沫煤层群开采下部采空区灌注位置示意图

（2）连接气源之前检查泡沫发生装置各部件有无损坏和失灵现象，确保各部件完好后方可施工。

（3）开启进气阀门，观察压力表数值，达到 0.4~0.7 MPa 即可。

（4）注泡时要注意观察泡沫发生装置出口压力表、液体料与水的混合比。压力表如有回零现象，说明该装置可能有内漏或阀门关不严，使进料配比不准确，发泡倍数达不到要求，应及时调整进料阀门。

2. 注意事项

（1）切勿带压移动泡沫发生装置。

（2）泡沫发生装置工作时不得移动，检修泡沫发生装置前按照程序停风泄压，防止该装置意外启动。

（3）不要使泡沫发生装置长时间空载高速运行，以免损坏设备活动部件。

（4）气源压力不得超过 0.8 MPa。

6.2.3.4　阻化惰泡在采空区的运移规律

1. 阻化泡沫在采空区的再生机理

泡沫在采空区煤岩多孔介质中流动时，前沿泡沫不断破裂，同时也不断再生。泡沫在孔隙介质中的产生机理可以分为液膜滞后、缩颈分离和薄膜分断。

液膜滞后机理如图 6-16 所示，在低速注入条件下，液膜滞后更容易发生。当泡沫在采空区内低速流动时，被湿润后的多孔介质间会形成多个液膜，泡沫破裂后产生的气体分别深入到孔隙间，孔隙间的液体就会被两个气体前缘挤成液膜，在这种情况下气体基本为连续态。这两股气体前缘并不一定要一同汇聚在一点，它们可能以不同的时间到达，而当毛细管压力增加的时候，液膜被挤长。

缩颈分离机理如图 6-17 所示，缩颈分离发生在气泡穿过网孔而跃入另一侧之后，随着气泡的扩张，毛细管压力递减，液相中产生的梯度使液体从周围进入网孔的狭道，并以环状聚集在狭道中，如果毛细管压降低于临界值，液体最终会使气泡缩颈分离。缩颈分离所产生的气泡把气体变成不连续相，且在同一地点可能重复发生。在较高的注入速度下，缩颈分离是起主导作用的机理。同时孔隙介质的大小、注入气体和液体的流速、发泡剂的添加量等因素都会对缩颈分离的发生产生影响。

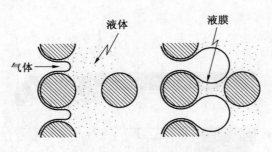

图 6-16　液膜滞后机理

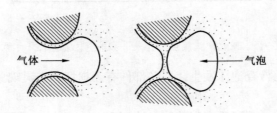

图 6-17　缩颈分离机理

　　泡沫产生的另外一种机理是薄膜分断。薄膜分断不同于前两种机理，需要有能移动的薄膜，即泡沫必须首先产生，进一步重新变形或第二次再生，薄膜分断机理如图 6-18 所示。

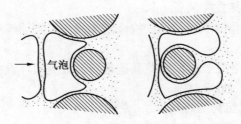

图 6-18　薄膜分断机理

　　泡沫前边的薄膜和气体可能会流入下游的两个或更多的缝隙中，或者只流入其中的一个通道，对于第二种情况，没有分裂发生，薄膜和气泡都没有变，而对于第一种情况，一个薄膜被分成两个或更多薄膜。这种机理的特征和缩颈分离机理非常接近，形成的分散气泡流入或堵塞气体通道。该机理在一点可能发生无数次，而且在高气体流速下越容易发生。微细泡沫的产生几乎可以确定是由缩颈分离和薄膜分断结合产生的，或简单地认为是缩颈分离生成的。

　　2. 阻化泡沫在采空区的运移方式

　　泡沫在采空区煤岩多孔介质中的运移方式主要有变形通过和破裂再生两种，而破裂再生又分为薄膜分断和缩颈分离。泡沫在多孔介质中运移时不断发生破裂和再生，有时会发生泡沫的合并。泡沫通过孔隙的方式与孔隙结构与尺寸、泡沫尺寸、泡沫流速、泡沫膜的强度（也就是泡沫的稳定性）有关，运移速率低，孔隙大，尺寸小的泡沫更容易通过，而高运移速率下，小孔隙中较大尺寸的泡沫液膜更容易被孔隙介质分断或破裂通过孔隙。

泡沫质量被定义成气体在整个泡沫体积中所占的体积分数。泡沫在发泡器内时，泡沫质量随供气压力的增加而减少。泡沫质量减少，说明供气压力低时泡沫的携液量少，这是因为供气压力低时泡沫的尺寸较大，泡沫在发泡器内上升速度慢，多余的液体能够大量析出。当供气压力增加时，泡沫的停留时间短，析液量减少。同时，发泡器出口泡沫的平均尺寸随供气压力的增加而减少，这说明泡沫在高压条件下通过均泡器的过程中发生了更多的破裂。

当泡沫在采空区多孔介质内运移时，多孔介质中流动的泡沫与静态泡沫不同，它在运动过程中会不断受到来自孔隙介质的挤压和冲击，泡沫液膜会发生局部变形，导致表面积增加，液膜变薄，在变形处的表面活性剂分子的排列和密度均发生较大的变化。泡沫中气体的运移主要靠气泡不断的破裂与再生而通过孔隙介质，而液体、阻化剂靠气泡液膜携带通过介质，并有部分液体和阻化剂被煤体表面吸附。随着注入速度的增加，前沿泡沫的破裂与再生速度也迅速增加，同时更多的阻化剂也被滞留在煤体表面。

另外，多孔介质中流动泡沫的稳定性与静态泡沫的稳定性也存在较大的差别。静态泡沫的稳定性与排液过程密切相关，排液时间短的泡沫稳定性较差。对于多孔介质中流动的泡沫，泡沫在流动过程中不断在前方形成新的液膜，排液过程还没发生，新的液膜就形成了，因此对多孔介质中流动的泡沫来说没有明显的排液过程。

在一个直径为 200 mm、长度为 5 m 的圆形管道内装有不同颗粒大小的煤样，在相同供气压力条件下，将泡沫出口连接在圆形管道上，通过对管道出口处泡沫样品的分析，可以看出相同条件下泡沫在小介质孔隙中运移后的尺寸较小，这说明泡沫在其中发生了更多的破裂。另外，泡沫在小尺寸介质孔隙中运移后的表观黏度较大，对泡沫在采空区内的扩散半径存在一定的消极抑制作用，但呈现出较好的黏壁性。由于其泡沫尺寸较小且均匀，阻化泡沫的稳定时间明显增加。

3. 阻化泡沫的流变特性

泡沫是气泡的聚集体，彼此之间被薄薄的泡沫液膜分隔，泡沫液成为连续相，气体成为非连续相，大量的气体以很小的气泡分散在连续的泡沫液相内。由于泡沫中泡沫液和具有可压缩性的气体的存在，因此，影响泡沫流变性能的因素很多，温度、压力、剪切速率、泡沫稳定时间、泡沫质量、泡沫结构（尺寸大小及分布）、发泡剂的浓度、采空区的密实程度等都对泡沫的流变性能有不同程度的影响。图 6-19 为试验现场泡沫所显示的流动性和可堆积性，图 6-20 显示了阻化泡沫的黏壁性。

  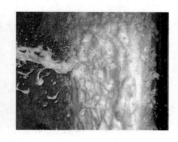

图 6-19　泡沫的流动性及可堆积性　　　　　　图 6-20　泡沫的黏壁性

由于泡沫流动时气泡界面变形引起黏滞阻力的增加；同时，泡沫流动使表面活性剂在气泡的后端逐渐积累，表面张力的梯度也引起黏滞阻力的增加，所以泡沫的表观黏度比组成泡沫的气相黏度和液相黏度要大得多，泡沫的表观黏度值为 0.02~0.03 Pa·s，而且泡沫黏度与剪切速率有关，具有剪切稠化的特性。表观黏度随剪切速率的增加而上升，随泡沫质量的增加而增加，但当泡沫质量超过 0.96 时，表观黏度会发生突变降低，这是由于泡沫质量在 0~0.54 时泡沫中的气泡呈球形，且相互不接触，表观黏度增加不明显。泡沫质量在 0.54~0.74 时泡沫中气泡呈多面体，气泡相互干扰，泡沫黏度增加。泡沫质量在 0.74 以上时气泡紧密排列，黏度骤增。但当泡沫质量超过 0.96 后，由于气量过大，泡沫变成雾状，黏度下降至气体的黏度。

目前的研究结果认为，由于泡沫具有假塑性和非牛顿流动特性，在静止状态时又存在随泡沫质量的增加而增加的静切力的特殊流体，使用屈服值幂律模型能较真实的反映泡沫的流动性。

江体乾等人根据 Princen 的理论研究认为，泡沫流体可以用屈服值幂律模型（HerscheLL-BuckLey 模型）来表示，其泡沫流体的流变模式为

$$\tau = \tau_0 + K_\mu \left(\frac{\mathrm{d}\tau}{\mathrm{d}t} \right)^n \tag{6-9}$$

式中　　τ_0——屈服应力，Pa；

　　　　τ——剪切应力，Pa；

　　　　K_μ——稠度系数；

　　　　n——流性指数，无因次；

　　　　$\dfrac{\mathrm{d}\tau}{\mathrm{d}t}$——剪切速率。

其中，泡沫的屈服应力 τ_0 和稠度系数 K_μ 都与泡沫结构参数（泡沫体当量直径 D_b、气泡平均直径 D_0）和泡沫质量有关。

4. 阻化泡沫在采空区运移的模型建立及求解

数值模拟是对流体运移过程中宏观运动规律的数学反应，相对于物理模拟，数值模拟过程更为方便简单。多孔介质是指由固体骨架和相互连通的空隙、裂隙或各种类型毛细管所组成的材料；流体通过采空区煤岩体的复杂松散多孔介质的流动称为运移，流体运移隐蔽性较强，数值模拟技术是研究宏观运移特征的主要手段。实现数值模拟的关键基础是合理的数学模型。

采空区属于复杂多孔介质区域，工作面遗留的浮煤及上覆垮落岩体组成一个大面积松散体。采空区内充满垮落的块状破碎岩石，并且这些破碎岩石之间的通道遍布整个空间，这些特征符合对多孔介质的界定。采空区属多孔介质流场，空隙率和与其密切相关的渗透率是表征其流场性能的主要参数。

泡沫在多孔介质中流动的方式包括气体和液体分开流动或形成一个整体流动。泡沫进入采空区初期时可以看成一个整体流动，即作为一个黏滞系数较大、密度很小的流体，孔隙介质中大部分气体被捕集，仅少部分呈游离气流动，泡沫整体流动，气体运移速度与液体运移速度相同。气体的流动是由于液膜的破裂与再生造成的，其构成一种不连续相的流动，而液体则以自由相的形式做连续运动。

由此可见，泡沫流动通过多孔介质的方式主要有两种：一是气液以泡沫形式作整体移

动，二是泡沫以破灭和再生的形式运移。决定泡沫以何种方式运移的主要原因：若泡沫稳定性强，则以泡沫形式运移；若气泡稳定性较差，则可能以破裂和重新生成的形式运移。此外，流场介质孔隙特性也是泡沫运移机理的影响因素之一，若多孔介质的孔隙尺寸大小影响气液通过通道的方式，大通道中的泡沫运移多以整体的方式运移，小孔隙中泡沫直径大于孔隙直径，泡沫在驱动力的作用下则以破灭和再生的形式通过。

从宏观力学特征上来讲，泡沫在采空区内流动时需要克服泡沫不断扩散过程中所受的阻力。驱替过程中空气流动带来的阻力，由于泡沫的表观黏度远远大于气体的黏度，相对泡沫扩展流，气体流动增加的阻力损失对灌注阻化泡沫带来的影响微乎其微。因此，在阻化泡沫对气体的驱替过程中，随着泡沫扩散范围的增大，流动过程中克服的阻力不断增加，灌注管口的静压应不断升高。研究泡沫的扩散范围主要研究泡沫在具体空间内的扩散范围及泡沫的非稳态扩散过程，也就是研究不同时刻泡沫的扩散范围，才更具有实际应用价值。因此，阻化泡沫的运移数学模型应与时间相关。

阻化泡沫在采空区的运移是一个复杂的物理过程，为了兼顾数学模型的可行性与实用性，本书在建立数学模型时做了以下相关假设：①阻化泡沫在采空区呈层流状态流动；②阻化泡沫被看成均相流体，泡沫以整体的方式运移，用连续介质理论来描述其在采空区的运移过程，不计气体压缩对运移过程带来的影响；③阻化泡沫在采空区运移过程中不存在流固耦合作用，采空区渗透率不随灌注时间的变化而增减；④采空区为非均质各向同性多孔介质流场，渗透率只与距工作面的距离相关，与方向无关；⑤运移过程中的泡沫满足按 HB 流体修正了的达西定律，而采空区气体的运动则满足达西定律。

阻化泡沫在采空区运移的数学模型的基本组成部分主要包含运动方程、状态方程、连续性方程、动量守恒方程及初边值条件。

1）连续性方程

流体质量守恒的数学表达式体现为连续性方程。阻化泡沫在采空区运移的过程中，因为微元体内原游离态气体发生变化，所以微元体内发生质量变化。若在 t 时刻微元体内含阻化泡沫的体积分数为 S_f，则在 $t+dt$ 时刻三相泡沫的体积分数为 $S_f + \dfrac{\partial S_f}{\partial t}$，$dt$ 时间内整个微元六面体单元由于体积分数变化引起的泡沫质量变化总量为

$$\frac{\partial S_f}{\partial t} \phi \rho_f \mathrm{d}x\mathrm{d}y\mathrm{d}z\mathrm{d}t \tag{6-10}$$

根据质量守恒定律得

$$-\left[\frac{\partial(\rho_f v_{fx})}{\partial x} + \frac{\partial(\rho_f v_{fy})}{\partial y} + \frac{\partial(\rho_f v_{fz})}{\partial z} \right] = \frac{\partial S_f}{\partial t} \phi \rho_f \mathrm{d}x\mathrm{d}y\mathrm{d}z\mathrm{d}t$$

即

$$-\left(\frac{\partial v_{fx}}{\partial x} + \frac{\partial v_{fy}}{\partial y} + \frac{\partial v_{fz}}{\partial z} \right) = \phi \frac{\partial S_f}{\partial t} \tag{6-11}$$

式中　　　　　ρ_f——阻化泡沫的密度，kg/m^3；

　　　　　　　ϕ——空隙率，%；

　　v_{fx}、v_{fy}、v_{fz}——阻化泡沫在三维坐标上的速率分量，m/s。

写成散度的形式为

$$\mathrm{div}(\vec{v_f}) + \phi\frac{\partial S_f}{\partial t} = 0 \qquad\qquad (6-12)$$

式中　v_f——阻止泡沫的运移速度，m/s。

　　同样，针对采空区混合气体，采用微元六面体分析法可以获得其运动的质量守恒方程为

$$\mathrm{div}(\vec{v_g}) + \phi\frac{\partial S_g}{\partial t} = 0 \qquad\qquad (6-13)$$

式中　S_g——自由态气体在微元体中的体积分数，$S_f + S_g = 1$；

　　　　v_g——气体的速度，m/s。

　　式（6-13）为阻化泡沫在采空区运移的体积分数方程。

　　2）运动方程

　　由于采空区流场属于高渗介质流场，重力对高渗介质中运移规律的影响不可忽略。考虑重力及屈服应力，阻化泡沫的运移规律满足按 HB 流体修正了的达西定律：

$$v = \frac{k_f}{\mu_f}\left(\frac{\partial p_f}{\partial x} + \rho g\sin\alpha - G_0\right) \qquad \frac{\partial p_f}{\partial x} + \rho g\sin\alpha \geq G_0$$

$$v = 0 \qquad\qquad \frac{\partial p_f}{\partial x} + \rho g\sin\alpha \leq G_0$$

式中　k_f——阻化泡沫的有效渗透率，m^2；

　　　　μ_f——阻化泡沫的表观黏度，Pa·s；

　　　　α——流场与水平线之间的夹角，（°）；

　　　　p_f——阻化泡沫相所受的压力，Pa；

　　　　G_0——最小启动压力梯度，Pa/m；

　　　　ρ——阻止泡沫的密度，kg/m^3。

　　事实上 G_0 对应于屈服应力 τ_0 有以下关系：

$$G_0 = \frac{7}{3}\tau_0\sqrt{\frac{\phi}{2k}}$$

式中　τ_0——屈服应力，g/cm^2；

　　　　k——渗透率，$10^{-3}\mu m^2$；

　　　　ϕ——空隙率，%。

　　运移过程中阻化泡沫等 HB 流体的黏度可近似表示为

$$\mu_f = \delta \times v^{n-1} = \delta(v_x + v_y + v_z)^{(n-1)/2}$$

式中　　　x、y——水平方向坐标；

　　　　　　z——垂直方向角坐标；

　　v_x、v_y、v_z——三维坐标上速率分量，m/s；

　　　　　　δ——黏度系数。

　　对于阻化泡沫，δ 可以表示为

$$\delta = \frac{2K_\mu}{8^{(n+1)/2}k\phi^{(n-1)/2}\left(\dfrac{n}{1+3n}\right)^n}$$

式中 n——阻化泡沫本构方程中的流性指数；

k——采空区渗透率，m^2；

ϕ——空隙率，%；

K_μ——阻化泡沫本构方程中的稠度系数。

所以
$$v = -\frac{k_f}{\delta(v_x^2 + v_y^2 + v_z^2)^{(n-1)/2}}\left(\frac{\partial p_f}{\partial x} + \rho g \sin\alpha\right) \tag{6-14}$$

式（6-14）即为阻化泡沫运移的运动方程。将运动方程代入阻化泡沫运移的连续性方程即可得到阻化泡沫运移的偏微分方程。

对于气体在采空区的运移，其遵守达西运移模式。因此，气体在采空区运移的运动方程可写成统一的矢量形式为

$$\vec{v_g} = -\frac{k_g}{\mu_g}(\mathrm{grad}p_g + \rho_g g \sin\alpha) \tag{6-15}$$

式中 v_g——气体移动的速度，m/s；

k_g——气体在采空区的有效渗透率，m^2；

μ_g——气体的黏度，Pa·s；

p_g——微元体内气体所受到的压力，Pa；

ρ_g——气体的密度，此处空气密度取值为 1.225 kg/m^3。

若不计毛管力对相间压力造成的差异，微元体内气体和阻化泡沫流体所受到的压力相同，即 $p_f = p_g = p$。

阻化泡沫在采空区运移时，泡沫运移区域和气体运移区域靠流动界面将两种介质分开。大部分区域内，任何一种流体都不会影响另一种流体的运移状态，即每一种流体在分配给它们的网络中流动，就好像只有一种液体存在一样。

3）状态方程

阻化泡沫在采空区流动过程中，气体被完全包裹在液膜内。并且如前所述，在非封闭状态下灌注阻化泡沫时，采空区内的压力变化不大，故可忽略气体与液体的压缩性，则防灭火阻化泡沫可视为不可压缩流体。并且，阻化泡沫的灌注压力不会造成采空区空隙的扩张变化。故存在 $\rho_f = c_1$，$\rho_g = c_2$，$\phi = c_3$，其中 c_1、c_2、c_3 均为常数。

4）初边值条件

为了求得所需要的解，就必须给出该微分方程所反映物理现象所处的特定条件，这些特定条件除包含方程中涉及的全部参数，如阻化泡沫的黏度、密度、采空区渗透率和空隙率外，还应包括边界条件和初始条件。以下为阻化泡沫在采空区运移时的数学模型求解的初边值条件。

灌注管出口

$$\frac{\partial \phi}{\partial n}\bigg|s_n = Q_{0(x, y, z)\in s_n}$$

采空区四周

$$\phi(x, y, z)\big|_{S_1} = \phi_0(x, y, z, t) = p_0 \quad (x, y, z) \in S_1$$

$$\frac{\partial \phi}{\partial n}\bigg|_{S_2} = 0 \big| (x, y, z) \in S_2$$

初始条件

$$p_{g(x, y, z)}\big|_{t=0} = p_0 \quad (x, y, z) \in \Omega$$

$$S_f(x, y, z)\big|_{t=0} = 0 \quad (x, y, z) \in \Omega$$

$$S_g(x, y, z)\big|_{t=0} = 1 \quad (x, y, z) \in \Omega$$

式中　S_n——代表灌注管出口表面；

　　　Ω——控制体；

　　　ϕ——通量。

5）模型的建立

综上所述，将阻化泡沫运移的连续性方程、运动方程、状态方程以及边界条件联立即可构成阻化泡沫在采空区运移的数学模型。

利用 Gambit 软件建立 2D 的工作面及采空区模型。假定工作面长 150 m，进风巷宽 5 m，回风巷宽 7 m，两巷浮煤厚度为 2 m，其他区域为 0.8 m。工作面配风量为 1800 m³/min，进风速度为 2 m/s，工作面中部采出率为 85%，采空区内部空隙率约为 30%。定义进、回风两巷的空间区域为研究对象，除此以外的其他区域为壁面，其 $Q=0$。网格划分以整体为对象，网格步长为 1 m。模型如图 6-21 所示。

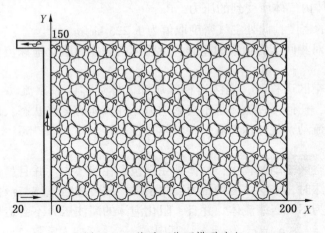

图 6-21　综采工作面模型建立

6）模型的求解

数学模型建立过程中虽然做了一些适当的简化处理，由于涉及非牛顿流变学、多相运移等理论，阻化泡沫在采空区运移的数学模型仍然十分复杂，很难求得数学模型的解析解。另一方面，采用数值解法就能够满足实际需要。

目前，采用数值方法求解偏微分方程组的软件较多，其中 Fluent 是应用较为广泛的一个商业计算流体力学（CFD）求解软件。Fluent 软件中有 3 种通用多相流模型，即 VOF、欧拉和 Mixture 模型。本文采用适用于分层流和自由表面流的 VOF 模型来求解阻化泡沫在采空区运移过程的数学模型，并实现对阻化泡沫在采空区运移过程的数值模拟。

7）模拟结果分析

泡沫扩散的隐蔽性是采空区压注阻化惰性泡沫的最大特点。在现场工业试验时，阻化惰性泡沫被灌注到采空区的松散介质内部，但在采空区的松散介质内很难设置观测钻孔，因此对阻化泡沫在采空区的松散介质中流动扩散范围很难进行准确预测，进而难以通过在常规采空区的运移试验验证分析数学模型的适用性。

在向采空区回风侧压注阻化泡沫之前，新鲜风流由进风巷通过工作面，由于进风巷的风压高于采空区，而采空区为煤岩松散多孔介质，形成通往采空区内部的漏风通道，且在进风巷隅角处向采空区漏风严重。随着进入采空区深度的增加，采空区内部风压差逐渐减小，风流阻力增大，漏风强度逐渐减小。在回风侧，则存在由采空区向回风巷漏风的现象，采空区内部气体随漏风现象向回风巷流动，因此回风隅角常有瓦斯气体积聚超限的现象发生。工作面及采空区的压力场分布如图 6-22 所示，速度场分布如图 6-23 所示。

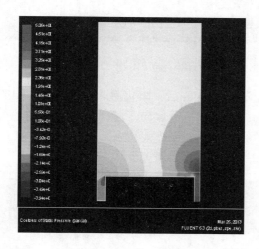

图 6-22　压注泡沫前工作面及采空区的压力场

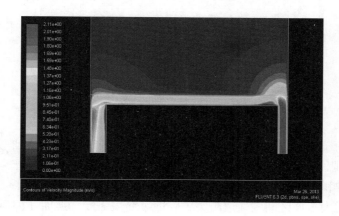

图 6-23　压注泡沫前工作面及采空区的速度场

5. 注阻化惰泡后采空区及工作面的物理场

在沿回风巷向采空区注入阻化泡沫的初期阶段，由于采空区内浮煤存在孔隙，本身的运动阻力系数就比较大，并且泡沫黏性阻力较大，泡沫运移不是很明显，因此阻化泡沫呈现出易堆积的特性，在采空区内堆积效果明显。如图 6-24 所示，阻化泡沫的速度场影响范围在泡沫出口处 5 m 左右，说明在这个范围内存在阻化泡沫堆积，而在以外的区域泡沫还不能形成有效地运移现象。

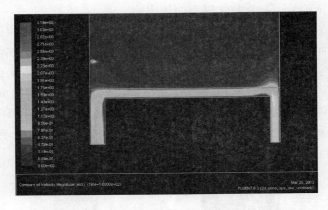

图 6-24　压注泡沫初期工作面及采空区的速度场

当向采空区注入阻化泡沫 30 min 后，阻化泡沫的堆积受到漏风的影响，此时阻化泡沫的堆积并不是自然形成的，而是有一个偏向于漏风方向倾斜的趋势，如图 6-25 所示。此时的速度场，阻化泡沫的影响范围缓慢扩大，尤其是沿漏风方向，向回风巷方向的运移趋势明显，已经出现了向回风巷一侧的倾斜。

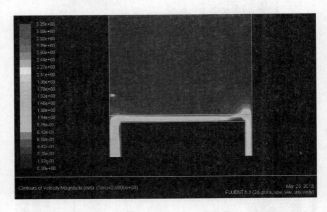

图 6-25　压注泡沫 30 min 后工作面及采空区的速度场

在向采空区内压注泡沫 1 h 后，阻化泡沫的堆积效果明显，尤其是受到漏风的影响，如图 6-26 所示。阻化泡沫在漏风的作用下堆积方向明显发生偏移，呈现出"蝌蚪形"的形态。阻化泡沫堆积位置的采空区内部，由于阻化泡沫的堆积，隔断了采空区与回风巷之间的漏风路线，增大了该区间的通风阻力，降低了漏风强度，从而使漏风所影响的范围有一个减小的趋势。由于漏风强度降低，此时回风隅角及回风巷的瓦斯等气体的浓度会出现一个明显降低的趋势。而阻化泡沫具有一定的稳泡时间，稳泡时间过后阻化泡沫破碎，不能形成堆积，因而采空区的漏风不能再受到限制。阻化泡沫内的填充气体一般为 N_2，N_2 能够有效阻止浮煤在一段时间内氧化，因此稳泡时间过后的一段时间内，回风隅角及回风巷的瓦斯等气体浓度升高速度缓慢。N_2 在沿漏风方向扩散以后，漏风通道继续存在，回风隅角的瓦斯等气体也会恢复到之前的浓度。

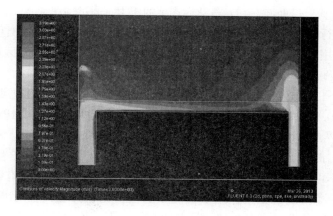

图 6-26 压注泡沫 1 h 后采空区及工作面的速度场

6.2.4 液态 CO_2 降温惰化防控技术

6.2.4.1 液态 CO_2 降温惰化防火原理

针对巨野矿区煤体破碎、漏风大、煤体自然发火期短等特点，采空区在开采过程中出现煤体自燃的可能性较大，因此必须制订采空区快速灭火应急技术方案。通过向采空区注入低温惰性气体来实现快速冷却窒息火区，一般选择的惰性气体主要有 CO_2 和 N_2，气体的性质对比见表 6-2。

表 6-2 N_2 和 CO_2 的惰化防火综合指标对比

惰气分类	相对密度	煤对惰气具有的吸附量/($L \cdot kg^{-1}$)	所含最大 O_2 浓度/%	阻爆临界 O_2 浓度/%	熄灭火临界 O_2 浓度/%	定压热容/($kJ \cdot kg^{-1} \cdot K^{-1}$)	定容热容/($kJ \cdot kg^{-1} \cdot K^{-1}$)
N_2	0.9673	8	2~3	12	9.5	1.038	0.741
CO_2	1.53	48	0	14.6	11.5	0.85	0.661

通过两种气体的吸附性、比热容及其纯度等方面的综合比较，CO_2 比 N_2 更容易实现对采空区遗煤自燃的快速灭火。液态 CO_2 对煤自燃的防治机理如下：

（1）冷却降温作用。液体 CO_2 和固体 CO_2 的温度值为 -56.6 ℃，将其快速释放至煤氧化带，汽化和升华过程中会吸收大量的热，使火区温度迅速下降，快速熄灭火区。

（2）惰化抑爆作用。这种作用主要体现在当 CO_2 充注到火区以后，使得火区环境中 O_2 的浓度下降，使煤氧复合作用中的一个重要条件被削弱，从而使得煤氧复合过程的强度被减弱，煤氧复合作用被惰化，一定程度上抑制了 CO 等氧化产物的产生，进而在宏观上体现为对煤炭氧化自燃的抑制作用。另外，CO_2 在稀释可燃气与氧含量过程的同时，提高了封闭火区内的惰化程度，使火区中可燃气体的爆炸性失效。当 CO_2 气体的浓度达到 22% 以上时，混合可爆炸性气体的爆炸上下限重合，爆炸性气体就会失去爆炸性。

（3）降氧作用。当采空区注入高纯度的液态 CO_2 时，其体积迅速膨胀（液气膨胀比为 1∶640）。一方面，释放口周围的漏风与气化的 CO_2 混合，O_2 浓度迅速降低，达到快速熄灭火区的目的；另一方面，气体的膨胀作用使得采空区局部形成一个局部正压区域，阻止了漏风进入采空区而抑制了煤体自燃。

利用 CO_2 防灭火，借助液态 CO_2 气化后产生的压力，通过预埋管路或者钻孔将其注入防灭火区域，对火区进行降温和惰化的防灭火技术。该技术已经在巨野矿区的赵楼矿、龙固矿、郭屯矿进行了推广应用，取得了良好的防灭火效果，特别适合于高地温采空区自燃的防控。

6.2.4.2 CO_2 的物性

在常温常压下，CO_2 为无色无嗅的气体，相对分子量为 44.01，比重约为空气的 1.53 倍，偏心因子为 0.225，临界温度为 31.06 ℃，临界压力为 7.35 MPa，临界点密度为 0.4678g/mL，临界点黏度为 0.03335 mPa·s，临界压缩因子为 0.275。在压力为 1 标准大气压、温度为 0 ℃时，其密度为 1.98 kg/m^3，动力黏度系数为 138×10^{-6} Pa·s。CO_2 化学性质不活泼，既不可燃，又不助燃，无毒，但具有腐蚀性。它与强碱有强烈的作用，能生成碳酸盐，在一定条件及催化剂作用下还能参加很多化学反应，表现出良好的化学活性。CO_2 与水混合时呈弱酸性，可腐蚀碳钢等普通金属，但不腐蚀不锈钢和铜类金属。当输送的 CO_2 比较干燥（含水率小于 8 ppm）时，可采用普通的碳素钢。

CO_2 的相态变化是研究液态 CO_2 汽化及输送的基础，因此，要研究 CO_2 汽化及管路输送防灭火工艺，首先需要分析 CO_2 的相态特性。CO_2 随温度、压力的变化呈现固态、液态和气态 3 种状态，称作 CO_2 的相态。图 6-27 是 CO_2 的相图，它有 3 个特征点，即凝固点（-78.5 ℃，0.1 MPa）、三相点（-56.6 ℃，0.52 MPa）及临界点（31.3 ℃，7.38 MPa）。其中，相态之间互相转化的温度和压力点称作三相点。除三相点外，还具有一个固有的临界点，即气液平衡线的终点。在临界点，气相和液相界面消失，分不出气液两相。超过临界点的区域称为超临界区。超临界区中的流体是介于气体、液体之间的第三流体，即为超临界流体，它兼有气体和液体双重特性，即密度接近液体，黏度又与气体相似，扩散系数为液体的 10~100 倍，因而具有很强的溶解能力和良好的流动、输运性质。当 CO_2 温度高于-56.6 ℃时，随着压力增加将从气态转变为液态；在压力高于 0.52 MPa 且温度低于-56.6 ℃时，液态 CO_2 将固化成为干冰；压力低于 0.52 MPa 且温度高于一定值时，干冰将直接升华为气态 CO_2。在管道输送 CO_2 时，根据介质状态不同可以分为气态输送、液态输送及超临界态输送 3 种形式。

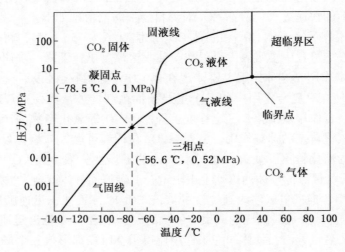

图 6-27 CO_2 相图

6.2.4.3 液态 CO_2 降温窒息灭火技术参数及工艺

1. 矿用液态 CO_2 直接灌注装备及工艺

空分设备生产出来的液态 CO_2 必须用低温液体储槽等专用设备储存。目前我国生产的低温储槽可分为固定性、移动型及运输车辆型。为了提高液态 CO_2 的防灭火效率，将液态 CO_2 运送到井下，必须解决储槽的安全性能、储装量、保温性能、材料选择、结构等问题。为此研制了矿用移动式液态 CO_2 防灭火装置。

矿用移动式液态 CO_2 防灭火装置（图 6-28）由低温液态 CO_2 储槽、框架、各类阀门、操作箱、平板车、流量、压力、温度等控制装置组成。其内胆用 16MnDR 制成，外层为保护壳体结合。该装置工作压力为 2.6 MPa，试验压力为 3.2 MPa。

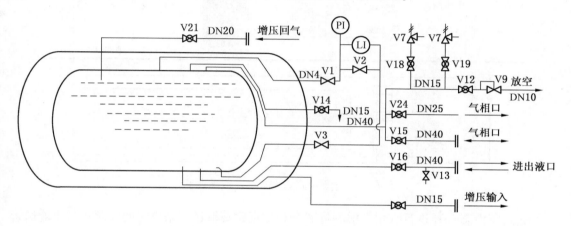

V1—压力表阀；V7—自动启密阀；V9—压力调节阀；V12—内筒放空阀；V13—管道残液出口阀；
V14—液体充满指示阀；V15—气体进出阀；V16—液体进口阀；V18—气体通过阀；
V19—气体通过阀；V21—增压回气阀；V22—增压阀；V24—气体放空阀

图 6-28　液态 CO_2 防灭火装置

该系统的特点是低温液体储槽无须增压装置，操作箱位于低温液体储槽的一侧，低温液体储槽的安全阀口向上，操作工艺简单、方便。液态 CO_2 直接释放的安全问题主要来自以下几个方面：

（1）喷放时管道、孔板、阀门等处 CO_2 容易凝结，产生干冰，造成管道阻塞，甚至因流速超过当地音速而发生爆震使管道爆裂。

（2）由于液态 CO_2 储罐是压力容器，井下运输过程中易出现泄气。

（3）向火区注入 CO_2 时有可能将火区及火区相连通的采空区有害气体压出。

围绕以上 3 个方面的问题，确定释放流量、安全输送距离等参数，充分发挥液态 CO_2 的降温性能，实现火区的快速熄灭。

2. 地面固定式液态 CO_2 防灭火系统

地面固定式液态 CO_2 防灭火系统由汽化器、缓冲罐和流量、压力、温度等控制装置组成（图 6-29）。从运送 CO_2 槽车上压出的液体经过压力调节、流量控制后进入水浴汽化器，将其管内流动的液体变成气体，经过储气罐和流量、压力、温度等控制装置通过注浆管路送到用气地点。

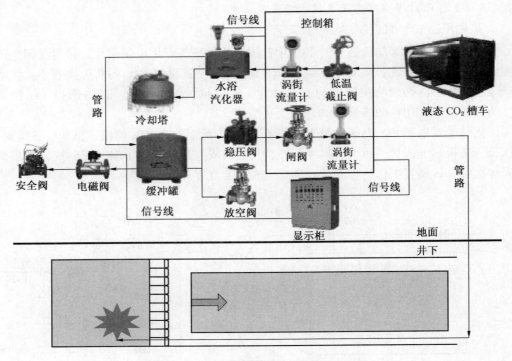

图 6-29　地面固定式液态 CO_2 防灭火系统

通过将液态 CO_2 进行汽化，解决将液态 CO_2 远距离输送至采空区的问题，防止输送管路的冻裂与变形、液体温度低形成干冰的可能，同时又要减少热能的损失，因此需根据不同距离优化相应防灭火参数。通过水浴加热器加热，实现了液态 CO_2 输送的动态平衡。能够快速有效置换采空区气体，达到窒息效果，为进一步治理火灾争取时间，控制火区自燃隐患的发展。

根据矿井实际情况，汽化器采用水浴式汽化方式，加热功率为 120~240 kW，汽化能力为 600~1500 m^3/h，出气温度为 -15~5 ℃，出气口压力为 0.6 MPa。输送管路可利用矿井中现有的风管、水管、注浆管或者井下瓦斯抽采管。

3. 液态 CO_2 降温窒息防灭火技术参数

1）液态 CO_2 压注量

使用液态 CO_2 灭火，按照空间体积计算，必须注入大约采空区体积 2.5 倍以上的当量汽化 CO_2。由于实际使用时要考虑各种因素，计算实际用量时应按 3 倍计算。

2）体积每吨增加倍数

1 kg 液态 CO_2 完全汽化后，体积每吨增加倍数为（暂按 0 ℃ 考虑）

$$V_{气} = 1000 \text{ kg} \div 980 \text{ kg/m}^3 \times 500 = 560 \text{（m}^3）$$

3）CO_2 的释放速度

灭火时一般要求初期尽快控制火势，防止爆炸。液态 CO_2 直接灌注速度应考虑管路系统的输送能力，根据不同的地点，系统的输送能力为 300~600 m^3/h。

4. 液态 CO_2 降温窒息防灭火系统布置及工艺

在井下汽化时，矿车储槽直接将液态 CO_2 输送到火区附近巷道内，再用一段专用管从矿车储槽接至火区。专用管为铜铝管或不锈钢管，管径为 50~70 mm，管外加缠绝热保护层，以保持低温，冷却火区。还有的用双层无缝钢管，外管径为 50 mm，内管径为 25 mm，两管之间抽真空，每根 10 m 左右。不同情况下的自燃火灾，CO_2 的释放口不同，释放速度也有区别。

CO_2 释放前应测定管路系统的阻力大小，正确选择释放速度；在槽车与管路的连接处设计专门的逆止装置、泄压安全装置，保证安全。向火区注入 CO_2 时有可能将火区及火区相连通采空区的有毒有害气体压出，或者是 CO_2 气体的大量涌出，威胁工作面的安全生产。

（1）向火区注 CO_2 之前必须用 CO_2 冲洗整个管道，并用 O_2 鉴定器不断测定管道排气中的 O_2 浓度，只有当管路出口 O_2 浓度接近于零时才能向火区注 CO_2。

（2）火区排气过程中回风侧 CO 和瓦斯浓度将增加，因此事先应切断回风侧一切电气设备的电源，并禁止人员通行。

（3）为控制 CO_2 及回风侧 CO 和瓦斯浓度，应根据需要及火区熄灭程度调节注 CO_2 量。

（4）O_2 与灼热材料接触时能产生大量的 CO 气体，因此可利用指标气体确定采空区自燃情况。

（5）安全防护主要包括储罐的检修与维护、操作人员的安全防护及运输过程中的安全防护等。

6.2.5　粉煤灰灌浆注胶防灭火技术

6.2.5.1　胶体灭火材料防灭火性能

（1）固水降温性。胶体中 90% 以上是水，易于流动的水易被固结起来，可充分发挥水的降温作用。成胶过程是吸热反应，煤温上升使胶体中的水汽化，也吸收大量的热。

（2）渗透和堵漏性。成胶材料是易于流动的液体，渗透到煤层缝隙中形成胶体，堵住漏风通道。

（3）阻化性。促凝剂和基料本身都是阻化剂，两者反应生成的材料也是阻化剂，胶体具有通用阻化剂的性能。

（4）热稳定性。在 1000 ℃ 的高温下胶体不熔化、不破裂，仍能保持完好。

（5）充填性能。增强剂（黄土、粉煤灰等）用量增加，胶体耐压性增强，高浓度胶体泥浆可充填高冒空顶区。

（6）灭火安全性。由于胶体有束水作用，用于扑灭煤火时不会急剧产生大量的水煤汽而恶化工作环境或发生爆炸。

（7）有效期。正常情况下（温度小于 28 ℃，湿度大于 90%）胶体可长期保存在煤层中（现场实测 13 个月仍完好），防止煤层自然发火或火区复燃。

（8）成胶时间可控性。最短成胶时间 25 s，慢的可控制在 2 h 以上，便于针对不同发火情况和现场使用工艺对其进行适当调节。

为更好地发挥水、灌浆材料和胶体材料的防灭火性能，针对不同的现场环境、使用条件、应用工艺和原料成本，开发了（稠化胶体）悬浮剂、（复合胶体）胶凝剂、（高分子胶体）灭火剂等一系列新型的胶体防灭火材料。

6.2.5.2 胶体防灭火技术的特色

（1）灭火速度快。由于胶体独特的灭火性能，其灭火速度很快，通常巷道小范围的火仅需几小时即可扑灭，工作面后方大范围的火也只需几天即可扑灭。

（2）安全性好。胶体在松散煤体内胶凝固化、堵塞漏风通道，故有害气体消失快。高温下胶体不会产生大量水蒸气，不存在水煤气爆炸和水蒸气伤人危险。

（3）火区启封时间短。注胶灭火工程实施完即可启封火区。

（4）火区复燃性低。高温区内胶体渗透到的地点都不会复燃。

6.2.5.3 粉煤灰灌浆注胶防灭火系统

粉煤灰灌浆注胶防灭火系统以粉煤灰材料为骨料，胶体防灭火技术为主，实现了多项防灭火技术的结合。该系统实现了压注稠化胶体、复合胶体、凝胶等多种功能，有针对性地处理各种不同情况下的浮煤自燃。

1. 系统构成及工艺流程

粉煤灰灌浆注胶防灭火系统由储灰罐、螺旋输送机、胶体制备机、清水泵、排污泵、控制系统、输浆及管网系统、矿用移动式防灭火注浆装置等构成，如图6-30所示。

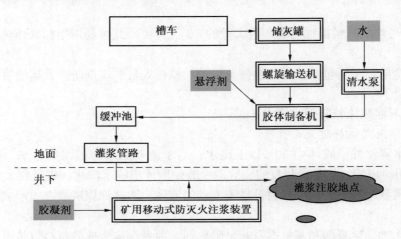

图6-30　地面固定式粉煤灰灌浆注胶防灭火系统流程框图

2. 注浆站的布置

地面灌浆站须建在供水、供电、交通运输及能满足灌浆倍线要求的地方，如图6-31所示。

3. 系统参数

水泵供水量为25 m³/h，粉煤灰量为12.5 m³/h，水灰比为1∶1~2∶1，制浆量为30~50 m³/h，FCJ-12胶体材料用量（0.1%）为50 kg/h。

4. 系统功能

在地面按比例加入悬浮剂和粉煤灰与水混合好，并在井下用煤矿用注浆机压注少量的复合胶体添加剂，即可实现大流量的复合胶体等功能，又可通过粉煤灰浆液里通过加入稠化悬浮剂进行防灭火。或者在地面按比例加入水玻璃，并在井下加入少量的碳酸氢铵，即可实现大流量凝胶的压注。系统的主要功能如下：

1）灌注高浓度粉煤灰浆液（稠化胶体）

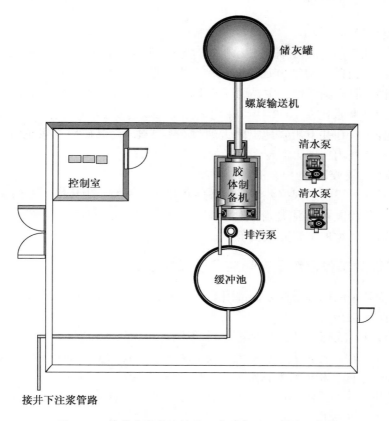

图 6-31 粉煤灰灌浆注胶防灭火系统平面布置示意图

稠化胶体由粉煤灰、水和稠化悬浮剂组成。将地面灌浆池内的粉煤灰浆液中按比例加入 JXF1930 稠化悬浮剂，搅拌均匀后即可形成稠化胶体，通过灌浆管路系统输送至井下。

加入悬浮剂的浆液具有保水性、渗透性、悬浮性和致密性，使用过程中浆液不离析，流动性好，而且浆液与管壁的摩擦阻力减小，便于泵送和管路运输。较好的保水性和致密性能，又可在较长时间内覆裹煤体。稠化胶体成本低，主要用于终采线、开切眼、采空区等大面积区域的灌浆防灭火。悬浮剂加入量仅为 0.5%，即每池浆中加入 25 kg（1 袋）即可。

2）灌注凝胶

凝胶由基料、促凝剂、增强剂（砂土或粉煤灰等）和水按一定比例混合而成。基料和促凝剂总用量为 10%～13%，增强剂为 0～50%，每立方胶体材料成本为 60～100 元。主要用于煤层顶部火灾、空洞及两道密闭间的充填堵漏。

将地面灌浆池内的粉煤灰浆液或清水中按比例加入凝胶基料（液态水玻璃），搅拌均匀后通过灌浆管路系统输送至井下，在井下用浆地点附近通过 ZM-5/1.8G 煤矿用注浆机将促凝剂（碳酸氢铵或碳酸氢钠）按比例加入灌浆管网内，即可实现大流量的压注凝胶或粉煤灰凝胶。

基料主要控制胶体强度，添加量越多，胶体强度越大，其常用比例为 6%～15%，促凝剂主要控制成胶时间，添加量越多，成胶时间越短，其常用比例为 2%～3%（成胶时间

1 min）。

3）灌注复合胶体

复合胶体由悬浮剂、胶凝剂、水和浆料（粉煤灰等）构成。悬浮剂 JXF1930 用量为 0.1%，胶凝剂（FCJ12）用量为 0.06%，每立方米胶体成本 15~18 元。胶体成本低，有一定的可堆积性，具有黏弹性，主要用于井下动压带和大范围火区的防治。将地面灌浆池内的粉煤灰浆液（灰水比在 1:2~1:2）中按比例加入 JXF1930，搅拌均匀后通过灌浆管路系统输送至井下，在井下用浆地点附近通过 ZM-5/1.8G 煤矿用注浆机将胶凝剂 FCJ12 按比例加入灌浆管网内，即可实现大流量的压注复合胶体。

5. 井下移动式注胶设备

井下移动式注胶设备是根据井下使用条件和井下特殊的使用环境，专门设计的一套井下防灭火设备，使用其可压注复合胶体、复合胶体泥浆，进行井下自燃火灾的预防与扑灭，也可作为其他用途的注浆充填设备。

6.3 高地温综放工作面煤层自燃应急防灭火预案

由于工作面开采的煤层受开采推进因素的影响，应根据各种可能出现的情况制订工作面煤层自燃预防应急预案。

6.3.1 煤层自燃应急防灭火技术体系的技术条件

（1）建立井下快速打钻下套管系统。将灭火钻机（改进型岩石电钻）、煤电钻、可作为套管的 50 mm 钻杆、相配套的钻头及胶管等放置在上巷入口附近。

（2）建立井下移动式胶体压注系统，分别在上巷与下巷入口处放置一台注浆机，可根据实际需要即时运往使用地点。

（3）建立阻化泡沫防灭火系统，保持注氮系统正常。

（4）建立移动式液态 CO_2 防灭火系统，确保 CO_2 防灭火装置良好。

6.3.2 综放工作面 CO 气体超限应急预案

（1）采取措施（如不放顶煤），加快工作面推进速度。

（2）采用沙袋（碎煤袋）充填回风巷采空区巷道，减少向采空区的漏风。

（3）对采空区运输巷、回风巷进行封堵和注胶。

（4）控制工作面风量，减小向采空区的漏风。

（5）采取系统均压措施，升高工作面压力，减少采空区有害气体的涌出。

6.3.3 巷道自燃火灾应急预案

一旦发现巷道自燃，必须按照《煤矿安全规程》的有关规定，立即采取措施控制火势的发展，并上报矿调度室，成立灭火救灾指挥部，组织制订灭火方案，指挥井下灭火救灾工作。

1. 控制火势

（1）用水直接扑灭巷道表面明火，打钻注水、灌浆，并应用火区快速控制系统注胶控制火势发展。

（2）设专人检测火区及其下风侧 CO、CH_4 和 O_2 等气体变化情况，并随时汇报。

（3）根据气体变化情况，确定是否撤出火区下风侧人员和设置警戒。

2. 判定巷道自燃火区范围及严重程度

（1）根据巷道气体监测数据判定火势。

（2）采用红外测温仪测定巷道表面温度，推断高温区范围。

（3）在可自燃区域打钻探测，确定火区范围和严重程度。

3. 确定注胶灭火范围及注胶量

根据判定的巷道火区范围和严重程度，确定注胶灭火范围，并初步估计总的灭火注胶量。

4. 布置注胶钻孔注凝胶

根据确定的注胶范围，从火区上风侧开始布置注胶钻孔，钻孔间距为 2~3 m，长度为 4~6 m，倾角 60°，下 1 寸套管，并用水泥和海带封孔。注胶材料选用高分子胶体灭火材料。

5. 气体检测

采用色谱分析仪、现场观测和手持式气体检测仪定期检测火区气体变化情况。

6.3.4 采空区自燃火灾应急预案

综放工作面推进速度较慢时可能出现采空区自燃火灾。一旦出现该类自燃火灾，必须按照《煤矿安全规程》有关规定组织灭火救灾工作。

1. 确定火区距工作面的距离和火势大小

根据工作面温度及气体分析，判断采空区高温区域位置、距工作面的深度和火势大小，并采用相应的应急方案。

（1）若自燃区域离工作面距离小于 20 m，则停止推进，采用注水注胶直接灭火。

（2）若自燃区域离工作面距离大于 20 m，则加快工作面推进速度。

（3）若工作面自燃火灾难以控制，应立即断电、撤人，建立临时密闭，制订并实施相应的灭火启封方案。

2. 近距离采空区自燃灭火方案

（1）用水控制火势。一旦发现工作面自燃火灾，立即用水直接扑灭工作面表面明火，控制火势发展，同时停止工作面生产，降低工作面供风量，并做好注胶前的准备工作。注胶材料选用水玻璃凝胶。

（2）布置注胶钻孔注凝胶。在工作面架间（或在工作面煤壁施工钻机窝）向支架顶后部采空区布置注胶钻孔，钻孔终孔位于支架顶 2~3 m，终孔间距 2~3 m。下套管并用水泥或海带封孔，套管直径为 1 寸，每节长度为 1.5 m，端头为管螺纹；套管采用管箍连接。钻孔中第一节套管为花管，花管由套管加工而成，即每隔 10 cm 钻一个 $\phi15$ mm 的孔，并均匀分布在套管圆周的各个方向。

（3）加强气体检测。注胶灭火过程中必须设专人检测工作面、回风隅角和回风流的气体变化情况。

3. 工作面远距离采空区自燃灭火方案

（1）不放顶煤，加快工作面推进速度。

（2）采用沙袋（碎煤袋）充填回风巷采空区巷道，减少向采空区的漏风。

（3）对采空区两道进行封堵和注胶。

（4）控制工作面风量，减小向采空区的漏风。

（5）向后部采空区压注液态 CO_2 或 N_2。

（5）若工作面有害气体浓度较高，人员无法进行工作，则采用系统均压，升高工作面压力，减少采空区有害气体的涌出量，保障工作面有害气体在生产允许的范围内。

4. 旧巷自燃形成的火灾应急方案

由于工作面超前压力或矿压作用，旧巷中的密闭压裂，且回采巷道顶煤压酥或垮落，受相邻采空区自燃火灾影响，形成本工作面自燃火灾。

根据回采巷道在掘进期间巷道顶煤及旧巷中设置测点所测的气体、温度情况，分析确定火区在巷道顶煤还是在相邻采空区。

若为巷道顶煤自燃火灾，则其处理方法与巷道自燃火灾应急方案类似；若为相邻采空区自燃火灾或联络巷煤柱火灾，则采取以下技术方案：

（1）应用均压系统调节工作面压力，减少有害气体向工作面的涌入。

（2）在回采巷道向采空区旧巷或火区处布置注胶钻孔，压注复合胶体，根据气体观测资料分析确定火区范围，初步估计注胶量。

（3）若自燃区域在相邻采空区，则注胶的主要目的是在联络密闭附近建立胶体隔带；若自燃区域已扩展到本工作面回采巷道，则注胶范围应为联络巷以下的高温区域。

（4）在回采巷道向需注胶范围内布置注胶钻孔，终孔位于联络巷顶部，终孔间距为2 m。采用改进的岩石电钻（灭火钻机），打钻下套管一次完成。

（5）注胶工艺选择多功能灌浆注胶系统，注胶材料选用复合胶体。

（6）注胶灭火过程中采用束管监测系统（或设专人人工检测）监测上隅角和回风巷中气体的变化情况，掌握自燃火势发展和注胶灭火效果。

（7）压注液态 CO_2 或阻化泡沫抑制煤自燃的发展。

（8）注胶灭火后应采取措施加快工作面推进速度。

6.3.5　阻止有害气体涌入生产区域的应急技术措施

当火区距矿井生产区域较远时，产生的有害气体通过采空区和巷道裂隙或闭墙涌入生产区域，应采取以均压、封堵和注氮为主的技术措施。

（1）通过调节通风系统，对有害气体涌出的地点进行升压，减少或杜绝有害气体向生产区域的涌入。

（2）针对现场实际情况，选用喷浆或涂抹纳米改性密闭堵漏弹性体材料等方法，对有害气体涌出地点进行堵漏。

（3）矿井内与火区相关的闭墙应按防火墙的要求进行施工或加固。

（4）通过与火区相关的闭墙或施工相应的钻孔，采用井下移动式注氮系统向火区注氮进行惰化。

（5）加强火区管理和气体监测。

6.3.6　近距离火区应急治理预案

当火区距矿井生产区域较近时，除需采取阻止有害气体涌入生产区域的技术措施外，还应对火区进行直接灭火或隔离，防止火区通过采空区浮煤、煤柱或封闭巷道延展至矿井内。采取的技术措施如下：

（1）根据各种监测数据，判定火区的位置及范围。

（2）选择井下合适的地点向火区施工钻孔，首先考虑使用粉煤灰灌浆和大流量注胶系统向火区压注泥浆、复合胶体或凝胶。

（3）若初期条件不具备（如管网铺困难），则考虑先采用火区快速控制技术、井下移动式惰泡压注系统或井下移动式注胶系统控制火势，待条件具备后再对火区进行大流量地灌浆注胶直接灭火。

（4）若直接灭火有困难，则需根据实际情况实施密集钻孔压注胶体，在火区与矿井生产区域之间建立胶体隔离带，阻止火区蔓延。

（5）加强火区管理和气体监测，根据实际情况随时调整防灭火方案。

6.4 本章小结

（1）从破坏采空区煤自燃的必要条件入手，针对高地温采空区环境和条件，提出了集隔离、堵漏、惰化、阻化为一体的采空区防灭火体系。

（2）提出了以上下两巷堵漏风为主的漏风隔离控制、以煤体阻化为主的采空区注阻化泡沫、以快速降氧降温为主的采空区注液态 CO_2 等关键技术，并确定了相应的工艺及技术参数，形成一套适合高地温煤层综放开采的自燃防控关键技术。

（3）根据工作面受开采推进因素、不同地点的影响，提出了各种情况下的煤层自燃预防应急预案。

7   深井高地温综放采空区有害气体密闭控制技术

采空区气体冲击主要来自两方面：一是采空区气体爆炸产生的冲击力学行为，二是由大面积顶板垮落而引发采空区气体压缩冲击破坏。《煤矿安全规程》规定，人体可以抵抗的风速不超过 12~15 m/s。为了防止采空区大面积垮落产生冲击气浪危害井下职工，需要对已经回采完毕的大面积采空区进行密闭。由于顶板垮落使采空区内空气受到压缩，导致采空区内气体压力升高，密度上升。由于压力不均衡，气体必然由巷道涌出，给巷道密闭造成冲击。

采空区有害气体的控制技术包括采空区的封闭、堵漏及其调整通风系统等，使大面积采空区内的有害气体受控运移，避免矿井生产区域（尤其是在发生自然灾害时）受到有害气体的侵袭。封闭和堵漏工作主要有采空区或巷道密闭、巷道喷涂、高冒区或采空区充填等，在进行封闭或堵漏工作过程中，如果材料选用不合适，施工质量和管理工作不到位，极可能造成煤层自然发火，甚则引起瓦斯爆炸，造成人员伤亡和财产损失。在北方矿区，通过对大量火区探查发现，97%的采空区自燃火灾是由密闭漏风引发的，3%是由沿空巷道喷涂层不合格造成煤柱漏风或者其他原因引起的。由密闭问题引发的采空区自燃火灾中，有 50%是密闭质量问题造成的，如密闭气密性不够，建造时顶底板和侧帮没有挖边槽，建成后就漏风；30%的密闭厚度不够，虽然抹了面，但在矿山压力作用下将密闭压缩、压垮，抹面脱落失去气密性而成为漏风通道。5%的自燃火灾是由于密闭建造时没有设置检查观测孔，不能对采空区实施有效的监测与管理，及时发现采空区内各种气体和温度变化情况而引起的。

密闭是通风系统的重要组成部分，主要用来控制风流，改变风流方向，隔绝水、火、瓦斯和其他有害气体，阻挡采空区气体侵入工作场所，防止爆炸或顶板大面积瞬时垮落冲击破坏。为有效控制采空区气体的冲击灾害，应根据不同地点、环境和闭墙所起的作用，合理设计密闭墙结构，选择建闭材料，研究施工工艺。本章首先分析采空区气体冲击特性，建立了采空区永久密闭的力学模型，设计密闭结构，选择适当结构材料，分析密闭结构在气体冲击作用下的受力状态，并对其力学参数进行校核，通过三维有限差分软件FLAC3D 对永久密闭的强度进行演算。

7.1   采空区抗冲击密闭结构类型

密闭的结构取决于密闭的作用、选用的材料，根据资料查询和现场调研，目前采用的密闭主要有单层密闭、双层密闭、充填密闭和抗冲击性密闭等。对于临时密闭、防火和防漏密闭，多采用单层密闭或双层密闭。对于比较特殊的环境，防火和防漏密闭有时也采用夹层充填或单层充填，即向单层或双层刚性密闭中充填黄土、粉煤灰浆或其他材料以提高密闭的塑性和气密性，其厚度根据现场条件而定。抗冲击防爆密闭结构相对较复杂，其主要结构有以下 3 种。

7.1.1 预留孔刚性防爆密闭

预留孔刚性防爆密闭就是在刚性防爆密闭中预留一个或几个卸压孔，在孔内充填有机物与表面喷浆相结合的密闭，其结构如图7-1所示。这种密闭结构的主要特点如下：

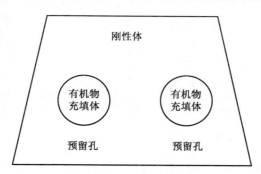

图7-1 预留孔刚性防爆密闭结构示意图

（1）刚性体的强度和重量大，遭遇强大气流冲击时不易破坏，但其施工速度慢，与巷道周边（尤其是顶部）不易严密相接。

（2）预留孔能够保持封闭隔离区域在封闭过程中较长时间内维持通风系统不发生较大的变化（突变），给刚性密闭的安全施工提供时间保障。

（3）预留孔可以采用有机发泡材料迅速充填，在通风系统发生变化后能够缩短人员在危险地点的工作时间。

（4）有机物充填体的强度相对较低，遭遇强大气流冲击时会首先破坏，释放压力，减少了对刚性体的冲击。与没有预留孔的刚性体相比，对人员的物理伤害相对较小。

（5）表面喷涂能对密闭的总体漏风加以控制。

7.1.2 无机充填和有机充填防爆密闭

无机充填和有机充填防爆密闭是在密闭底部先充填无机材料，然后在顶部充填发泡或膨胀材料，其主要特点如下：

（1）底部充填无机材料成本低，并可通过灌浆系统进行大流量的压注充填。

（2）顶部使用成本相对较高的发泡或膨胀材料，能够保证顶部的密实连接，可大幅降低高成本材料的使用量。

（3）具有预留孔刚性防爆密闭的优点。

（4）这种结构的难点在于如何确定无机充填物与发泡或膨胀材料的分界面。

7.1.3 柔性与刚性结合防爆密闭

封闭区瓦斯爆炸、顶板瞬间垮落或矿震产生的冲击波一部分被柔性墙吸收，冲击能力减弱，以至于不会冲坏刚性密闭，达到有效封闭采空区的目的。柔性墙多采用砂袋墙或发泡充填材料，刚性墙多采用钢筋混凝土材料，厚度要根据实际情况而定，在柔性与刚性之间再灌注固化材料，如水泥浆等。这种防爆密闭在鲍店矿大面积采空区顶板瞬间垮落摧毁密闭墙事故和1307综放工作面停采封闭时采用过，如图7-2所示。

这种密闭的主要特点有：

（1）砂袋的吸收作用，使得这种密闭抗冲击能力强，但施工强度较大。

（2）钢筋混凝土的强度和重量大，遭遇强大气流冲击时不易破坏，但其施工速度慢。

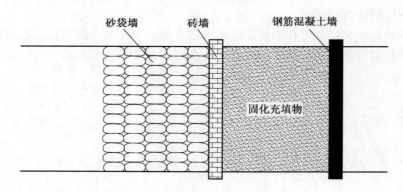

图 7-2　柔性与刚性结合防爆密闭

（3）在进行混凝土和水泥浆充填时不能很好地接实顶板，容易漏风。

这 3 种类型的抗冲击防爆密闭各有特点，由于柔性与刚性结构密闭的抗冲击能力强，因此我们主要研究钢筋混凝土密闭的抗冲击性能及结构，并进行强度验算。

7.2　采空区密闭的原则和形式

为有效预防大面积采空区灾害事故，全面提高采空区密闭的安全可靠性，提出了深井综放开采采空区有害气体密闭控制的原则和形式。

7.2.1　采空区密闭的原则

（1）密闭应具有足够的承压强度、足够的气密性能和使用寿命。矿震危险区密闭必须具备抗冲击性能，闭墙坚固，不漏风。

（2）永久密闭应优先选择充填方式封闭。不具备充填条件的密闭，必须增设一道可压缩密闭（可采用膨胀型可塑性材料）。

（3）大面积采空区封闭，可选择封闭长期不用巷道的方式实现大范围封闭。

（4）需泄水的密闭应在确保不漏风的前提下保证其泄水能力。

（5）尽量扩大封闭区域范围，缩减不必要巷道，减少新建和加固密闭的个数。

（6）根据矿井生产和接续情况，分时段、分区域新建和加固密闭。

（7）便于采空区气体观测。

（8）保证采空区周边通风系统合理可靠，易通风、行人。

（9）利于后续采区系统的完整，保证注浆、供电系统的完整。

7.2.2　一般要求

（1）密闭应选择在动压影响小、围岩稳定、巷道规整的巷段内。巷帮破裂的巷道封闭后，应对密闭周边巷道进行注浆加固处理，如注水泥或马丽散等。

（2）永久密闭墙体必须与巷壁紧密结合，连成一体。

（3）密闭前应设置栅栏、警标、检查箱和管理牌板，配观察孔、措施管、束管等。

（4）建立完善的观测制度，掌握采空区内的气体情况，采空区密闭内气体浓度每半月至少进行一次气体分析，并检查闭墙的完好状态及漏风情况。

（5）实行密闭建档管理，密闭台账内容包括密闭材料及厚度、施工时间、封闭长度、封闭区基本状况等。

（6）与采空区连通的泄水孔实行建档、挂牌管理，及时进行封堵。

（7）所有密闭施工时必须做到一工程一措施，需要注浆的地点必须制订完善的防溃浆措施，保障注浆安全。

7.2.3　采空区密闭标准

具体见表7-1和表7-2。

表7-1　采空区封闭标准

密闭	类型	密闭结构	示意图
不复用巷道封闭	上山斜巷	1. 挡浆闭。厚度不小于600 mm，钢筋混凝土结构，设置楔形防倒墙垛。 2. 挡浆闭内充填。压注粉煤灰固化材料或胶体泥浆等，充填长度不小于20 m。 3. 外盲巷闭。建在巷道口	
	下山斜巷	1. 内挡浆闭。厚度不小于600 mm，钢筋混凝土结构，设置楔形防倒墙垛。 2. 挡浆闭外充填。注粉煤灰固化材料或胶体泥浆充填，充填段长度不小于20 m。 3. 盲巷闭。建在巷道口	
	平巷	1. 内挡浆闭。厚度不小于600 mm，钢筋混凝土结构。 2. 外挡浆闭。建在巷道门口以内不大于5 m处，砖（砌块、料石）、混凝土结构，厚度不小于500 mm，设置楔形防倒墙垛。 3. 两闭间充填。注粉煤灰固化材料或胶体泥浆，压注膨胀接顶材料	
	溜煤眼	1. 溜煤眼下口压注混凝土充填，充填厚度不小于2 m。 2. 溜煤眼内充填粉煤灰固化材料等	

表 7-1（续）

密闭	类型	密 闭 结 构	示 意 图
复用巷道封闭	外错或共用联络巷	1. 待掘巷道与采空区设置木垛。 2. 木垛两侧各设置一道板闭，两板闭间距为 3 m。 3. 两板闭之间充填罗克休或其他发泡材料。 4. 共用联络巷永久不用段具备充填条件的，用粉煤灰固化材料或胶体泥浆充填。 5. 盲巷闭。巷道门口施工夹缝墙，各墙体厚度不小于 240 mm，夹缝宽度不小于 500 mm，夹缝中充填罗克休或其他发泡材料	
	泄水巷	1. 待掘巷道与采空区之间设置木垛。 2. 木垛两侧各设置一道板闭，两板闭间距为 3 m。 3. 两板闭之间充填罗克休或其他发泡材料。 4. 盲巷闭。巷道门口施工夹缝墙，各墙体厚度不小于 240 mm，夹缝宽度不小于 500 mm，夹缝中充填罗克休或其他发泡材料	
	溜煤眼	1. 上口必须进行封堵处理。 2. 下口注入水玻璃凝胶进行封堵，注胶厚度不小于 2 m	

表7-2 采空区老密闭处理标准

巷道类型	密闭结构	示意图
不复用及复用巷道	1. 能够注粉煤灰固化材料或胶体泥浆充填的，按新建密闭的有关要求进行充填。 2. 不具备充填条件的，在老密闭外增设一道密闭（不具备运输条件的可设板闭），新老密闭夹缝厚度不小于500 mm，夹缝内充填罗克休或瑞米材料等发泡材料	
不复用溜煤眼	1. 溜煤眼下口压注混凝土充填，充填厚度不小于2 m。 2. 溜煤眼内充填固化材料，如瑞米材料或粉煤灰固化材料等。用煤充填时，对松散煤体注入水泥进行固化	
复用溜煤眼	下口注入凝胶封堵，注胶厚度不小于2 m	

7.3 钢筋混凝土密闭结构设计

密闭采用钢筋混凝土现浇结构，混凝土采用 C40，钢筋采用热轧钢筋 HRB400。墙体与周边煤壁之间采用锚杆连接。锚杆孔直径取锚杆直径的 3 倍，锚杆伸入周边煤壁的长度符合钢筋锚固长度的要求，锚杆采用热轧带肋的钢筋，锚孔灌浆采用细石混凝土，强度不低于 C30。密闭拟采用矩形和半圆拱，墙体内钢筋布置和锚杆数量由设计确定。

密闭按照矩形（图 7-3a）和半圆拱形（图 7-3b）分别进行设计。

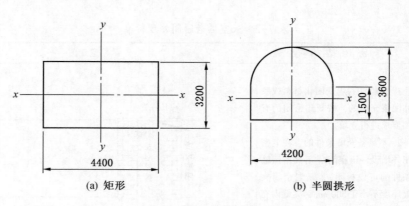

图 7-3　采空区密闭形式

7.3.1　结构等效静荷载的计算

考虑到密闭遭受爆炸冲击波作用的状态类似于防空地下室墙壁遭受核爆炸时的受力状态，因此可参照执行《人民防空地下室设计规范》（GB 50038）中关于冲击荷载的条款。根据第 4.3 条，冲击压力可按照下式折算成等效静力荷载考虑，即

$$q_{eq} = k_d p \tag{7-1}$$

式中　q_{eq}——等效静力荷载；

　　　　p——最大冲击压力；

　　　　k_d——折算系数。

对于防空地下室的顶板、侧壁和底板，GB 50038 中给出了相应的系数，采空区密闭应按防空地下室的侧壁情况考虑，所以 k_d 取 2。

根据采空区气体爆炸冲击特性实验，得到爆炸发生时墙体遭受的最大冲击压力 p 为 351 kN/m²，由《建筑结构荷载规范》（GB 50009—2012）可知，爆炸力和撞击力均属于偶然荷载，根据 3.2.6 条，偶然荷载的代表值不乘分项系数，即设计值仍取 351 kN/m²。

由式（7-1），密闭承受的等效静力荷载为

$$q_{eq} = k_d p = 2 \times 351 = 702 \text{ kN/m}^2$$

7.3.2　密闭中内力的计算

对于密闭来说，其高宽方向的尺寸之比一般均小于 2，可以按照钢筋混凝土的双向板进行内力计算，其计算公式为

$$M_x(\mu) = M_x + \mu M_y \tag{7-2}$$

$$M_y(\mu) = M_y + \mu M_x \tag{7-3}$$

式中　$M_x(\mu)$、$M_y(\mu)$——x 和 y 方向在考虑了材料泊松比之后的弯矩值；

　　　　M_x、M_y——材料在 x 和 y 方向的弯矩值；

　　　　μ——材料的泊松比，对应混凝土材料 $\mu = 0.2$。

密闭可看成四边固定的板，利用《结构静力计算手册》，x 和 y 方向弯矩 M 的计算公式为

$$M = m p l_{01}^2 \tag{7-4}$$

式中　l_{01}——板较小边的边长，这里取墙高 H；

p——板上的作用压力；

m——弯矩系数，可由《结构静力计算手册》查出，并随着墙体高宽比值改变而变化。

1. 对于：$H = 3.2$ m、$W = 4.4$ m 的矩形墙体

对于 $H = 3.2$ m、$W = 4.4$ m 的矩形墙体，$H/W = 3.2/4.4 = 0.727$，因此中部正弯矩系数 $m_x = 0.0122$，$m_y = 0.0296$；支座负弯矩系数 $m_x' = 0.0567$，$m_y' = 0.0717$。将 q_{eq} 和 H 代入式（7-4）、式（7-2）、式（7-3），计算墙体中 x 和 y 方向的正弯矩 M_x 和 M_y 分别为

$$M_x = m_x \times q_{eq} l_{01}^2 + \mu m_y \times q_{eq} l_{01}^2 = 0.0122 \times 702 \times 3.2^2 + 0.20 \times 0.0296 \times 702 \times 3.2^2$$
$$= 130.3 \text{ kN} \cdot \text{m}$$

$$M_y = m_y \times q_{eq} l_{01}^2 + \mu m_x \times q_{eq} l_{01}^2 = 0.0296 \times 702 \times 3.2^2 + 0.20 \times 0.0122 \times 702 \times 3.2^2$$
$$= 230.3 \text{ kN} \cdot \text{m}$$

同样，x 和 y 方向的支座负弯矩 M_x' 和 M_y' 分别为

$$M_x' = m_x' \times q_{eq} l_{01}^2 + \mu m_y' \times q_{eq} l_{01}^2 = 0.0567 \times 702 \times 3.2^2 + 0.20 \times 0.0717 \times 702 \times 3.2^2$$
$$= 510.7 \text{ kN} \cdot \text{m}$$

$$M_y' = m_y' \times q_{eq} l_{01}^2 + \mu m_x' \times q_{eq} l_{01}^2 = 0.0717 \times 702 \times 3.2^2 + 0.20 \times 0.0567 \times 702 \times 3.2^2$$
$$= 596.9 \text{ kN} \cdot \text{m}$$

2. 对于 $H = 3.6$ m、$W = 4.2$ m 的半圆拱形墙体

对于 $H = 3.6$ m、$W = 4.2$ m 的半圆拱形墙体，$H/W = 3.6/4.2 = 0.857$，此时正弯矩系数 $m_x = 0.0156$，$m_y = 0.0168$；支座负弯矩系数 $m_x' = 0.055$，$m_y' = 0.0626$。正弯矩计算如下：

$$M_x = m_x \times q_{eq} l_{01}^2 + \mu m_y \times q_{eq} l_{01}^2 = 0.0156 \times 702 \times 3.6^2 + 0.20 \times 0.0168 \times 702 \times 3.6^2$$
$$= 172.5 \text{ kN} \cdot \text{m}$$

$$M_y = m_y \times q_{eq} l_{01}^2 + \mu m_x \times q_{eq} l_{01}^2 = 0.0168 \times 702 \times 3.6^2 + 0.20 \times 0.0156 \times 3500 \times 3.6^2$$
$$= 181.2 \text{ kN} \cdot \text{m}$$

墙的支座负弯矩计算如下：

$$M_x' = m_x' \times q_{eq} l_{01}^2 + \mu m_y' \times q_{eq} l_{01}^2 = 0.0551 \times 702 \times 3.6^2 + 0.20 \times 0.0626 \times 702 \times 3.6^2$$
$$= 615.2 \text{ kN} \cdot \text{m}$$

$$M_y' = m_y' \times q_{eq} l_{01}^2 + \mu m_x' \times q_{eq} l_{01}^2 = 0.0626 \times 702 \times 3.6^2 + 0.20 \times 0.0551 \times 702 \times 3.6^2$$
$$= 669.8 \text{ kN} \cdot \text{m}$$

7.3.3　密闭墙的配筋计算

《人民防空地下室设计规范》规定，冲击荷载按等效静力荷载计算时，将材料的强度乘以 0.8 的修正系数。对于 C40 混凝土，$f_c = 19.1$ N/mm²，则 $0.8f_c = 15.28$ N/mm²。钢筋 HRB400 级，$f_y = 360$ N/mm²，则 $0.8f_y = 288$ N/mm²。此时，由《混凝土结构设计规范》得到 $\xi_b = 0.518$。

墙厚 h 取 500 mm，墙的保护层 $a = 50$ mm，故 $h_0 = 500 - 50 = 450$ mm。

1. 对于 $H = 3.2$ m、$W = 4.4$ m 的矩形墙体

对于 $H = 3.2$ m、$W = 4.4$ m 的矩形墙体，$M_x = 130.3$ kN·m，$M_y = 230.3$ kN·m，$M_x' = 510.7$ kN·m，$M_y' = 596.9$ kN·m。墙体中部钢筋取 x 和 y 方向中较大的正弯矩进行配筋计算：

$$\alpha_s = \frac{M}{\alpha_1 f_c bh_0^2} = \frac{230.3 \times 10^6}{1 \times 15.28 \times 1000 \times 450^2} = 0.074$$

$$\xi = 1 - \sqrt{1 - 2\alpha_s} = 0.077 < \xi_b$$

$$\gamma_s = 0.5(1 + \sqrt{1 - 2\alpha_s}) = 0.962$$

$$A_s = \frac{M}{f_y \gamma_s h_0} = \frac{230.3 \times 10^6}{288 \times 0.962 \times 450} = 1847.2 \text{ mm}^2$$

所以，墙中布置 8ϕ18@150 mm 双向钢筋（$A_s = 2036$ mm$^2 > 1847.2$ mm^2）。

墙边支座钢筋取 x 和 y 方向中较大的负弯矩进行配筋计算。y 向正弯矩计算配筋如下：

$$\alpha_s = \frac{M}{\alpha_1 f_c bh_0^2} = \frac{596.9 \times 10^6}{1 \times 15.28 \times 1000 \times 450^2} = 0.192$$

$$\xi = 1 - \sqrt{1 - 2\alpha_s} = 0.215 < \xi_b$$

$$\gamma_s = 0.5(1 + \sqrt{1 - 2\alpha_s}) = 0.892$$

$$A_s = \frac{M}{f_y \gamma_s h_0} = \frac{596.9 \times 10^6}{288 \times 0.892 \times 450} = 5163.4 \text{ mm}^2$$

墙边支座处选用 ϕ25@110 mm（$A_s = 4909$ mm$^2 \approx 4845.8$ mm^2）放置，如图 7-4 所示。

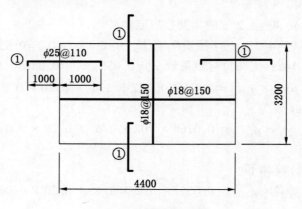

图 7-4　矩形墙体配筋

2. 对于 $H = 3.6$ m、$W = 4.2$ m 的半圆拱形墙体

对于 $H = 3.6$ m、$W = 4.2$ m 的半圆拱形墙，$M_x = 172.5$ kN·m，$M_y = 181.2$ kN·m，$M_x' = 615.2$ kN·m，$M_y' = 669.8$ kN·m。墙体中部钢筋取 x 和 y 方向中较大的正弯矩进行配筋计算：

$$\alpha_s = \frac{M}{\alpha_1 f_c bh_0^2} = \frac{181.2 \times 10^6}{1 \times 15.28 \times 1000 \times 450^2} = 0.0586$$

$$\xi = 1 - \sqrt{1 - 2\alpha_s} = 0.06 < \xi_b$$

$$\gamma_s = 0.5(1 + \sqrt{1 - 2\alpha_s}) = 0.97$$

$$A_s = \frac{M}{f_y \gamma_s h_0} = \frac{181.2 \times 10^6}{288 \times 0.97 \times 450} = 1441.4 \text{ mm}^2$$

所以，墙中布置 ϕ18@200 mm 双向钢筋（$A_s = 1527$ mm$^2 > 1441.4$ mm^2）。

墙边支座钢筋取 x 和 y 方向中较大的负弯矩进行配筋计算。y 向正弯矩计算配筋如下：

$$\alpha_s = \frac{M}{\alpha_1 f_c b h_0^2} = \frac{669.8 \times 10^6}{1 \times 15.28 \times 1000 \times 450^2} = 0.216$$

$$\xi = 1 - \sqrt{1 - 2\alpha_s} = 0.247 < \xi_b$$

$$\gamma_s = 0.5(1 + \sqrt{1 - 2\alpha_s}) = 0.877$$

$$A_s = \frac{M}{f_y \gamma_s h_0} = \frac{669.8 \times 10^6}{288 \times 0.877 \times 450} = 5893 \text{ mm}^2$$

墙边支座处选用 $\phi25@100$ mm（$A_s = 5400$ mm$^2 \approx 5893$ mm^2）双向放置，如图 7-5 所示。

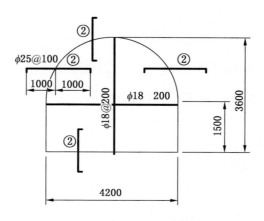

图 7-5　半圆拱形墙体配筋

7.4　钢筋混凝土密闭结构强度验算

为验证以上建立的力学模型的正确性和结构设计结果的安全性，采用三维有限差分软件对密闭结构进行冲击荷载作用下的有限元模拟，做出不同工况下的应力场、破坏场和位移场。

7.4.1　计算准则与参数选取

1. 有限差分法

对密闭的稳定性进行数值计算研究所采用的方法是拉格朗日有限差分法，它是一种解算给定初值和（或）边值的微分方程组的数值方法。所谓差分法，是把基本方程组和边界条件（一般均为微分方程）近似地改用差分方程（代数方程）来表示，即由空间离散点处场变量（应力、位移）的代数表达式代替。这些变量在单元内是非确定的，从而把求解微分方程的问题改换成求解代数方程的问题。相反，有限元法则需要场变量（应力、位移）在每个单元内部按照某些参数控制的特殊方程产生变化。

有限差分法相对高效地在每个计算步重新生成有限差分方程，通常采用显式、时间递步法解算代数方程。有限差分数值计算方法用相隔等间距 h 而平行于坐标轴的两组平行线划分成网格。设 $f = f(x, y)$ 为弹性体内某一个连续函数，它可能是某一个应力分量或位移分量，也可能是应力函数、温度、渗流等。

2. 基本力学方程

1) 应力

介质中任意给定点的应力状态可以用对称应力张量 σ_{ij} 描述。作用在表面上具有单位法矢量 [n] 的外力可由 Cauchy 公式给出：

$$t_i = \sigma_{ij} n_j \qquad (7-5)$$

式中　t_i——外力。

2) 应变率和旋转率

令介质点的运动速度为 [v]。在无限小的时间 dt 内，该介质经历了一个无限小的应变 $v_i dt$，应变率张量所对应的各个分量可写成：

$$\xi_{ij} = \frac{1}{2}(v_{i,j} + v_{j,i}) \qquad (7-6)$$

式中　ξ_{ij}——变形速率。

除此之外，单元体还经历瞬时刚体位移，可以通过平移速度 [v] 确定，具有角速度的转动为

$$\Omega_i = -\frac{1}{2} e_{ijk} \omega_k \qquad (7-7)$$

式中　e_{ijk}——循环记号；

　　　ω_k——旋转速率张量。

ω_k 的分量为

$$\omega_{kij} = \frac{1}{2}(v_{i,j} - v_{j,i}) \qquad (7-8)$$

3) 运动方程和平衡方程

根据动量法则的连续形式，可得 Cauchy 运动方程：

$$\sigma_{ij,j} + \rho b_i = \rho \frac{dv_i}{dt} \qquad (7-9)$$

式中　ρ——介质密度；

　　　b——单位质量的体积力；

　　dv_i/dt——速度的导数。

在数学模型中，这些定律控制着介质单元体受力后的运动。应注意，介质在静态平衡时其加速度为零，故式（7-9）可写成微分方程：

$$\sigma_{ij,j} + \rho b_i = 0 \qquad (7-10)$$

4) 本构方程

由式（7-9）和式（7-10）可得，其组成的 9 个方程有 15 个未知数（6 个应力张量、6 个应变张量和 3 个速度矢量），其余 6 个关系式由本构方程提供，固体介质的本构方程可用下式表述：

$$[\sigma]_{ij} = H_{ij}(\sigma_{ij}, \xi_{ij}, k) \qquad (7-11)$$

式中　$[\sigma]_{ij}$——协应力速率旋转张量；

　　　H——特定的控制函数；

　　　k——参量。

协应力速率旋转张量也可由下式定义：

$$[\sigma]_{ij} = \frac{\mathrm{d}\sigma_{ij}}{\mathrm{d}t} - \omega_{ij}\sigma_{ikj} + \sigma_{ik}\omega_{kj} \tag{7-12}$$

3. 三维有限差分方程

对于三维问题，先将具体的计算对象用已有的六面体单元划分成有限差分网格，每个离散后的立方体单元可进一步划分出若干个常应变四面体单元（图7-6），节点被命名为1~4，节点 n 的对应面为面 n。

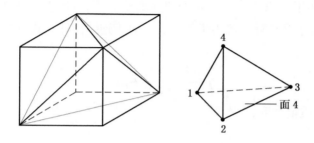

图7-6 1个立方体单元划分成5个常应变四面体单元

对四面体单元应用高斯发散定理，可得

$$\int_V v_{i,j}\mathrm{d}v = \int_S v_i n_j \mathrm{d}s \tag{7-13}$$

对于恒应变速率四面体，速度场是线性的，并且 $[n]$ 在同一表面上是常数。因此，通过对式（7-13）积分，可得

$$V_{v_{i,j}} = \sum_{f=1}^{4} \bar{v}_i^{(f)} n_j^{(f)} S^{(f)} \tag{7-14}$$

式中 (f) ——与表面 f 上的附变量相对应；

　　　$\bar{v}_i$ ——速度分量 i 的平均值。

对于线性速率变分，有

$$\bar{v}_i^{(f)} = \frac{1}{3}\sum_{l=1,\,l\neq f}^{4} v_i^l \tag{7-15}$$

式中 l ——关于节点 l 的值。

将式（7-15）代入式（7-14），得到节点对整个单元体的作用：

$$V_{v_{i,j}} = \frac{1}{3}\sum_{l=1}^{4} v_i^l \sum_{f=1,\,f\neq l}^{4} n_j^{(f)} S^{(f)} \tag{7-16}$$

如果将式（7-16）中的 v_i 用1替换，应用发散定律，可得出

$$\sum_{f=1}^{4} n_j^{(f)} S^{(f)} = 0 \tag{7-17}$$

利用上式，并用 V 除以式（7-16），我们得到

$$v_{i,j} = -\frac{1}{3V}\sum_{l=1}^{4} v_i^l n_j^{(l)} S^{(l)} \tag{7-18}$$

同样，应变速率张量的分量可以表述成

$$\xi_{ij} = -\frac{1}{6V} \sum_{l=1}^{4} \left[v_i^l n_j^{(l)} + v_j^l n_i^{(l)} \right] S^{(l)} \tag{7-19}$$

三维问题有限差分法基于物体运动与平衡的基本规律，最简单的例子是物体质量为 m、加速度为 $\mathrm{d}\bar{u}/\mathrm{d}t$ 与施加力 F 的关系，这种关系随时间而变化。牛顿定律描述的运动方程为

$$m \frac{\mathrm{d}\dot{u}}{\mathrm{d}t} = F \tag{7-20}$$

当几个力同时作用与该物体时，如果加速度趋于零，即 $\sum F = 0$（对所有作用力求和），式（7-20）表示系统处于静力平衡状态。对于连续固体，式（7-20）写成如下广义形式：

$$\rho \frac{\partial \dot{u}}{\partial t} = \frac{\partial \sigma_{ij}}{\partial x_i} + \rho g_i \tag{7-21}$$

式中　ρ——物体的质量密度；

　　　t——时间；

　　　x_i——坐标矢量分量；

　　　g_i——重力加速度（体力）分量；

　　　σ_{ij}——应力张量分量。

该式中，下标 i 表示笛卡尔坐标系中的分量，复标喻为求和。

根据力学本构定律，可以由应变速率张量获得新的应力张量：

$$\sigma_{ij} = H(\sigma_{ij}, \dot{\xi}_{ij}, k) \tag{7-22}$$

式中　$H(\sigma_{ij}, \dot{\xi}_{ij}, k)$——本构定律的函数形式；

　　　k——历史参数，取决于特殊本构关系。

通常，非线性本构定律以增量形式出现，因为在应力和应变之间没有单一的对应关系。当已知单元旧的应力张量和应变速率（应变增量）时，可以通过式（7-22）确定新的应力张量。例如，各向同性线弹性材料本构定律为

$$\sigma_{ij} := \sigma_{ij} + \left\{ \delta_{ij}\left(K - \frac{2}{3}G \right) \dot{e}_{kk} + 2G \dot{e}_{ij} \right\} \Delta t \tag{7-23}$$

式中　δ_{ij}——Kronecker 记号；

　　　Δt——时间步；

　　　G、K——剪切模量和体积模量。

在一个时步内，单元的有限转动对单元应力张量有一定的影响。对于固定参照系，此转动使应力分量有如下变化：

$$\sigma_{ij} := \sigma_{ij} + (\omega_{ik}\sigma_{kj} - \sigma_{ik}\omega_{kj})\Delta t \tag{7-24}$$

$$\omega_{ij} = \frac{1}{2}\left\{ \frac{\partial \dot{u}_i}{\partial x_j} - \frac{\partial \dot{u}_j}{\partial x_i} \right\} \tag{7-25}$$

在大变形计算过程中，先通过式（7-24）进行应力校正，然后利用式（7-23）或式（7-22）计算当前时步的应力。

计算出单元应力后，可以确定作用到每个节点上的等价力。在每个节点处，对所有围

绕该节点四面体的节点力求和 $\sum F_i$，得到作用于该节点的纯粹节点力矢量。该矢量包括所有施加的载荷作用及重力引起的体力 $F_i^{(g)}$，即

$$F_i^{(g)} = g_i mg \qquad (7-26)$$

式中　mg——聚在节点处的重力质量，为连接该节点的所有四面体质量和的 1/3。

如果某区域不存在（如空单元），则忽略对 $\sum F_i$ 的作用；如果物体处于平衡状态，或处于稳定的流动（如塑性流动）状态，在该结点处的 $\sum F_i$ 将视为零。否则，根据牛顿第二定律的有限差分形式，该节点将被加速：

$$\dot{u}_i^{(t+\Delta t)} = \dot{u}_i^{(t-\Delta t/2)} + \sum F_i^{(t)} \frac{\Delta t}{m} \qquad (7-27)$$

式中，上标表示确定相应变量的时刻。

对大变形问题，可确定出新的节点坐标：

$$\dot{x}_i^{(t+\Delta t)} = \dot{x}_i^{(t)} + \dot{u}_i^{(t+\Delta t/2)} \Delta t \qquad (7-28)$$

注意到式（7-27）和式（7-28）都是在时段中间，所以对中间差分公式的一阶误差项消失。速度产生的时刻，与节点位移和节点力在时间上错开半个时步。

4. 三维有限差分软件 FLAC^{3D}

FLAC^{3D} 是美国 Itasca ConsuLting Group Inc. 开发的三维有限差分计算程序。该程序主要模拟计算地质材料和岩土工程的力学行为，特别是材料达到屈服极限后产生的塑性流动。材料通过单元和区域表示，根据计算对象的形状构成相应的网格。每个单元在外载荷和边界约束条件下，按照约定的线性或非线性应力—应变关系产生力学响应。由于 FLAC 程序主要是为岩土工程应用而开发的岩石力学计算程序，程序中包括了反映岩土材料力学效应的特殊计算功能，可解算岩土类材料的高度非线性（包括应变硬化/软化）、不可逆剪切破坏和压密、黏弹（蠕变）、孔隙介质的固—流耦合、热—力耦合及动力学行为等。FLAC 程序设有横观各向同性弹性材料、莫尔-库仑弹塑材料、应变软化和硬化塑性材料等多种本构模型。

FLAC 程序建立在拉格朗日算法基础上，应用了混合单元离散模型，可以准确模拟材料的屈服、塑性流动、软化直至大变形，尤其在材料的弹塑性分析、大变形分析及模拟施工过程等领域有其独到的优点。FLAC 采用显式算法来获得模型全部运动方程（包括内变量）的时间步长解，从而可以追踪材料的渐进破坏和垮落。FLAC 程序具有强大的后处理功能，用户可以直接在屏幕上绘制或以文件形式创建和输出打印多种形式的图形。使用者还可根据需要，将若干个变量合并在同一幅图形中进行研究分析。

7.4.2　数值模型

1. 力学模型

根据鲍店矿巷道密闭的实际情况，并考虑计算需要，确定数值计算力学模型。力学模型建立过程中考虑到模型计算时边界效应的影响，使主要研究区域处于边界效应影响的范围外，以达到更接近实际的计算效果。

（1）固定于区段巷两侧煤壁煤柱内的密闭不直接受压，可以认为与巷道两侧煤壁一体，不作为力学模型的一部分。

（2）永久密闭采用锚杆与巷道内的岩石紧密接触，但四边固定于区段巷壁的岩石层

内，因此可以认为密闭边界变形是受约束的。

在建立模型过程中，可密闭结构直接受压部分看成四边固定在煤壁的均一材料的直平行六面体，力学模型如图 7-7 所示。图中为 L 为区段巷的宽（m），b 为区段巷的高（m），h 为密闭结构的总体厚度（m），p 为密闭结构所受冲击压力（MPa）。

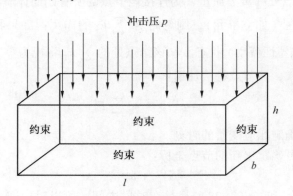

图 7-7　密闭结构的力学模型

2. 数值模型

根据现场资料，建立三维数值计算模型。建模过程中尽量减小重要区域网格尺寸差异，因为尺寸差异越大编码就越无效，影响计算的准确程度。尽可能保持重要区域网格的统一，避免长细比大于 5∶1 的单元。

三维计算模型应用 Generate 命令生成，宽×厚×高尺寸为 5.4 m×0.5 m×3.6 m，巷道轴向沿 y 轴。采用 Mohr-Coulomb plasticity modeL 本构模型，大应变变形模式，用 brick 单元模拟墙体等，整个模型由 9720 个单元组成，包括 12210 个节点。FLAC^{3D} 三维数值计算模型如图 7-8 所示。

图 7-8　密闭三维数值计算模型

根据实际情况确定 3 个工况（0.2548、0.27、0.23 MPa）对密闭结构进行对比分析。

7.4.3　数值计算结果分析

1. 应力场

通过对正应力的分析可得，巷道密闭在载荷的作用下，应力集中区处于巷道 4 个边角附近（图 7-9a），工况一密闭上所承受的最大应力值为 0.62 MPa 左右，工况二为 0.67 MPa，工况三为 0.56 MPa，均处于密闭反面，如图 7-9c 所示。

（1）垂直应力。不同工况下密闭的垂直应力分布如图 7-9 所示。

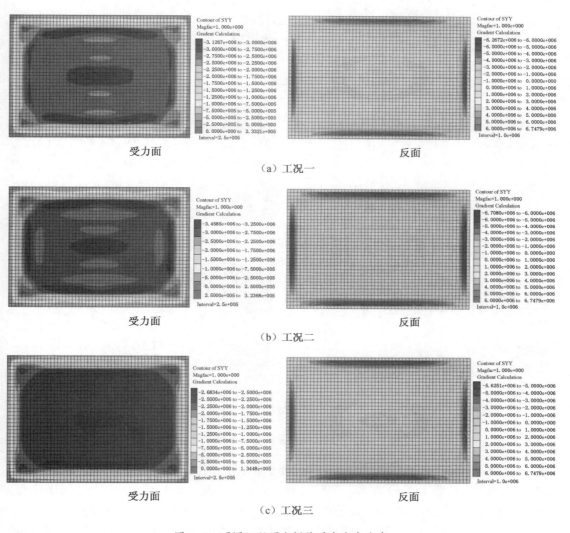

图 7-9 不同工况下密闭的垂直应力分布

（2）剪应力。通过对剪应力的分析可得，巷道密闭在冲击载荷的作用下，应力集中区处于帮角和底角附近，工况一密闭上所承受的最大应力值为 0.93 MPa 左右，工况二为 1.11 MPa，工况三为 0.7 MPa，均处于密闭受力面。同时，随着载荷的增加，密闭所受剪应力增加幅度也在不断地增加，如图 7-10 所示。

2. 破坏场

不同工况下密闭的破坏场如图 7-11 所示。

3. 位移

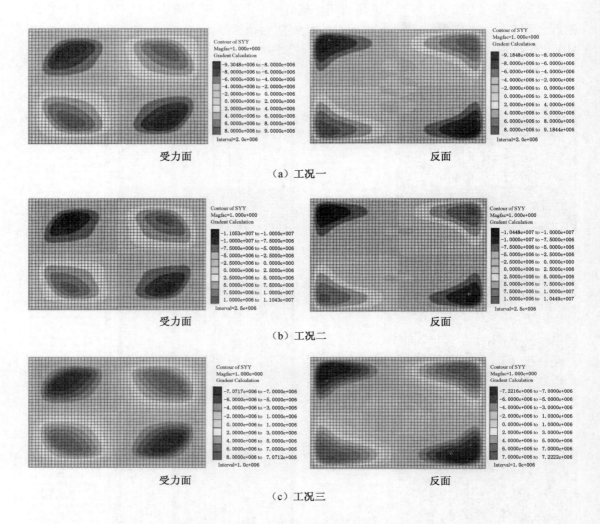

图 7-10   不同工况下密闭剪切力应力分布图

通过对位移云图分析可得，最大位移区处于巷道中心位置（图 7-11），工况一密闭上所产生的最大位移为 1.8 cm 左右，工况二为 2.5 cm，工况三为 1.1 cm，均处于密闭反面。可以看出随着所受载荷的增加，密闭产生的最大位移增加幅度也在不断的增加。

通过对剪应力的分析可得，巷道密闭在冲击载荷的作用下，应力集中区位于帮角和底角附近，工况一密闭上所承受的最大应力值为 0.93 MPa 左右，工况二为 1.11 MPa，工况三为 0.7 MPa，均处于密闭受力面。同时，随着所受载荷的增加，密闭所受剪应力增加幅度也在不断地增加。如图 7-12 所示，通过对位移云图分析可得，密闭最大位移区处于巷道中心位置，工况一密闭上所产生的最大位移为 1.8 cm 左右，工况二为 2.5 cm，工况三为 1.1 cm，均处于密闭反面。可以看出随着所受载荷的增加，密闭产生的最大位移增加幅度也在不断增加。

由验证值可以表明以上力学模型是正确的。密闭墙结构设计可靠和安全的。

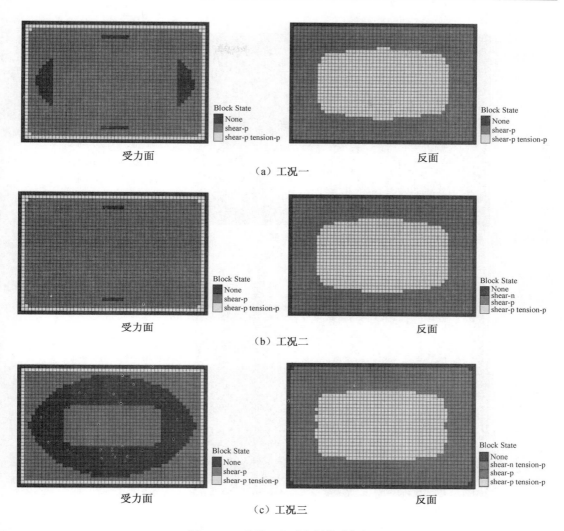

图 7-11 不同工况下密闭的破坏场

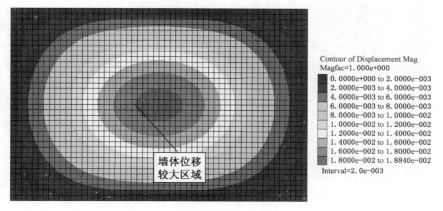

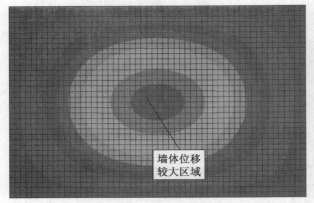

Contour of Displacement Mag
Magfac=1.000e+000

0.0000e+000 to 2.0000e-003
2.0000e-003 to 4.0000e-003
4.0000e-003 to 6.0000e-003
6.0000e-003 to 8.0000e-003
8.0000e-003 to 1.0000e-002
1.0000e-002 to 1.2000e-002
1.2000e-002 to 1.4000e-002
1.4000e-002 to 1.6000e-002
1.6000e-002 to 1.8000e-002
1.8000e-002 to 1.9090e-002
Interval=2.0e-003

墙体位移较大区域

反面

(a) 工况一

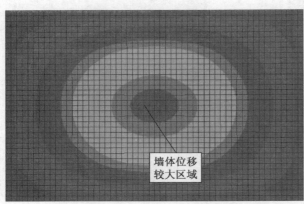

Contour of Displacement Mag
Magfac=1.000e+000

0.0000e+000 to 2.5000e-003
2.5000e-003 to 5.0000e-003
5.0000e-003 to 7.5000e-003
7.5000e-003 to 1.0000e-002
1.0000e-003 to 1.2500e-002
1.2500e-002 to 1.5000e-002
1.5000e-002 to 1.7500e-002
1.7500e-002 to 2.0000e-002
2.0000e-002 to 2.2500e-002
2.2500e-002 to 2.6337e-002
Interval=2.0e-003

墙体位移较大区域

受力面

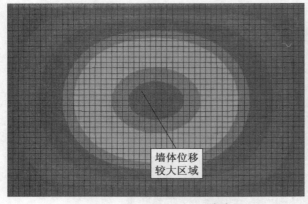

Contour of Displacement Mag
Magfac=1.000e+000

0.0000e+000 to 2.5000e-003
2.5000e-003 to 5.0000e-003
5.0000e-003 to 7.5000e-003
7.5000e-003 to 1.0000e-002
1.0000e-003 to 1.2500e-002
1.2500e-002 to 1.5000e-002
1.5000e-002 to 1.7500e-002
1.7500e-002 to 2.0000e-002
2.0000e-002 to 2.2500e-002
2.2500e-002 to 2.5000e-002
2.5000e-002 to 2.6829e-002
Interval=2.5e-003

墙体位移较大区域

反面

(b) 工况二

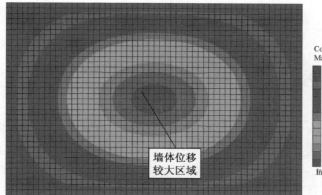

受力面

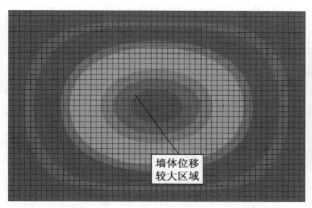

反面

(c) 工况三

图 7-12 不同工况下密闭的位移图

7.5 本章小结

（1）分析了密闭和堵漏材料的性能、各种密闭结构的性能和特点，提出了以柔性与刚性结合防爆密闭相结合为主的密闭构建方式，以适应不同环境的要求。

（2）根据采空区不同环境和条件，提出了选择采空区密闭的原则，即应选择在动压影响小、围岩稳定、巷道规整的巷道内。巷帮破裂的巷道在封闭后，应对密闭周边巷道进行注浆加固处理。永久密闭必须与巷壁紧密结合，连成一体。大面积采空区封闭可选择封闭长期不用巷道的方式实现大范围封闭。

（3）提出了采空区密闭建构的原则，即密闭应具有足够承压强度、足够气密性能和使用寿命。根据采空区气体冲击压力大小，设计筋混凝土密闭，分别计算其结构等效荷载、密闭中的内力及其配筋，提出了该类密闭的结构模型。

（4）根据钢筋混凝土刚性密闭的结构模型，分析了密闭在气体冲击作用下的受力状态，并对其力学参数进行了校准。通过三维有限差分软件 FLAC^{3D} 进一步对永久密闭的强度进行了演算，证明其设计是可靠和安全的。

8 工 程 应 用

巨野矿区矿井开采深度大，地温高，井田范围内地质构造带发育，受冲击地压、矿井涌水、热害、煤自燃等多种灾害综合作用的影响，矿井开采过程中自燃灾害防治压力大。采空区自燃高温区域范围大，位置隐蔽，治理难度大，一旦发生煤自燃火灾，极易造成工作面封面，损失大。因此，针对巨野矿区深井高地温综放采空区自燃特点，在龙固矿、赵楼矿工程应用，构建了该类矿井煤自燃防治技术体系。

8.1 矿区概况

巨野矿区位于山东省西南部，地跨菏泽、济宁两市，煤田总面积约 960 km²，现已探明储量 5.57 Gt，以焦煤、肥煤为主，平均厚度 6.6 m。巨野矿区共规划建设 7 对矿井，建设规模 18 Mt/a，平均矿井服务年限 60 年，如图 8-1 所示。巨野矿区龙固矿开采深度达到了-950 m，煤层平均厚度为 8.5 m，采用综采放顶煤开采，煤层倾角为 3°~13°，原岩温度为 42 ℃，属于典型的深井高地温矿井。

8.2 龙固矿 2301N 工作面煤自燃监测及防治

8.2.1 2301N 工作面概况

龙固矿开采煤层深达 1000 m，综采放顶煤开采工作面需风量大，采空区漏风量大。深井开采原岩地温高，采空区温度高，遗煤极易氧化，煤自然发火期短，自燃危险性增强。以 2301N 工作面，煤层倾角 3°~13°（平均 8°），煤层平均厚度 8.5 m。工作面倾向长 270 m，走向长 1520 m，采高 3.7 m，放顶煤 4.2 m，原岩温度 42 ℃，处于二级高温区，工作面采用下行通风方式（即上巷进风、下巷回风）。上下巷和开切眼施工中共揭露 6 条断层，落差在 0.8~5 m，2301N 工作面布置如图 8-2 所示。该工作面开采煤厚大，且为综放开采，一旦发生煤层自燃将迫使工作面停产，将会造成每天上千万元的经济损失，因此，需要对工作面煤自燃进行有效监测及防控。

8.2.2 2301N 工作面煤自燃防治

根据龙固矿综放工作面煤层自燃火灾的特点及其规律，在分析 2301N 工作面现场生产实际的基础上，结合各类防灭火技术的不同特点，对煤炭自燃危险区域进行预防性处理。利用建立的煤自燃监测预警系统对煤炭自燃进行早期识别判定，准确消除自燃灾害隐患。以封堵、惰化、阻化、降温为核心，建立适合于 2301N 工作面的综合防治体系。分别在工作面初采期间、正常回采期间、过断层期间及停采期间实施了监测及防控措施，具体防灭火技术措施见表 8-1。

8.2.3 2301N 工作面煤自燃监测

采用人工检测、束管监测，安全监测相结合的方法对采空区自燃危险区域进行监测，实现煤自燃监测预报。

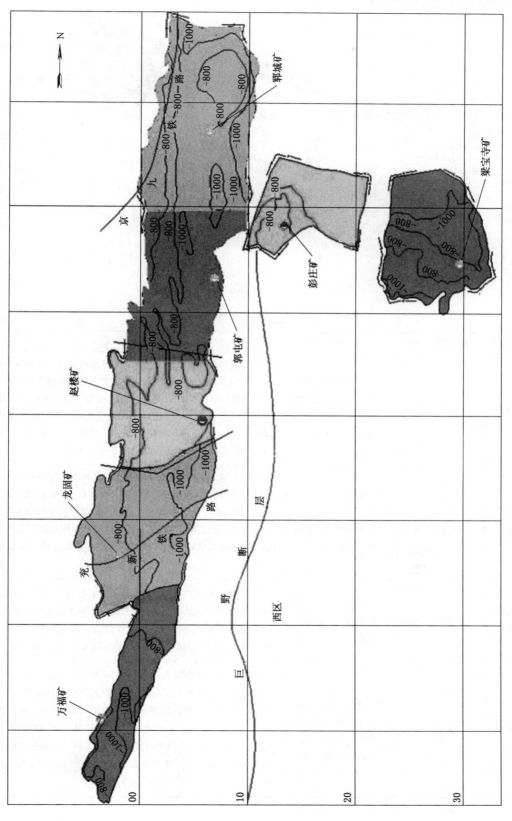

图8-1 巨野矿区井田分布示意图

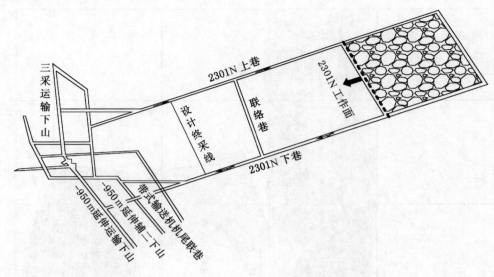

图 8-2 2301N 工作面布置示意图

表 8-1 2301N 工作面生产过程中煤自燃监测及防治

开采阶段	距开切眼位置/m	自燃监测	防灭火措施
初采期间	0~150	在开切眼靠帮处每隔 90 m 设置监测，沿上下巷每隔 50 m 设置监测点	工作面第一次来压之前，在局部碎煤垮落地点喷洒浆液；在顶板垮落之前对上方各 4 架支架上方铺设漏风隔离材料，挂设挡风帘；工作面第一次顶板来压后，每天在运输巷建立碎煤袋墙；当工作面第一次顶板来压后，利用注浆管路灌浆约 90 m³/d；在距开切眼 0 m、50 m、100 m 分别埋设注氮管路，埋深 30 m 时交替向采空区压注 N_2
正常回采期间	150~1115、1150~1502	沿上下巷方向每 50 m 设置监测点，生产期间每隔 10 架进行人工检测	每天上下巷间施工一道隔离墙，工作面推进 150 m 后每隔 50 m 埋设注氮管路，埋深 30 m 时注氮，注氮量 1200 m³/h；工作面推过开切眼 200 m 后利用注氮管路向采空区注浆，150 m 管路处注氮，依次交替进行；对上下各 4 架支架上方铺设漏风隔离材料；利用预埋注氮管路向采空区内压注液态 CO_2
过断层期间	1115~1150	断层揭露支架架间各布置一路束管监测点	加强对上巷采空区封堵，密集施工封堵墙；距工作面 50 m 距离时注液态 CO_2，保持正常的注浆灌胶等技术措施；由上巷附近向断层施工防火注浆孔，压注高分子胶体；断层附近 4 架支架架间间隙向采空区施工钻孔压注胶体
末采、终采及撤架期间	1502~1520	分别在两道 60 m、40 m、25 m 处设置监测点，加强架间气体的人工检测	在上下巷工作面端头每天施工隔离墙，并压注黄泥浆；上巷距终采线 50 m、30 m 处沿注浆管路向采空区注浆；工作面停采时向采空区间歇式压注液态 CO_2 防火；风量由 2802 m³/min 调整为 1680 m³/min，停采后风量调整为 912 m³/min，工作面撤面通道垮落严实后采用局部通风机通风；停采时在每架支架间施工钻孔以压注胶体；向上下隅角压注液态 CO_2 后注高分子胶体堵漏

（1）人工检测。主要在回风巷、隅角、上下巷采空区、架间束管设观测点（20 架、45 架、60 架、70 架、100 架、130 架）进行检测，主要检测参数包括 CO、O_2、CO_2、CH_4 和 T（温度），根据观测情况适时加大对断层附近观测点密度。

（2）束管监测。沿走向在采空区共布置 66 路束管，每路束管监测 20~150 m，交替进行，始终保持采空区气体监测，采空区测点布置见表 8-2、表 8-3。

表 8-2　2301N 工作面上巷监测束管位置　　　　　　　　　　　　　　　　　m

编号	距开切眼位置	编号	距开切眼位置	编号	距开切眼位置
1 上	0	13 上	600	25 上	1168
2 上	50	14 上	650	26 上	1198
3 上	100	15 上	700	27 上	1228
4 上	150	16 上	750	28 上	1258
5 上	200	17 上	800	29 上	1288
6 上	250	18 上	837	30 上	1318
7 上	300	19 上	888	31 上	1348
8 上	350	20 上	938	32 上	1378
9 上	400	21 上	988	33 上	1408
10 上	450	22 上	1038	60 上	1462
11 上	500	23 上	1088	40 上	1482
12 上	550	24 上	1138	25 上	1497

表 8-3　2301N 工作面下巷监测束管位置　　　　　　　　　　　　　　　　　m

编号	距开切眼位置	编号	距开切眼位置	编号	距开切眼位置
1 下	0	13 下	600	25 下	1301
2 下	50	14 下	650	26 下	1331
3 下	100	15 下	700	27 下	1379
4 下	150	16 下	750	28 下	1409
5 下	200	17 下	800	29 下	1231
6 下	250	18 下	850	30 下	1271
7 下	300	19 下	900	31 下	1301
8 下	350	20 下	950	32 下	1331
9 下	400	21 下	1009	33 下	1379
10 下	450	22 下	1059	60 下	1462
11 下	500	23 下	1231	40 下	1482
12 下	550	24 下	1271	25 下	1497

（3）安全监控。回风、隅角气体分别采用气体传感器实时监测，监测结果在线记录。

（4）光纤监测。对 2301N 工作面轨道巷及采空区内温度实时在线检测，从光纤分布式温度监测开始设为 0 m 测温点，沿着轨道巷向采空区铺设，铺设到采空区光缆端头为 468 m 测温点。

8.2.4 防治效果分析

2301N 工作面从 2013 年 7 月 12 日初采到 2014 年 8 月 28 日撤架封面，共经历 14 个月，分别对工作面初采期间、回采期间、过断层期间、末采、停采及撤架期间实施封堵、惰化、阻化、降温关键技术，并对各阶段防灭火效果进行监测，选择具有代表性的 12 个测点和回风流中标志气体数据进行分析，监测点信息见表 8-4，监测结果详见附录。

表 8-4　不同开采阶段的关键监测点

所属开采阶段	测点编号	测点位置	测点总埋深/m
初采阶段	1 上	上巷距开切眼 0	87.3
	1 下	上巷距开切眼 0	116.5
回采阶段	8 上	上巷距开切眼 350 m	51.8
	8 下	下巷距开切眼 350 m	69.1
	27 上	上巷距开切眼 1228 m	65.6
	27 下	下巷距开切眼 1379 m	63
过断层阶段	23 上	上巷距开切眼 1088 m	55.9
	23 下	下巷距开切眼 1231 m	76.6
停采撤架阶段	40 上	上巷距开切眼 1462 m	40
	40 下	下巷距开切眼 1462 m	40
	25 上	上巷距开切眼 1502 m	25
	25 下	下巷距开切眼 1502 m	25

1. 2301N 工作面初采阶段

由于 2301N 工作面开切眼断面面积为 32 m²，从液压支架、采煤机、运煤系统等设备安装开始，经历了较长的时间，顶板及两帮煤体表面经过了长时间的预氧化。初采时工作面推进速度慢，矿山压力作用下开切眼处松散煤体氧化升温时间较长，煤自然发火期变短。初采期间 15 m 范围未放顶煤，在 2301N 工作面开切眼处形成了厚度约为 9.6 m 的松散遗煤带。

工作面在初次来压后（距离开切眼 15 m），开始采集气体进行监测，上下巷 CO 和 O_2 监测数据曲线分别如图 8-3、图 8-4 所示。

在初采阶段（上巷开采至 48 m、下巷开采至 60.3 m），采空区 O_2 浓度均降到 5% 以下，此时开切眼进入窒息带；随着工作面的持续推进，O_2 浓度持续下降，最终稳定在 1.5% 左右，CO 浓度小于 5×10^{-6}。

工作面推过开切眼时，利用采空区温度分布式光纤监测预警系统监测温度，如图 8-5 所示，采空区温度正常，无明显变化。

2. 2301N 工作面回采阶段

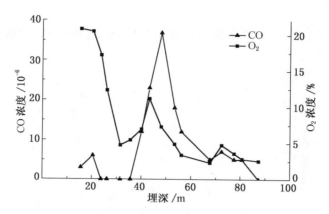

图 8-3 1 上束管监测 O_2 及 CO 浓度数据曲线

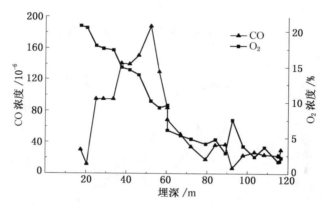

图 8-4 1 下束管监测 O_2 及 CO 浓度数据曲线

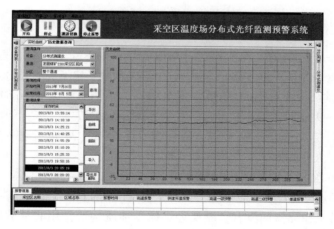

图 8-5 工作面采空区光纤监测温度曲线图

2301N 工作面正常回采阶段，上下巷端头架处不放顶煤，后部采空区浮煤厚度达到 7.1 m，工作面中部采空区浮煤厚度达到 1.89 m，防灭火工作重点主要是采空区上下巷区域。

选择 8 上、8 下、27 上、27 下监测点进行分析，其 CO 和 O_2 数据曲线分别如图 8-6 至图 8-9 所示。

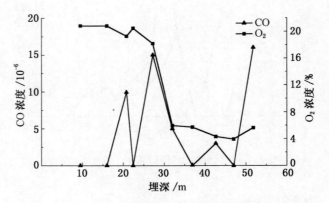

图 8-6　8 上束管监测 O_2 及 CO 浓度数据曲线

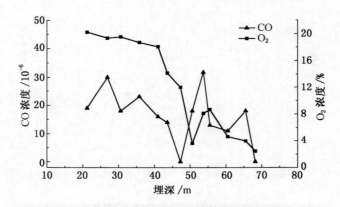

图 8-7　8 下束管监测 O_2 及 CO 浓度数据曲线

图 8-6、图 8-7 分别为工作面推过开切眼 350 m 时 8 上、8 下监测点的监测结果。8 上监测束管埋深 26 m 时 O_2 浓度降低至 12%，监测点埋深 42.6 mm 时 O_2 浓度下降到 5% 以下。8 下监测束管埋深 28 m 时 O_2 浓度降低至 12%，监测点埋深 60 m 时进入窒息带。

图 8-8、图 8-9 分别为工作面推过开切眼 1100 m 后 27 上、27 下监测点的观测结果。工作面上下巷分别在 36 m、26 m 后进入氧化带，在 55 m、31 m 处进入窒息带。经防火措施处理氧化带宽度大幅缩短。

3. 2301N 工作面过断层阶段

2301N 工作面在 2014 年 3 月 9—17 日开采至 1115~1150 m 时揭露一条断层，落差为 0.5~2 m，断层沿工作面倾向发育。断层处煤体受地质构造作用非常破碎，浮煤丢入采空区后比其他区域浮煤的自燃危险性大，氧化带附近煤层松软破碎，形成漏风通道而导致煤体自燃。

选择 23 上、23 下监测点进行监测，其 O_2 和 CO 数据曲线分别如图 8-9、图 8-10 所示。

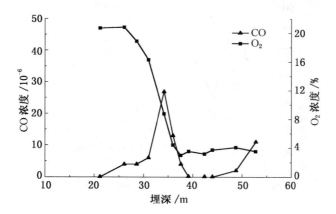

图 8-8　27 上束管监测 O_2 及 CO 浓度数据曲线

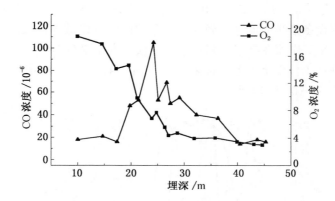

图 8-9　27 下束管监测 O_2 及 CO 浓度数据曲线

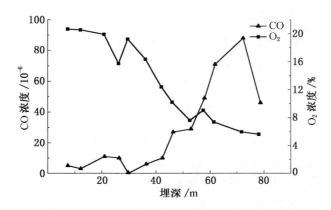

图 8-10　23 上束管监测 O_2 及 CO 浓度数据曲线

图 8-10、图 8-11 分别为工作面推过断层期间监测点在上下巷的监测结果。工作面上巷在 40 m 时 O_2 浓度为 12%，在 66 m 时降低至 5%；下巷在 42 m 时 O_2 浓度为 12%，在 53 m 时降低至 5%。

4. 2301N 工作面停采阶段

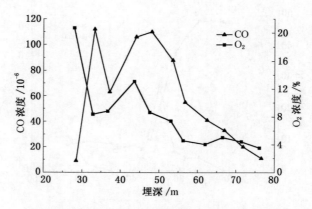

图 8-11　23 下束管监测 O_2 及 CO 浓度数据曲线

2301N 工作面停采前 20 m 左右，由于工作面不放顶煤，采空区积存大量遗煤。工作面综放支架及采煤设备撤出时间相对较长，终采线附近的松散煤体长时间处于氧化升温条件下。因此，2301N 工作面在终采线附近采空区极易发生煤自燃。

停采期间分别在工作面上下巷后部采空区 60 m、40 m、25 m 处埋设的束管监测 O_2 浓度数据曲线如图 8-12～图 8-14 所示。

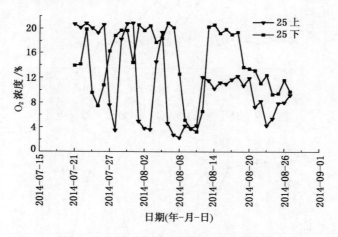

图 8-12　25 上和 25 下测点 O_2 浓度曲线

工作面 2014 年 7 月 29 日停采到 8 月 28 日撤完支架并封闭，向采空区间歇式压注液态 CO_2 及 N_2 惰化采空区，预防煤自燃火灾。停采过程中，采空区内监测点处的 O_2 浓度呈现出多个波峰—波谷的波动变化，整体呈下降的趋势。且在后期 O_2 浓度监测值快速下降，采取的措施达到了采空区惰化窒息目的，保障了该工作面撤架过程安全。

5. 2301N 工作面回风流指标气体监测结果

2301N 工作面从 2013 年 7 月开始生产到 2014 年 8 月撤架封面，整个生产过程对 O_2 及 CO 的监测结果如图 8-15 所示。

整个生产期间，2301N 工作面回风流的 CO 浓度最大值为 14×10^{-6}，小于《煤矿安全规程》的规定，O_2 浓度大于 19%，满足生产要求。

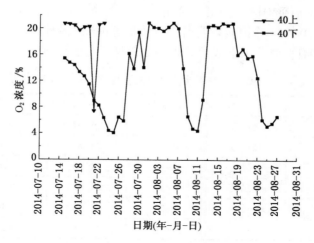

图 8-13　40 上和 40 下测点 O_2 浓度曲线

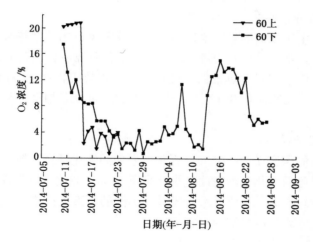

图 8-14　60 上和 60 下测点 O_2 浓度曲线

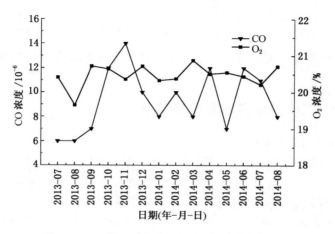

图 8-15　工作面回风流 O_2 及 CO 监测浓度曲线

8.2.5 采取防火技术后采空区"三带"分析

分别对龙固矿 2301N 工作面初采期间、回采期间和末采及停采阶段采取防灭火技术措施后的防灭火效果埋管监测，采空区"三带"观测结果见表 8-5。

表 8-5   2301N 工作面生产过程采空区"三带"分布情况   m

开采阶段	测点	划分区段	散热带	氧化带	窒息带	氧化带宽度
初采阶段	1 号	进风巷	0～46	46～67	≥67	21
	1 号	回风巷	0～26	26～56	≥56	30
回采期间	27 号	进风巷	0～34	34～66	≥66	32
	28 号	回风巷	0～26	26～48	≥48	24
停采期间	固定观测	进风巷	0～22	22～38	≥38	16
		回风巷	0～18	18～30	≥30	12

分析上表可以看出，整个开采阶段采取防灭火措施后"三带"分布具有如下特点：

1. 采空区散热带分布特点

工作面初采期间由于顶板的悬臂梁作用，进风巷漏风通畅，散热带较宽，回风巷散热带相对较小；工作面正常回采期间的进、回风巷的散热带宽度值均达到最大值，回风巷的宽度相对进风巷小；停采期间散热带的宽度最小，在距离工作面 22 m 的范围内。对比可以发现在进、回风巷，初采阶段和正常回采阶段的散热带分布相反，整个开采阶段停采期间散热带最窄。

2. 采空区氧化带分布特点

初采阶段氧化带的深度在 26～66 m；正常回采期间氧化带宽度最大，为 24～32 m；停采期间采取防灭火措施后氧化带的宽度最小，小于 16 m。对比可以发现，正常回采期间氧化带较其他时期宽度均要大，说明开采阶段采取不同的防灭火措施对氧化带的分布影响最大，这也是防灭火技术效果的关键衡量指标。

3. 采空区窒息带分布特点

窒息带最小深度位于停采期间的进风巷，距离工作面 38 m 以后。初采期间和正常回采期间进风巷窒息带深度最大，约为 66 m，回风巷窒息带深度较进风侧要小。

综上分析，在对龙固矿 2301N 工作面实施封堵、惰化、阻化及降温为一体的防灭火技术，采空区散热带和氧化带宽度减小，整个生产过程没有出现煤炭自燃灾害事故，防灭火技术效果良好。

8.3   赵楼矿 1306 工作面煤自燃监测及防治

8.3.1   赵楼矿 1306 工作面概况

赵楼矿 1306 工作面西北方向为 1305 工作面，西南方向为一采区未采地段，东邻第一集中轨道下山。1306 工作面开采山西组 3 煤，地面标高为 +42.8～+43.5 m，平均为 +43.17 m；工作面煤层底板标高为 -987.4～-934.7 m，厚度为 3.2～7.5 m，平均厚度为 5 m；煤层倾角为 0°～10°，平均为 4.4°，工作面中部煤层分岔为 $3^{上}$ 和 $3^{下}$，煤层结构复杂。1306 工作面推进长度为 1113 m，工作面面长为 196 m。根据 2012 年矿井瓦斯等级鉴定资料，全矿井相对瓦斯涌出量为 0.54 m³/t，绝对瓦斯涌出量为 2.99 m³/min，为低瓦斯矿井。煤尘爆炸指数为 44.19%，煤尘有爆炸危险性。煤层自然发火等级为 Ⅱ 级（自燃）。1306 工作面 3（3下）煤埋深 977~1030 m，平均地温梯度为 2.31 ℃/100 m，即地热增温率为 1 ℃/43.29 m，故井下煤层底板温度在 45 ℃ 左右，处于二级高温区。1306 工作面分为 3 个块段，第一块段面积 92865.4 m²，平均煤厚 7 m；第二块段面积 44839.8 m²，平均煤厚 2 m；第三块段面积 85625.7 m²，平均煤厚 4.5 m。

1306 工作面运输巷、轨道巷相互平行，与第一集中下山夹角为 61.5°，轨道巷和运输巷均沿 3 煤底板布置，两回采巷道中心距为 200 m，工作面长度为 195.6 m，煤厚 5.7 m，采高 3 m，放煤高度 2.7 m。采用综采放顶煤一次采全高走向长壁采煤法，双轮顺序多头放煤方法，一刀一放，放煤步距为 0.75 m，全部垮落法管理顶板，共配置 131 架液压支架，其中低位放顶煤支架 125 架，排头支架 6 架，对工作面顶板进行支护。

工作面通风路线为：副井→井底车场→南部轨道大巷→第一集中轨道下山→1306 运输巷联络巷→1306 运输巷→1306 工作面→1306 轨道巷→第一集中胶带下山→第一集中回风下山→南部回风大巷→风井→地面。

工作面通风系统如图 8-16 所示。

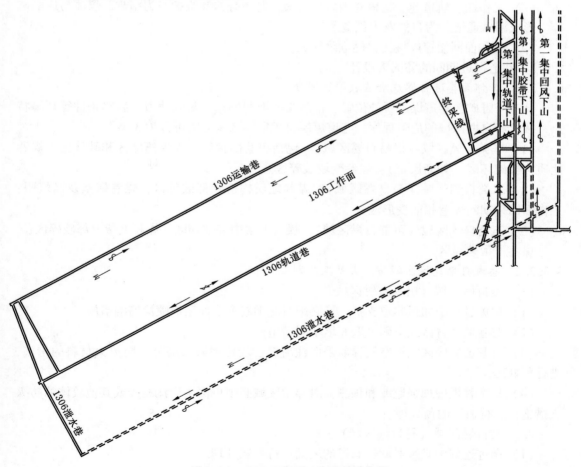

图 8-16　1306 工作面工作通风系统图

1306 工作面在回采过程中，煤层自燃主要存在以下几个防治难点和可能隐患：

（1）煤层埋深大，地温高，原岩地温高，起始温度高，煤自然发火期缩短。

（2）由于采深较大，围岩压力大，地压现象明显，巷道变形较严重，煤体易压酥破碎，工作面采用 U 型通风方式，漏风通道多，自燃危险性大。

（3）工作面开采强度大，配风量大，配风量的增加造成漏风强度增强，采空区自燃危险区域范围增大。

（4）回采范围内两回采巷道及开切眼掘进过程中揭露断层较多，对工作面回采影响较大，面内可能存在 NE 走向隐伏正断层，断层附近煤体破碎，再加上工作面推进速度可能降慢，自燃危险性大。

（5）采空区尤其是工作面运输巷、终采线、开切眼等丢煤多。由于运输巷采用锚网支护，顶煤难以垮落，采空区漏风严重，极易造成采空区浮煤自然发火。

（6）采空区防灭火区域增大，一旦浮煤有自然发火的迹象，自燃火源将会迅速发展，危及整个矿井的生产，防灭火难度更大。

（7）工作面末采期间推进速度慢，采空区遗煤厚，漏风供氧蓄热条件好，自燃危险性大。

（8）工作面、轨道巷、运输巷围岩压力大，巷道翻修和维护极为困难，煤体易压酥破碎，形成漏风通道，为自然发火创造条件。

（9）工作面回撤速度慢，自燃危险性大。

8.3.2　巷道掘进期间的防灭火设计

8.3.2.1　工作面巷道自燃危险区域等级划分

针对巨野矿区巷道煤层所处位置、松散煤体堆积形态、漏风动力、散热条件等环境特点，按煤巷自燃区域的危险程度，巷道煤层自燃危险区域等级可分为 3 类。

（1）一类自燃区域（极易自燃区域）。包括煤巷高冒区、顶煤离层区和破碎区；煤巷地质构造破坏区（如断层带）；煤巷变坡破碎区。

（2）二类自燃区域（易自燃区域）。煤巷地质构造轴部破碎区；煤巷硐室及溜煤眼；工作面回采期间煤巷超前变形区。

（3）三类自燃区域（可能自燃区域）。煤巷上帮中部破碎区；煤巷上帮上部破碎区；煤巷下帮破碎区。

8.3.2.2　巷道自燃危险区域防灭火处理原则

1. 一类自燃区域（极易自燃区域）

（1）掘进过程中加强巷道支护，且必须对此类巷道表面采取喷涂堵漏措施。

（2）对巷道高冒区或空硐采取充填堵漏措施。

（3）对巷道破碎区或沿空侧提前采取注凝胶、胶体泥浆或高分子防灭火材料的措施，进行预处理。

（4）日常管理中加强监测和预测，对异常区域必须再次采用注凝胶或其他胶体的防灭火措施，进行适当的预处理。

2. 二类自燃区域（易自燃区域）

（1）掘进过程中必须对此类巷道的表面进行喷浆处理。

（2）对相邻采空区（顶空或旁侧）预先间断灌注凝胶、胶体泥浆、高分子防灭火材料或粉状惰化阻化剂等，形成胶体隔离带。

（3）采取均压措施，减少相邻采空区漏风量。

（4）加强监测和预测，出现异常情况后，必须再次采用注凝胶或其他胶体的防灭火措施，进行适当的预处理。

3. 三类自燃区域

加强监测和预测，出现异常情况后再采取相应的防灭火措施。

8.3.2.3 巷道高冒区、顶板离层区和破碎区防灭火

1. 加强巷道支护，对巷道表面喷涂堵漏

（1）喷涂时间。巷道冒顶后 10 d 以内。

（2）喷涂厚度。50~100 mm。

（3）喷涂范围。冒顶区域及其前后 10 m，顶板需全部喷严，并喷至顶板以下 0.5~1 m。

（4）喷涂材料。水泥砂浆或轻质发泡材料等。

（5）喷涂要求。喷射均匀、平整，不留孔洞及缝隙。

2. 对巷道高冒区或空洞的充填堵漏

1）充填钻孔布置

（1）钻孔倾角：60°~90°。

（2）钻孔长度：终孔到实顶。

（3）钻孔间距：2~3 m。

（4）套管要求：套管前端的花管长度不小于 200 mm。

（5）封孔质量：密实、牢固。

2）充填材料

凝胶、高水充填材料、胶体泥浆和粉煤灰胶体。

3）充填材料用量

巷道冒顶高度大于 1 m 时，每孔充填 4~10 m^3；巷道冒顶高度为 0.5~1 m 时，每孔充填 3~6 m^3。

3. 加强日常管理

在日常管理中加强对巷道高冒区、顶板离层区和破碎区的监测和预测，对异常区域，必须再次采用注凝胶或其他胶体的防灭火措施，进行适当的预处理。

（1）在冒空范围内布置 2~3 个观测钻孔，同时布置温度探头和取气样束管。

（2）定期测定钻孔温度和气体情况。

8.3.2.4 巷道经过相邻工作面采空区废弃巷道时的防灭火

1. 联络巷处理

（1）在联络巷上山距煤层底板 5~10 m 的适当位置建立密闭，并预留灌浆管路。

（2）在联络巷巷中打木点柱、木垛保护巷道。

（3）通过灌浆管路向密闭内充填泥浆、复合胶体、粉煤灰固化充填材料等。

2. 外侧巷道硐室防火处理

（1）采用土（砂）袋充填硐室。

（2）有条件时，在回采巷道外侧硐室口砌墙，并注入适当胶体或粉煤灰固化充填材料。

8.3.2.5 相邻工作面开切眼和终采线的防灭火

1. 掘进过程中对巷道表面采取喷涂堵漏措施

（1）喷涂时间。巷道掘进通过破碎带后 10 d 以内。

（2）喷涂厚度。50~100 mm。

（3）喷涂范围。无煤柱、煤柱破碎区域及其前后 10 m 范围内。

（4）喷涂材料。水泥砂浆、聚氨酯泡沫或轻质发泡材料等。

（5）喷涂要求。喷射均匀、平整，不留孔洞和缝隙。

2. 巷道煤柱破碎区域采取注胶防火措施

（1）注胶钻孔。钻孔长度为 3~8 m；沿走向钻孔间距为 2~3 m，每断面布置 2~3 个钻孔；钻孔套管前端的花管长度不小于 200 mm；封孔密实、牢固。

（2）防火材料。凝胶、胶体泥浆、粉煤灰胶体、高分子防灭火材料或粉状惰化阻化剂。

（3）防火材料用量。浮煤厚度大于 3 m 时每孔注 2~5 m³，浮煤厚度小于 3 m 时每孔注 1~3 m³，粉状惰化阻化剂每孔用量为 6~20 kg。

3. 加强监测和预测

（1）在巷道破碎区内布置 2~3 个观测钻孔，同时布置温度探头和取气样束管。

（2）定期测定钻孔温度和气体情况。

8.3.3 工作面生产期间的防灭火技术

对于工作面采空区防火而言，工作面正常回采是最好和最有效的手段，各项防灭火技术只是辅助手段。各项防火工作的安排与实施，应尽量避免（或减小）对工作面正常推进的影响，实现有针对性预防。根据工作面的防火工作重点，生产期间应针对不同时间采用相应的防灭火技术措施。

工作面正常回采期间，即月推进速度在 80 m 以上时，应采用以下技术措施：

（1）在工作面进风隅角挂设风帘，减少采空区漏风。

（2）在工作面轨道巷侧采空区压注复合胶体建立胶体隔离带。

（3）工作面每推进 20 m，在轨道巷上隅角砌筑宽度约为 1 m 的碎煤袋墙，同时在顶部插入注胶管。

（4）工作面推过碎煤袋墙、工作面上端头垮落带与砂袋墙充分结合后（推过 20 m 后），通过碎煤袋墙顶部压入的注胶管压注一定量的粉煤灰复合胶体。粉煤灰复合胶体压注量为 240 m³。

（5）巷道锚网支护使用的锚杆托盘在工作面推进到此处时及时卸掉，工作面推过后使回采巷道外帮煤体自然下落，有体于粉煤灰复合胶体的积聚并起到良好的堵漏风作用。

（6）当工作面每推进 40 m 后通过轨道巷注浆管路进行注氮，每天注氮 8 h（和注胶时间隔开），推过 200 m 后停止注氮。注氮量多少以保证回风隅角 O_2 满足要求为准。

（7）监测两回采巷道顶煤破碎区的气体情况，如有异常，须对顶煤破碎区注胶处理。

（8）做好自然发火预测预报工作。

8.3.3.1 工作面回采过程中的自燃危险区域

由于受煤层地质条件、工作面巷道布置、回采顺序等多种因素影响，采空区丢煤多，煤体较为破碎，如果工作面推进速度减慢，则煤自燃危险性强。根据现场实际情况确定，1306 工作面以下地点可能出现自燃隐患，因此预防重点区域为：

1. 1306 泄水巷

1306 泄水巷基本都是全煤巷道，高地压条件下由于煤体本身的强度较低，加上工作面及相邻工作面开采影响，巷道顶板以上为强度很低的破碎顶煤，并且煤壁的煤层也变得破碎，整个巷道邻空面煤层的强度都会有不同程度的降低。泄水巷一般处于塑性区和破碎区煤体中，维护更为困难，再加上围岩原始起始温度高，极易造成生产过程中煤体发生自燃。

2. 1306 工作面开切眼处

工作面开切眼断面大，受矿压影响易压裂破碎，存在漏风供氧；综放设备安装时供风量小，风流温度高；安装时间较长，初期工作面推进速度一般相对较慢，顶煤放出率较低，再加上前方几十米不放煤，且开切眼长期不垮落，松散煤体氧化升温时间长，煤体温度较高。

3. 工作面两回采巷道

由于工作面回采时靠近轨道巷、运输巷各有约 3 架支架不能放顶煤，未放顶煤区进入到采空区成为破碎煤体，易自燃氧化。因此，两回采巷道端头未放煤区的破碎煤体是防火治理的重点。

4. 断层附近

断层处煤体受地质构造作用非常破碎，浮煤丢入采空区后比其他区域浮煤的自燃危险性大，氧化带附近煤层松软破碎，易漏风自燃。该断层附近是防火工作的重点，也是难点，在以后的工作面布置时要充分考虑断层的影响。

5. 工作面增长时轨道巷端头处

工作面增长时轨道巷侧采空区漏风大，氧化速度快，容易出现自然发火的现象。

6. 终采线

终采线通常是最主要的漏风通道之一，停采后不能及时撤面、封闭，导致煤自燃危险性增加。

8.3.3.2 泄水巷自燃预防技术

1306 工作面于 2011 年 12 月开始回采，为防止风流经边界集中泄水巷进入 1306 采空区，应封闭边界集中泄水巷，同时采取以下措施：

（1）边界集中泄水巷与 1306 工作面连通的两条巷道内各施工一道板闭，具体位置如图 8-17 所示。

（2）距两道板闭 2 m 处建一挡水墙，挡水墙厚度为 50 mm，高度为 1.5 m。

（3）板闭下砌筑 3 个石垛，厚度为 1 m，高度为 1 m，宽度为 0.6 m，中间间隙作为泄水孔使用。

（4）石垛上方利用板闭封闭，砌筑两道板闭，间距 1 m，中间充填高分子封闭材料。

（5）1306 运输巷与边界集中泄水巷贯通后，采用水封的方式封闭边界集中泄水巷。

（6）1306 工作面在正式生产之前，提前在两条泄水巷布置束管监测点，束管布置在距离顶板下部 1 m 左右的位置，通过钢管进行保护。根据测定泄水巷的 CO、O_2、CH_4 等气体浓度，为泄水巷存在自然发火危险程度提供参数依据。

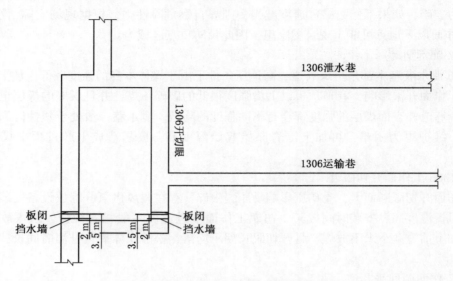

图 8-17　1306 工作面连通两条巷道位置图

（7）在泄水巷与开切眼连接的端头 10 m 处施工一道隔离墙，隔离墙内外侧为 1 m 的砖墙，中间充填水泥复合胶体。为保证泄水巷正常使用，应预埋泄水管路。通过向泄水巷密闭墙内打钻孔预埋灌浆管路，工作面回采前利用移动式注浆装置向密闭内灌浆注胶，充填接顶。

（8）工作面开采初期，为避免泄水巷与开切眼沟通漏风引起自燃，沿 1306 运输巷铺设注浆管路至开切眼，注浆管前端接 0.5 m 长的花管，向采空区压注粉煤灰复合胶体（注浆量不少于 1000 m³）充填封堵，减少采空区漏风。回采时注浆管不回收，以便回采期间对切眼处进行注浆。

8.3.3.3　工作面开切眼自燃预防

（1）工作面开采初期，沿胶巷铺设注浆管路至开切眼，注浆管前端接 0.5 m 长的花管，用于向采空区压注粉煤灰复合胶体（注浆量不少于 1000 m³）进行充填封堵，减少采空区漏风。回采时注浆管不回收，以便回采期间对开切眼进行注浆。

（2）工作面上巷注黄泥复合胶体堵漏。工作面初次来压后，在上端头每隔 30 m 施工 1 道长 1 m 的碎煤隔离墙。利用地面灌浆系统进行灌浆注胶，在隔离墙内埋设注浆管路，每推进 30 m 对隔离墙内压注粉煤灰复合胶体 200 m³，以减少采空区漏风。注浆时要严格控制注浆量，安排专人在上下巷进行观察，专人排水，防止积水淹工作面设备及巷道。

由于工作面回采初期开切眼和两巷垮落不实，为减少胶体泄漏，首先对巷道顶煤采用强制放顶。若条件允许可采用沙土袋（或碎煤袋）封堵两架端头支架（或过渡支架）后部末垮落实的空洞，充填厚度（沿走向）为 2 m 左右，高度接顶。每段隔离带沙土（碎煤）袋堆砌体积设计为 20 m³，注胶在工作面推过开切眼 30~50 m 后进行。

（3）工作面轨道巷建密集墙（注高分子胶体材料）。在工作面下端头每隔 20 m 施工 1 道长 1 m 的碎煤袋。通过密闭内的灌浆管路，工作面推进 30 m 后，利用移动式注浆装置向里压注高分子胶体材料 30 m³。

（4）开切眼埋管注氮防火处理。注氮管应沿轨道巷外侧铺设，N_2 释放口应高于底板，以 90°弯管拐向采空区，与工作面保持平行，用大块矸石或木垛等加以保护。工作面初次放顶开始注氮，每推进 40 m 后采用间歇式注氮，每天注氮 8 h，总计注氮量为 52800 m³。

（5）开采初期在工作面运输巷布置一路束管，随工作面推进埋入采空区。利用束管抽取气样，分析监测开切眼处采空区内部气体变化情况。

（6）正常回采期间尽量保持设计的推进速度（按照同类型矿井，原则上月推进速度不得小于 80 m），按设计采放煤，优化放煤工艺，减少丢煤，提高煤炭采出率。

8.3.3.4 工作面过断层期间的预防技术

（1）根据断层的发育情况，须在断层附近处支架架间向后部采空区施工相应的注胶钻孔和监测点。钻孔的终孔位置位于架后 3 m，距支架顶 5 m，钻孔长度为 6 m。

（2）采用锚杆钻机（或者是人工插管）施工架间钻孔，钻杆末端布置花管一节（1 m），钻孔长度为 6 m。

（3）过地质构造或断层期间，上下巷每隔 10 m 于工作面端头施工 1 道隔离墙，以减少采空区漏风处理。

如果架间施工钻孔影响工作面回采，则需要施工措施巷对断层带进行注胶处理。根据断层走向，向断层带采空区施工钻孔注胶。

8.3.3.5 工作面回采初期的防灭火技术

1. 对开切眼附近煤壁压注阻化剂

（1）阻化剂压注区域。开切眼顶煤；开切眼外侧煤壁；距开切眼 50 m 范围内的回采巷道外侧煤壁。

（2）开切眼钻孔布置。开切眼外侧煤壁钻孔采用两排三星孔布置，钻孔横向间距为 5 m，上下排距为 0.8 m，孔深 2~3 m；上排孔距顶板 0.8 m 开孔并向上仰斜 10°，下排孔水平布置；距开切眼 50 m 范围内的回采巷道外侧煤壁各布置两排钻孔。

（3）封孔质量。严密、牢固。

（4）阻化剂类型。矿区多选用卤块（主要成分 $MgCl_2$）作为阻化剂。

（5）阻化剂配比。$MgCl_2$ 溶液的浓度为 15% ~20%。

（6）阻化剂用量。至煤壁压注阻化剂出汗为止。

（7）阻化剂压注工艺。采用由加压泵、储液箱、输液管、封孔器组成的阻化剂压注系统工艺。

2. 开切眼埋管注氮

（1）注氮管路埋设。注氮管道应沿轨道巷外侧铺设，N_2 释放口应高于底板，以 90°弯管拐向采空区，与工作面保持平行，用大块矸石或木垛等加以保护。注氮管道一般采用单管，管道中设置三通，三通上接出 500 mm 的花管，防止堵管。

（2）注氮口布置。N_2 第一个释放口设在开切眼位置，第二个释放口距开切眼 20 ~30 m，第三个释放口距开切眼 50~60 m。

（3）注氮时间。从工作面初次放顶开始注氮，至工作面推进 200 m 左右时停止注氮。

3. 开切眼两端压注胶体

工作面推进 10~15 m 后，在开切眼处沿倾斜方向在轨道巷侧及运输巷侧压注胶体，形成两段长约 15 m、宽约 10 m 的胶体隔离带，对开切眼两端进行封堵。

4. 开切眼埋管采后注浆

（1）注浆管路预设。经过回采巷道，沿开切眼高处在开切眼预先铺设注浆管路，有条件时可从相邻巷道向开切眼打钻注浆。

（2）注浆时间。工作面初次放顶后开始注浆。

（3）注浆量。至工作面见浆时停止注浆。

8.3.3.6　工作面回采期间的防灭火

工作面回采期间推进速度较慢时，需对工作面采空区采取防火措施。

（1）在工作面进风隅角挂设风帘，减少采空区漏风。

（2）在回采巷道隅角堆积土袋（或砂袋），建立防火隔离墙，间距应小于 30 m。

（3）在工作面喷洒汽雾阻化剂。

（4）采空区进行埋管注氮。

（5）有条件时，可从相邻巷道向采空区打钻注浆处理。

8.3.3.7　工作面停采时的防灭火技术

根据 1306 工作面开采开拓方式，工作面停采后两回采巷道围岩压力大，巷道翻修和维护极为困难，煤体易压酥破碎，轨道巷端头及 20 架支架区域、运输巷端头及 30 架支架区域顶部及架后遗煤量多，自燃危险性大。工作面轨道巷距离终采线距离约 80 m，运输巷距离终采线约 40 m 时应采取有针对性的防范措施，对工作面可能发生的自燃隐患实施全方位、多角度的综合防治，确保其末采及停采后安全顺利回撤，因此技术措施根据末采、停采和撤架封闭后 3 个阶段进行制定。

8.3.3.8　工作面末采期间的防火

1. 沿顶回采，严格控制采空区遗煤厚度

进入末采期后（即距终采线 50 m 开始）工作面应沿顶回采，尽可能减少采空区遗留浮煤量，并应每周探测一次架顶煤厚。尤其是距终采线 20 m 范围内应安排专人在现场观察采空区浮煤厚度，确保其在采空区中的堆积厚度不超过 500 mm。

2. 合理配备工作面风量，确保风量稳定

末采期间由于生产环节增多（架顶铺网等），工作面推进度慢，致使采空区氧化带浮煤的氧化周期相对增长。因此，必须加强巡查通防设施，确保工作面风量及通风系统的稳定，以防止向采空"间歇性"漏风现象出现，从而防止其中遗煤氧化生成热量的积聚。每 2 d 对工作面的风量认真测定一次，保证工作面的供风量稳定，同时根据风流瓦斯浓度、温度等因素，尽量采取低风量供风。

3. 两回采巷道预埋管灌浆湿润采空区遗煤

（1）从距终采线 60 m 位置开始，工作面两回采巷道隅角每隔 20 m 施工一道隔离墙（采用袋装黄土、粉煤灰、煤矸石等材料施工隔离墙）。

（2）工作面调面前（距终采线 50 m 处）不再回撤注浆管路，将管路口吊挂在顶板上，并搭设木垛保护。

（3）距终采线 30 m 时重新埋设两路注浆管路，管路全部引致终采线外 10 m 处，两路注浆管全部吊挂在巷道帮上，距底板高度 1.5 m 以上。提前准备注浆，编制措施，对两回采巷道注浆管路打压试验，不注浆时管路封闭不漏风。埋管后工作面推进 10 m 开始注浆，利用灌浆凝胶进一步封堵，尽可能减弱采空区的漏风量。同时，充分利用工作面进风隅角处压入采空区的注氮管路，随工作面的不断前移向采空区连续足量注入 N_2，以惰化采空区遗煤的氧化进程。

（4）距工作面终采线 15 m 时，在两回采巷道各封堵一道隔离墙，在顶部埋设 1 路钢管，注堵漏剂或凝胶，将隔离墙注实。距终采线 5 m 时，在两回采巷道各封堵一道隔离墙。停采时在两回采巷道各封堵一道隔离墙，在顶部留设两路钢管并负责引致终采线外，钢管管路出口在两道隔离墙之间。利用埋设管路向两道隔离墙之间注凝胶，将两道隔离墙之间注实。

4. 架顶随网铺设风布，减弱扩散漏风量

采空区主要漏风入口、出口封堵后，虽然其漏风强度整体上会减弱，但主要漏风入口、出口附近扩散漏风带的漏风强度会增强。当工作面上网护顶时随网一起铺设风布，对支架壁后进行堵漏风，以减弱向采空区遗煤扩散漏风强度，同时为采空区注氮防漏提供可靠保障。

5. 加快回采推进度

末采期间尽可能加快工作面的推进度，减少采空区浮煤在氧化带的停留时间，工作面上网护顶时间应在 15 d 内完成。工作面停采后必须收紧支架侧护板，保证顶梁缝有足够的空间，便于施打防火钻孔。同时加强支架液压管路维护，严防支架漏液卸压现象，并尽快打好木实点杆，确保支架升紧升牢。

6. 喷洒阻化剂

在工作面距终采线 15 m 时，每天检修班时间利用远距离注胶泵对刮板输送机后暴露的煤或矸石喷洒阻化剂，喷洒数量为每天 30 袋，阻化剂溶液浓度在 15% ~ 20%，喷洒面积覆盖所有暴露的煤岩体。阻化剂能够增加煤在低温时的化学惰性，提高煤氧化的活能，形成液膜包围煤块和煤的表面裂隙面，同时充填煤柱内部裂隙，增加煤体蓄水能力，水分蒸发吸热降温，从而达到降低煤在低温时的氧化速度。

7. 密闭施工

在工作面距终采线 15 m 时施工第一道密闭，距离终采线 10 m 时，施工第二道密闭；距离终采线 5 m 时施工第三道密闭。

8. 加强煤层自燃隐患检测，定期分析自燃隐患变化势态

必须检测工作面上隅角及架子缝的 CO，每 10 架设一个测点，每班至少检测两遍，发现高温隐患点时做好标记，重点检测重点汇报，并建档跟踪管理。发现高温隐患点时必须做好标记。同时，定期抽取采空区和自燃隐患点气样，利用色谱分析仪分析化验，掌握其发展变化势态。根据隐患状况，及时采取灌浆、注胶、注氮等防灭火措施妥善处理，直至隐患消失。

8.3.3.9 停采后防火技术措施

由于工作面停采后通风系统进行调整，运输巷由进风调整为回风，轨道巷由回风调整为进风，因此根据矿井实际情况制订防灭火技术措施，采取各项措施对工作面开切眼及架顶碎煤进行综合全面防治，所采取的主要措施如下：

（1）工作面停采后，将两端头及相邻 5 架支架后部喷涂赛福特封堵漏风，然后在工作面上下端头施工一道防火墙（防火墙可用加入阻化剂的袋装碎煤或袋装黄土施工，厚度不低于 3 m，防火墙外用塑料布封严密），全面封堵采空区的漏风通道。减少采空区供氧条件，最后将两端头隔离墙埋设的两路钢管向两道隔离墙之间注凝胶，将两道隔离墙之间注实。

（2）抹揽支架架缝，封堵支架间漏风通道。抹揽支架架缝，全面封堵扩散漏风通道，以对采空区进行彻底封堵。工作面停采后 2 d 内必须对工作面所有架缝进行抹揽封闭，以防扩散漏风及胶体材料泄漏。工作面所有支架的前梁、顶梁、后尾梁及掩护梁两侧架缝均要抹揽，应采用灰土比 1∶3 的黄泥进行全方位抹揽，尤其是支架前梁头顶、掩护梁处及顶梁与掩护梁交接处；上下隅角闭墙外巷顶及开切眼煤壁与支架前梁头顶，应背板抹泥进行表面封堵。

（3）停采前 30 m 在工作面巷道埋设注浆注管路，注浆管出口要用木垛掩护好，并高于底板 1.5 m 以上。停采后对工作面上下两端头进行注浆，破坏遗煤的蓄热环境。

（4）为增加架后采空区的水分，防止其氧化积热，停采后沿工作面架缝向架后采空区施打注浆充填孔。沿煤墙侧铺设一趟粉煤灰注浆管，系统形成后对其进行大量压注粉煤灰浆。注浆量以工作面下拐溢浆为标准。由于水灰比较小，结石率高，可有效充填煤岩裂隙及其孔隙表面，增大 O_2 扩散的阻力，减小煤与氧的接触和反应面；浆水浸润煤体，增加了煤的外在水分，可吸热冷却煤岩；加速采空区垮落煤岩的胶结，增加了采空区的气密性。灌浆时，严格按照循环适量的原则，严禁长时间在一个地方大量灌浆。

工作面回撤后部运输机后，对工作面防灭火重点区域施工注胶孔，如图 8-18 所示。终孔位置位于煤岩结合处。1 号、2 号、3 号孔使用 φ25 mm 一次性防火钻杆，4 号孔使用 6 分花管。注胶时，先将每个孔注一遍，每个孔注完后再对顶煤破碎、架后浮煤区域、回风隅角重点注胶。要调整支架侧护板，确保重点区域架间钻孔施工处支架间隙不小于 100 mm。

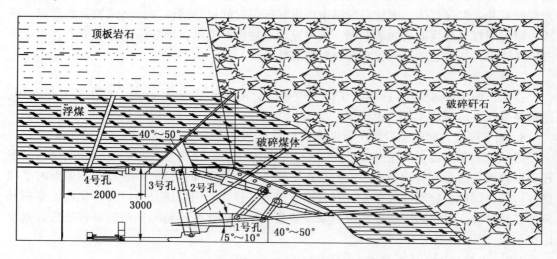

图 8-18　1306 工作面钻孔布置示意图

（5）采空区注氮惰化。为降低采空区的氧含量，在施打灌浆孔的同时，可充分利用支架后尾梁的缝隙，每隔 5 架向采空区打注氮（或阻化惰泡）孔。为保证注氮工作的正常进行，回撤前，除维护好轨道巷的注氮管外，还应在运输巷新铺设一趟主输氮管路。

（6）采空区自燃监测。对于煤层自燃隐患的检测除采取常规的 CO 检定管定点检测外，应尽可能根据现场实际，通过支架缝向采空区布置观测钻孔。每班瓦检员对所有测点全部检测一遍，发现问题及时汇报。安排专人适时对观测孔抽取 1 次气样，利用束管监测系统进行准确分析监控，以便随时、准确掌握自燃隐患的发展程度。一旦发现 CO 浓度较大或上升较快时，必须跟踪检测，同时及早采取针对性措施进行彻底处理。

（7）利用矿井移动式液态 CO_2 系统有针对性的治理局部隐患。回撤期间，对于检测出的危险性自燃隐患点（CO 浓度上升幅度较快处等），可利用液态 CO_2 惰化、降温、抑爆等防灭火作用，进行针对性的治理以防止其恶化。

（8）合理配备风量，适时改变工作面通风方式。为保证工作面温度不高或增幅不大，应尽可能利用全负压供风，停采后工作面风量应控制在合理的范围内。停采后，对工作面进行限风，将风量限制在 $700 \sim 750$ m^3/min。

支架开始回撤前，在两回采巷道外口适当位置各安装两台局部通风机，保证工作面开切眼及轨道巷回撤期间安全供风需要。当工作面下端头支架开始回撤时，及时在工作面下开切眼口以外适当位置按标准建造一道永久闭墙，并立即开启两回采巷道外口的局部通风机进行供风。

（9）减少工作面的运输量，加快回撤速度。制订回撤措施，合理安排运输工作量，缩短工作面的回撤时间，为防火工作减轻压力，以便尽早实施永久封闭。

8.3.3.10　回撤面永久封闭后的防火措施

工作面撤架时间长，悬顶面积较大，致使向采空区漏风较大，采空区浮煤氧化条件较为充分。工作面收尾结束后及时对工作面进行永久封闭，封闭结束后应实施封闭补注白泥、注氮及预测预报工作。

1. 补注白泥

在料石闭与注砂段之间用白泥充填，建料石闭 3 d 后方可注白泥，白泥要注满注实，第一次注白泥后每隔 7 d 补注一次，补注次数不得少于 3 次。注白泥时排气孔要打开。

2. 采空区注氮

向采空区注氮，注入闭内 N_2 浓度超过 97%、O_2 浓度低于 3% 时方可注氮。对制氮设备进行检查维护，确保设备正常连续运转。制氮操作人员必须严格按照操作程序进行，避免误将空气注入工作面采空区，并要求做好注氮记录。注氮期间安排专人每天对管路进行检查，发现问题及时向通风调度汇报并处理。注氮工作结束后及时关闭阀门，将输氮管路与密闭相连的管路断开后安装堵头，防止向采空区内漏风。

3. 自燃监测预警

（1）观测内容及测点布置。对密闭内气体进行取样化验分析，并安排专职人员每班对密闭及密闭内的气体情况进行检查检测。

（2）观测方法。每天取样化验分析 1 次，主要分析 O_2、CH_4、$C_2H_4C_2H_6$。

（3）对数据进行统计与分析。

8.3.4　工作面封闭采空区的防灭火技术措施

（1）制订砌筑防火墙安全技术措施。

（2）工作面回撤后 5 d 内，按照相关规定完成工作面永久封闭。

（3）在两回采巷道距开切眼 10 m 处施工两道防火墙，墙体厚度不低于 500 mm，两防火墙之间间距不小于 5 m，使用粉煤灰胶体充填，并使用赛福特封堵接顶，封堵漏风。

（4）在轨道巷联络巷三岔门以内 3 m 处砌筑一道钢筋混凝土密闭，墙厚 800 mm；运输巷联络巷以内 3 m 处砌筑一道钢筋混凝土密闭，墙厚 800 mm。

（5）两回采巷道砌墙前应将注浆管在终采线后断开，并悬挂至距顶板不大于 0.5 m 处，端头加 1 m 长花管，并留设观测孔、措施孔。压注粉煤灰复合胶体，不少于 1000 m³。

（6）在两回采巷道封闭前沿终采线各预留一路束管，监测管斜向上伸至终采线顶板下 0.5 m，外端用铁丝固定。监测管处套废旧高压软管，以保护监测管，并将其并入监控系统，施工墙体时注意保护。

（7）瓦斯检查员加强密闭内气体的检查，发现异常现象及时汇报。

（8）工作面封闭后，通过在运输巷联络巷、轨道巷联络巷内建风门、拆除调节风窗等措施，及时采取均压措施，减少终采线漏风。

8.3.5　工作面临时停采的防灭火

工作面需临时停采时，为使临时停采后不出现煤层自燃事故，应采取如下技术措施：

（1）工作面临时停采前 3 d，在工作面轨道巷施工一道砂袋墙，封堵采空区未垮落的巷道，并向砂袋墙内压注复合胶体 120 m³。

（2）工作面临时停采前，运输巷施工两个钻孔，压注复合胶体 150 m³。

（3）降低工作面风量（约为正常风量的一半）。

（4）工作面停采期间要派专职瓦检员进行气体检测，发现问题及时汇报，并立即处理。

（5）工作面停采期间，每天派测风员检查通风系统的稳定性，同时检查工作面所有风门的状况，测定工作面风量，发现问题及时汇报并立即处理。

（6）工作面因假期或难以控制的自燃火灾等原因，停采时间较长时，应对工作面采取封闭注氮措施，并采用束管监测（或人工检测）对封闭区内气体进行定期检测。

8.4　本章小结

（1）以龙固矿工作面为例，分析了工作面开采过程中的煤自燃危险性，实施了工作面后部采空区煤自燃监测，以 O_2、CO 及不同开采阶段的"三带"观测结果为指标，确定了监测实施前后的指标数据。

（2）针对初采、回采、过地质构造带及停采期间自燃特点，在赵楼煤矿 1306 工作面回采时，实施了集惰化、阻化、降温为一体的高地温综放开采煤自燃预控技术体系，以有效保障矿井的安全生产。

附录　不同开采阶段关键点的监测数据结果

测点序号	日期（年-月-日）	O₂/%	N₂/%	CO/10⁻⁶	CO₂/%	测点埋深/m
上巷 1号	2013-07-12	20.46	79.44	6	0.103	20.4
	2013-07-13	17.18	82.73	0	0.087	23.7
	2013-07-14	12.32	87.62	0	0.057	26.1
	2013-07-15	4.75	95.18	0	0.073	31.5
	2013-07-16	5.45	94.47	0	0.074	35.5
	2013-07-17	6.95	92.96	12	0.084	40
	2013-07-18	11.16	88.62	23	0.217	43.2
	2013-07-19	7.27	92.30	37	0.422	48
	2013-07-20	4.88	94.62	18	0.491	53.4
	2013-07-21	3.36	96.02	12	0.608	56.2
	2013-07-22	2.68	96.63	0	0.686	56.2
	2013-07-23	2.31	97.13	5	0.562	67.7
	2013-07-24	4.76	94.80	7	0.441	72.4
	2013-07-25	3.59	96.25	5	0.153	77.5
	2013-07-26	2.83	96.71	5	0.463	80.7
	2013-07-27	2.56	96.76	0	0.676	87.3
下巷 1号	2013-07-12	19.91	79.91	23	0.175	20.4
	2013-07-13	17.22	82.06	103	0.704	25
	2013-07-14	16.99	82.25	93	0.747	28.6
	2013-07-15	16.51	82.65	97	0.828	33.5
	2013-07-16	14.41	84.48	135	1.096	37.5
	2013-07-17	12.92	85.62	145	1.440	41.5
	2013-07-18	11.55	86.45	196	1.978	46
	2013-07-19	8.59	89.28	169	2.106	52
	2013-07-20	8.45	89.18	108	2.357	56.2
	2013-07-21	7.06	89.70	83	3.226	60.3
	2013-07-22	5.35	90.75	55	3.887	60.3
	2013-07-23	6.98	89.80	47	3.212	66.8
	2013-07-24	3.74	92.14	19	4.114	72
	2013-07-25	3.80	92.69	43	3.502	79.2
	2013-07-26	4.76	91.80	22	3.429	84

（续）

测点序号	日期（年-月-日）	$O_2/\%$	$N_2/\%$	$CO/10^{-6}$	$CO_2/\%$	测点埋深/m
下巷1号	2013-07-27	2.05	93.92	33	4.010	89
	2013-07-28	2.34	93.36	21	4.289	92.5
	2013-07-29	2.16	93.65	27	4.171	97.8
	2013-07-30	2.13	93.33	22	4.531	103.4
	2013-07-31	1.87	93.94	21	4.173	108.3
	2013-08-01	1.81	93.97	29	4.203	115.1
	2013-08-02	1.53	93.48	12	4.966	115.8
	2013-08-03	1.70	94.91	31	3.375	116.5
上巷8号	2013-09-17	20.86	79.06	0	0.080	9.5
	2013-09-18	20.84	79.06	0	0.104	16
	2013-09-19	19.31	80.56	10	0.129	20.8
	2013-09-20	20.50	79.39	0	0.118	22.4
	2013-09-21	18.22	81.56	15	0.220	27.2
	2013-09-22	5.97	93.93	5	0.093	32
	2013-09-23	5.74	94.17	0	0.090	36.9
	2013-09-24	4.33	95.56	3	0.106	42.6
	2013-09-25	3.92	96.00	0	0.079	47
	2013-09-26	5.63	94.31	16	0.064	51.8
下巷8号	2013-10-29	20.25	79.43	19	0.317	21.2
	2013-10-30	19.35	80.11	30	0.539	26.9
	2013-10-31	19.52	79.98	18	0.499	30.6
	2013-11-01	18.69	80.67	23	0.635	35.8
	2013-11-02	20.36	79.30	3	0.337	35.8
	2013-11-03	18.05	81.10	16	0.852	41
	2013-11-04	14.19	84.27	14	1.534	43.6
	2013-11-05	12.01	86.03	0	1.955	47.3
	2013-11-06	3.61	92.68	18	3.700	50.6
	2013-11-07	8.11	89.17	32	2.707	53.7
	2013-11-08	8.65	88.60	13	2.741	55.5
	2013-11-09	4.64	92.39	11	2.968	60.5
	2013-11-10	3.97	92.21	18	3.810	65.5
	2013-11-11	2.44	93.37	0	4.188	68.2
上巷23号	2014-02-21	20.66	79.12	5	0.214	7.4
	2014-02-22	20.55	79.34	3	0.104	12.2
	2014-02-23	20.81	79.10	0	0.090	12.2
	2014-02-24	19.89	79.91	11	0.196	21

（续）

测点序号	日期（年-月-日）	O_2/%	N_2/%	CO/10^{-6}	CO_2/%	测点埋深/m
上巷 23号	2014-02-25	15.73	83.66	10	0.605	26.4
	2014-02-26	19.21	80.63	0	0.153	29.8
	2014-02-27	16.35	83.40	6	0.252	36.4
	2014-02-28	12.40	87.30	10	0.304	42.4
	2014-03-01	10.20	89.47	27	0.329	46.4
	2014-03-02	14.26	85.53	15	0.204	46.4
	2014-03-03	12.86	86.79	13	0.353	46.4
	2014-03-04	7.60	91.87	29	0.521	53
	2014-03-05	7.18	92.27	29	0.539	58
	2014-03-06	9.04	90.24	49	0.711	58
	2014-03-07	7.37	91.61	71	1.003	61.9
	2014-03-08	5.97	92.69	88	1.328	72.3
	2014-03-09	5.63	93.11	46	1.251	78.7
下巷 23号	2014-03-10	20.71	79.12	9	0.174	28.5
	2014-03-11	8.36	87.84	112	3.792	33.3
	2014-03-12	8.80	87.83	63	3.359	37.2
	2014-03-13	13.09	85.46	106	1.438	44.1
	2014-03-14	8.64	88.03	110	3.318	48.1
	2014-03-15	7.41	88.18	88	4.399	53.6
	2014-03-16	4.58	89.90	55	5.509	56.8
	2014-03-17	4.05	91.41	41	4.531	62.5
	2014-03-18	5.03	91.03	33	3.927	67
	2014-03-19	4.42	90.56	20	5.003	71.9
	2014-03-20	3.51	91.78	11	4.698	76.6
上巷 27号	2014-04-09	20.69	79.24	0	0.075	21.2
	2014-04-10	20.81	79.12	4	0.073	26.1
	2014-04-11	18.86	81.07	4	0.069	28.6
	2014-04-12	16.29	83.64	6	0.075	31
	2014-04-13	8.73	89.73	81	1.531	34.2
	2014-04-14	4.40	95.42	13	0.175	36
	2014-04-15	2.97	96.93	4	0.095	37.6
	2014-04-16	3.43	96.46	0	0.111	37.6
	2014-04-17	3.52	96.39	0	0.092	39.2
	2014-04-18	3.16	96.75	0	0.085	42.4
	2014-04-19	3.10	96.82	0	0.087	42.4

（续）

测点序号	日期（年-月-日）	O_2/%	N_2/%	$CO/10^{-6}$	CO_2/%	测点埋深/m
上巷 27 号	2014-04-20	3.72	96.20	0	0.079	44
	2014-04-21	4.07	95.87	2	0.064	48.8
	2014-04-22	3.36	96.56	4	0.078	48.8
	2014-04-23	3.52	96.41	11	0.070	52.8
下巷 27 号	2014-04-09	18.83	80.54	18	0.631	10
	2014-04-10	17.72	81.40	21	0.875	14.7
	2014-04-11	14.13	84.34	16	1.527	17.4
	2014-04-12	14.63	83.84	48	1.524	19.8
	2014-04-13	9.76	87.69	53	2.542	21.4
	2014-04-14	6.84	88.24	105	4.906	24.2
	2014-04-15	7.66	88.32	53	4.009	25.1
	2014-04-16	5.57	89.68	69	4.733	26.7
	2014-04-17	4.37	90.55	50	5.068	27.4
	2014-04-18	4.72	90.50	55	4.762	29.1
	2014-04-19	3.74	90.46	41	5.801	29.1
	2014-04-20	3.93	90.44	40	5.626	32.3
	2014-04-21	4.02	90.78	37	5.194	36.3
	2014-04-22	4.59	90.51	48	4.888	36.3
	2014-04-23	3.44	92.92	14	3.631	40.5
	2014-04-24	3.08	91.96	18	4.952	43.7
	2014-04-25	2.96	91.56	16	5.471	45.3
上巷 60 号	2014-07-10	20.25	79.47	0	0.278	60
	2014-07-11	20.52	79.19	0	0.287	60
	2014-07-12	20.59	79.35	0	0.063	60
	2014-07-13	20.79	79.15	0	0.059	60
	2014-07-14	20.84	79.10	0	0.056	60
	2014-07-15	2.34	97.63	0	0.024	60
	2014-07-16	4.19	95.78	0	0.028	60
	2014-07-17	4.76	95.21	0	0.034	60
	2014-07-18	1.50	90.50	31	3.732	60
	2014-07-19	3.86	94.00	0	2.142	60
	2014-07-20	3.41	96.40	0	0.188	60
	2014-07-21	0.80	86.04	34	1.933	60
	2014-07-22	3.57	95.82	0	0.605	60
	2014-07-23	4.03	95.88	0	0.098	60

（续）

测点序号	日期（年-月-日）	O_2/%	N_2/%	$CO/10^{-6}$	CO_2/%	测点埋深/m
下巷 60号	2014-07-11	13.15	85.47	75	1.370	60
	2014-07-12	10.05	87.00	54	2.936	60
	2014-07-13	12.02	86.04	34	1.933	60
	2014-07-14	9.11	87.81	42	3.070	60
	2014-07-15	8.50	87.87	49	3.622	60
	2014-07-16	8.29	88.55	45	3.143	60
	2014-07-17	8.40	88.00	40	3.574	60
	2014-07-18	5.75	90.50	31	3.732	60
	2014-07-19	5.71	90.20	27	4.065	60
	2014-07-20	5.70	89.12	36	5.168	60
	2014-07-21	4.22	90.87	20	4.902	60
	2014-07-22	3.28	91.73	12	4.949	60
	2014-07-23	3.69	92.08	8	4.153	60
	2014-07-24	1.70	88.00	40	3.574	60
	2014-07-25	2.77	92.31	8	4.895	60
	2014-07-26	2.41	92.77	8	4.791	60
	2014-07-27	2.35	92.79	5	4.857	60
	2014-07-28	1.30	93.62	0	1.768	60
	2014-07-29	4.30	94.92	0	1.416	60
	2014-07-30	0.80	95.90	0	0.391	60
	2014-07-31	2.62	91.92	0	5.396	60
	2014-08-01	2.29	89.74	0	7.920	60
	2014-08-02	2.62	91.51	0	5.816	60
	2014-08-03	2.74	91.51	0	5.715	60
	2014-08-04	4.91	89.82	0	5.220	60
	2014-08-05	3.69	95.90	0	0.391	60
	2014-08-06	3.90	93.90	0	2.169	60
	2014-08-07	5.00	93.65	0	1.307	60
	2014-08-08	11.44	87.95	0	0.582	60
	2014-08-09	4.57	93.62	0	1.768	60
	2014-08-10	3.64	94.92	0	1.416	60
	2014-08-11	1.87	97.33	0	0.786	60
	2014-08-12	2.22	96.94	0	0.832	60
	2014-08-13	1.55	92.93	0	5.509	60
	2014-08-14	9.77	87.11	0	3.117	60

（续）

测点序号	日期（年-月-日）	O_2/%	N_2/%	$CO/10^{-6}$	CO_2/%	测点埋深/m
下巷 60号	2014-08-15	12.66	84.71	0	2.630	60
	2014-08-16	12.87	84.58	0	2.544	60
	2014-08-17	15.08	82.75	0	2.162	60
	2014-08-18	13.39	83.74	0	2.872	60
	2014-08-19	13.98	83.51	0	2.504	60
	2014-08-20	13.81	83.55	0	2.634	60
	2014-08-21	12.48	84.56	0	2.949	60
	2014-08-22	10.26	84.69	0	5.054	60
	2014-08-23	12.48	84.31	0	3.201	60
	2014-08-24	6.58	88.83	0	4.582	60
	2014-08-25	5.25	88.10	0	6.642	60
	2014-08-26	6.17	86.44	0	7.378	60
	2014-08-27	5.59	88.70	0	5.697	60
	2014-08-28	5.73	79.02	0	0.249	60
上巷 25号	2014-07-21	20.74	77.85	9	1.406	25
	2014-07-22	20.16	79.70	0	0.141	25
	2014-07-23	20.87	79.07	0	0.065	25
	2014-07-24	20.10	79.84	0	0.058	25
	2014-07-25	19.33	79.80	18	0.857	25
	2014-07-26	20.63	79.19	7	0.175	25
	2014-07-27	7.60	76.69	9	2.509	25
	2014-07-28	3.49	96.20	0	0.306	25
	2014-07-29	18.30	80.73	6	0.969	25
	2014-07-30	20.80	76.69	9	2.509	25
	2014-07-31	20.89	78.84	6	0.268	25
	2014-08-01	4.94	94.98	0	0.043	25
	2014-08-02	3.81	96.14	0	0.026	25
	2014-08-03	3.63	96.21	0	1.662	25
	2014-08-04	14.52	85.34	0	2.218	25
	2014-08-05	19.42	78.57	7	3.320	25
	2014-08-06	4.61	95.20	0	3.133	25
	2014-08-07	2.77	97.21	0	3.816	25
	2014-08-08	2.32	97.64	0	3.840	25
	2014-08-09	4.20	95.78	0	3.900	25
	2014-08-10	3.77	96.19	0	3.613	25

（续）

测点序号	日期（年-月-日）	O_2/%	N_2/%	$CO/10^{-6}$	CO_2/%	测点埋深/m
上巷 25号	2014-08-11	4.26	95.72	0	0.084	25
	2014-08-12	12.05	86.28	38	3.908	25
	2014-08-13	11.53	86.24	98	5.356	25
	2014-08-14	10.27	86.40	116	6.006	25
	2014-08-15	11.20	85.65	123	6.324	25
	2014-08-16	10.98	85.19	112	8.193	25
	2014-08-17	11.68	84.47	85	7.128	25
	2014-08-18	12.22	83.86	85	4.404	25
	2014-08-19	10.74	85.64	62	3.791	25
	2014-08-20	11.89	84.20	81	0.051	25
	2014-08-21	7.28	87.36	65	0.160	25
	2014-08-22	8.21	85.78	61	0.135	25
	2014-08-23	4.26	89.41	31	2.012	25
	2014-08-24	5.34	86.46	29	0.189	25
	2014-08-25	7.87	79.99	31	0.020	25
	2014-08-26	8.00	80.59	32	0.036	25
	2014-08-27	9.20	78.00	10	0.013	25
下巷 25号	2014-07-21	13.90	83.36	71	2.733	25
	2014-07-22	14.11	83.21	61	2.666	25
	2014-07-23	19.88	79.68	10	0.440	25
	2014-07-24	9.58	86.88	58	3.536	25
	2014-07-25	7.43	88.03	27	4.537	25
	2014-07-26	10.80	84.87	52	4.322	25
	2014-07-27	16.26	81.42	6	2.315	25
	2014-07-28	18.86	80.25	14	0.895	25
	2014-07-29	19.72	79.50	9	0.785	25
	2014-07-30	19.68	79.69	7	0.625	25
	2014-07-31	14.39	82.18	19	3.425	25
	2014-08-01	20.61	78.77	7	0.622	25
	2014-08-02	19.70	79.62	7	0.678	25
	2014-08-03	20.44	79.11	11	0.447	25
	2014-08-04	17.75	80.75	13	1.504	25
	2014-08-05	18.44	79.98	8	1.573	25
	2014-08-06	20.88	78.82	0	0.295	25
	2014-08-07	20.17	79.66	6	0.172	25

（续）

测点序号	日期（年-月-日）	O_2/%	N_2/%	$CO/10^{-6}$	CO_2/%	测点埋深/m
	2014-08-08	12.57	87.04	17	0.390	25
	2014-08-09	5.12	94.81	0	0.067	25
	2014-08-10	3.77	96.02	0	0.218	25
	2014-08-11	3.27	96.53	0	0.203	25
	2014-08-12	6.54	89.68	16	3.776	25
	2014-08-13	20.29	79.44	0	0.269	25
	2014-08-14	20.60	79.29	0	0.104	25
	2014-08-15	19.24	80.39	7	0.376	25
	2014-08-16	19.85	79.62	0	0.527	25
下巷	2014-08-17	19.03	80.07	6	0.895	25
25号	2014-08-18	19.40	79.81	10	0.792	25
	2014-08-19	13.62	84.58	7	1.789	25
	2014-08-20	13.39	82.82	9	3.791	25
	2014-08-21	13.11	82.64	9	4.252	25
	2014-08-22	11.10	84.13	14	4.760	25
	2014-08-23	12.36	84.49	7	3.146	25
	2014-08-24	9.31	84.31	21	6.370	25
	2014-08-25	9.46	82.89	13	7.645	25
	2014-08-26	11.56	85.05	0	3.385	25
	2014-08-27	9.76	84.91	0	5.326	25
	2014-07-15	20.75	79.20	0	0.048	40
	2014-07-16	20.68	79.27	0	0.044	40
	2014-07-17	20.50	79.44	0	0.053	40
上巷	2014-07-18	19.72	79.95	0	0.331	40
40号	2014-07-19	20.20	78.45	8	1.348	40
	2014-07-20	20.29	79.50	0	0.213	40
	2014-07-21	7.40	84.98	85	3.537	40
	2014-07-22	20.57	78.94	0	0.495	40
	2014-07-23	20.81	79.07	0	0.123	40
	2014-07-16	14.78	82.96	68	2.258	40
	2014-07-17	14.42	82.98	73	2.593	40
	2014-07-18	13.35	84.26	68	2.380	40
下巷	2014-07-19	12.70	84.24	78	3.045	40
40号	2014-07-20	11.48	84.98	85	3.537	40
	2014-07-21	8.95	86.86	48	4.183	40
	2014-07-22	8.25	86.86	49	4.882	40

（续）

测点序号	日期（年-月-日）	O₂/%	N₂/%	CO/10⁻⁶	CO₂/%	测点埋深/m
	2014-07-23	6.36	88.78	32	4.851	40
	2014-07-24	4.40	94.86	40	0.000	40
	2014-07-25	4.07	91.16	17	4.757	40
	2014-07-26	6.43	88.76	27	4.799	40
	2014-07-27	5.87	89.35	7	4.760	40
	2014-07-28	16.16	82.47	0	1.366	40
	2014-07-29	13.87	84.44	0	1.680	40
	2014-07-30	19.42	79.76	0	0.814	40
	2014-07-31	14.07	82.98	0	2.952	40
	2014-08-01	20.88	78.73	0	0.396	40
	2014-08-02	20.19	79.18	0	0.626	40
	2014-08-03	20.07	79.11	5	0.821	40
	2014-08-04	19.61	79.73	0	0.656	40
	2014-08-05	20.24	79.04	0	0.716	40
	2014-08-06	20.88	78.87	6	0.252	40
	2014-08-07	20.04	79.63	7	0.329	40
	2014-08-08	13.97	85.50	18	0.526	40
下巷	2014-08-09	6.59	93.05	0	0.359	40
40号	2014-08-10	4.72	95.13	0	0.152	40
	2014-08-11	4.40	95.46	0	0.136	40
	2014-08-12	9.14	87.76	16	3.097	40
	2014-08-13	20.34	79.46	0	0.195	40
	2014-08-14	20.57	79.33	0	0.103	40
	2014-08-15	20.26	79.35	0	0.394	40
	2014-08-16	20.86	78.96	0	0.182	40
	2014-08-17	20.57	79.23	0	0.207	40
	2014-08-18	20.86	78.95	0	0.189	40
	2014-08-19	16.04	82.58	7	1.380	40
	2014-08-20	16.90	81.14	0	1.958	40
	2014-08-21	15.56	81.83	0	2.606	40
	2014-08-22	15.88	81.38	0	2.733	40
	2014-08-23	12.54	85.83	0	1.625	40
	2014-08-24	6.10	85.82	0	8.069	40
	2014-08-25	10.15	83.19	0	6.658	40
	2014-08-26	12.56	84.58	0	2.861	40
	2014-08-27	20.62	79.05	5	0.324	40

（续）

测点序号	日期（年-月-日）	O_2/%	N_2/%	$CO/10^{-6}$	CO_2/%	测点埋深/m
	2013-07-11	20.81	79.08	6	0.109	
	2013-07-16	20.79	79.03	5	0.175	
	2013-07-21	20.68	79.23	5	0.090	
	2013-07-26	20.87	79.03	3	0.092	
	2013-07-31	20.41	79.50	6	0.095	
	2013-08-05	20.86	78.97	0	0.168	
	2013-08-10	20.53	79.37	4	0.096	
	2013-08-15	20.35	79.48	0	0.165	
	2013-08-20	19.64	80.01	6	0.339	
	2013-08-25	20.66	79.20	0	0.145	
	2013-08-30	20.62	79.25	0	0.132	
	2013-09-04	20.49	79.32	0	0.186	
	2013-09-09	20.77	79.10	0	0.131	
	2013-09-14	20.80	79.08	3	0.124	
	2013-09-15	20.71	79.13	7	0.153	
	2013-09-19	20.68	79.20	7	0.117	
	2013-09-24	20.87	79.04	3	0.092	
	2013-09-29	20.86	79.02	6	0.122	
回风巷	2013-10-03	20.64	79.21	12	0.150	
	2013-10-04	20.74	79.13	7	0.134	
	2013-10-09	20.80	79.03	0	0.163	
	2013-10-14	20.78	79.14	7	0.083	
	2013-10-19	20.84	79.06	5	0.097	
	2013-10-24	20.83	79.06	7	0.111	
	2013-10-29	20.83	79.06	5	0.105	
	2013-11-03	20.85	79.05	6	0.097	
	2013-11-08	20.80	79.10	3	0.095	
	2013-11-13	20.88	79.00	4	0.120	
	2013-11-18	20.81	79.10	0	0.099	
	2013-11-23	20.21	79.59	4	0.199	
	2013-11-27	20.36	79.43	14	0.208	
	2013-12-03	20.79	79.08	0	0.130	
	2013-12-09	20.71	79.12	10	0.167	
	2013-12-13	20.86	79.05	0	0.093	
	2013-12-18	20.80	79.08	0	0.127	
	2013-12-23	20.80	79.09	4	0.110	

（续）

测点序号	日期（年-月-日）	O_2/%	N_2/%	CO/10^{-6}	CO_2/%	测点埋深/m
	2013-12-28	20.76	79.12	9	0.122	
	2014-01-02	20.83	79.06	3	0.113	
	2014-01-06	20.33	79.50	8	0.175	
	2014-01-12	20.49	79.37	6	0.143	
	2014-01-17	20.79	79.09	5	0.116	
	2014-01-22	20.68	79.17	0	0.146	
	2014-01-27	20.81	79.08	4	0.109	
	2014-02-01	20.18	79.49	0	0.322	
	2014-02-06	20.63	79.23	0	0.134	
	2014-02-11	20.59	79.26	0	0.152	
	2014-02-16	20.37	79.37	10	0.251	
	2014-02-21	20.75	79.07	0	0.175	
	2014-02-26	20.34	79.38	0	0.275	
	2014-03-03	20.77	78.81	4	0.426	
	2014-03-08	20.87	79.00	0	0.132	
	2014-03-10	20.87	78.97	8	0.154	
	2014-03-13	20.87	78.96	0	0.173	
回风巷	2014-03-18	20.82	79.03	3	0.153	
	2014-03-23	20.75	79.12	6	0.126	
	2014-03-28	20.87	79.01	3	0.119	
	2014-04-02	20.72	79.17	4	0.106	
	2014-04-07	20.78	79.09	2	0.126	
	2014-04-12	20.65	79.25	0	0.095	
	2014-04-17	20.88	79.04	0	0.073	
	2014-04-22	20.75	79.16	4	0.085	
	2014-04-28	20.51	79.34	12	0.153	
	2014-05-02	20.76	79.02	7	0.224	
	2014-05-07	20.68	79.20	5	0.118	
	2014-05-12	20.67	79.19	3	0.139	
	2014-05-17	20.74	79.13	0	0.126	
	2014-05-22	20.89	79.08	2	0.031	
	2014-05-25	20.55	79.28	7	0.173	
	2014-06-24	20.63	79.10	8	0.271	
	2014-06-29	20.19	79.53	7	0.272	
	2014-06-30	20.44	79.36	12	0.201	
	2014-07-04	20.32	79.55	8	0.127	

（续）

测点序号	日期（年-月-日）	O_2/%	N_2/%	$CO/10^{-6}$	CO_2/%	测点埋深/m
回风巷	2014-07-09	20.67	79.19	8	0.149	
	2014-07-14	20.66	79.23	5	0.112	
	2014-07-18	20.21	79.54	11	0.247	
	2014-07-24	20.71	79.13	9	0.157	
	2014-07-29	20.56	79.32	7	0.124	
	2014-08-03	20.71	79.16	8	0.133	
	2014-08-08	20.76	79.10	0	0.146	
	2014-08-13	20.66	79.13	9	0.209	
	2014-08-18	20.78	79.06	9	0.163	
	2014-08-23	20.86	78.85	6	0.289	
	2014-08-28	20.86	79.02	0	0.124	

参 考 文 献

[1] 何满潮，郭平业. 深部岩体热力学效应及温控对策［J］. 岩石力学与工程学报，2013，32（12）：2377-2393.

[2] 谢和平，周宏伟，薛东杰，等. 煤炭深部开采与极限开采深度的研究与思考［J］. 煤炭学报，2012，37（4）：535-542.

[3] 王德明. 矿井火灾学［M］. 徐州：中国矿业大学出版社，2008.

[4] 秦波涛，王德明. 矿井防灭火技术现状及研究进展［J］. 中国安全科学学报，2007，17（12）：80-85.

[5] 徐精彩. 煤自燃危险区域判定理论［M］. 北京：煤炭工业出版社，2001.

[6] 郭兴明，徐精彩，邓军，等. 地温对煤层自燃危险性的影响研究［J］. 西安交通大学学报，2000，34（11）：23-26.

[7] 舒新前. 煤炭自燃的热分析研究［J］. 中国煤田地质，1994，6（2）：27-29.

[8] 路继根. 用热重法研究我国四种煤显微组分的燃烧特性［J］. 燃料化学学报，1996，24（4）：329-334.

[9] 彭本信. 应用热分析技术研究煤的氧化自燃过程［J］. 煤炭工程师，1992，4（2）：1-12.

[10] Jose J Pis，G Puente，E Fuenye. A study of the self-heating of fresh and oxidized coals by differential thermal［J］. Original Research Article Thermochimica Acta，1996，279（6）：93-101.

[11] 葛新玉. 基于热分析技术的煤氧化动力学实验研究［D］. 淮南：安徽理工大学，2009.

[12] 张辉，邹念东，刘应书，等. 添加剂对煤粉燃烧过程活化能变化规律的影响［J］. 煤炭学报，2013，38（3）：461-465.

[13] 徐俊，王德明，亓冠圣. 煤自燃发展过程微观反应机理函数［J］. 煤矿安全，2014，45（12）：35-38.

[14] Tevrucht M L E，Griffiths P R. Activation energy of air-oxidized bituminous coals［J］. Energy and Fuels，1989，3（4）：522-527.

[15] Bowes P C. Self-heating：Evaluating and controlling the Hazard［M］. Elservier Amsterdam，1984.

[16] Patil A O，Keleman S R. In-situ polymerization of Parole in coal Polymeric［J］. materials science and engineering，1995，72：298-302.

[17] Martin R R，Bushby S J. Secondary ion mass spectrometry in the study of froth flotation of coal fines［J］. Fuel，1990，69（5）：651-653.

[18] 刘剑. 煤的活化能理论研究［J］. 煤炭学报，1999，24（3）：316-320.

[19] Myles A. Smith，David Glasser. Spontaneous combustion of carbonaceous stockpiles［J］. Fuel，2005，84（6）：1151-1160.

[20] 陆伟，胡千庭，仲晓星. 煤自燃逐步自活化反应理论［J］. 中国矿业大学学报，2007，（1）：111-115.

[21] 李林，B. B. Beaimsh，姜德义. 煤自然活化反应理论［J］. 煤炭学报，2009，34（4）：505-508.

[22] Zhu Jianfang，He Ning，Li Dengji. The relationship between oxygen consumption rate and temperature during coal spontaneous combustion［J］. Safety Science，2012，50（4）：842-845.

[23] 屈丽娜. 煤自燃阶段特征及其临界点变化规律的研究［D］. 北京：中国矿业大学（北京），2013.

[24] 王德明，辛海会，戚绪尧，等. 煤自燃中的各种基元反应及相互关系：煤氧化动力学理论及应用［J］. 煤炭学报，2014，39（8）：1667-1674.

[25] Peter Nordon，Brian C. The rate of oxidation of Char and coal in relation to their tendency to self-heat［J］. Fuel，1979，58（6）：443-449.

[26] 徐精彩，文虎，邓军，等. 煤自燃极限参数研究［J］. 火灾科学，2000，9（2）：14-18.

［27］Itay M，Hill C R，Glasser D. Study of the low temperature oxidation of coal ［J］. Fuel Professing Technology，1989，21（2）：81−97.

［28］Continillo C，Galiero G，Maffettone P L，et al. Characterization of chaotic dynamics in the spontaneous combustion of coal stockpiles ［J］. Symposium（International）on Combustion，1996，26（1）：1585−1592.

［29］徐精彩，葛岭梅，贺敦良. 煤炭低温自燃过程的研究 ［J］. 矿业安全与环保，1989，（5）：7−13.

［30］何萍. 煤氧化过程中氧化的形成特征与煤自燃指标的选择 ［J］. 煤炭学报，1994，19（6）：637−642.

［31］梁晓瑜，王德明. 水分对煤炭自燃的影响 ［J］. 辽宁工程技术大学学报，2003，4（22）：472−474.

［32］严荣林，钱国胤. 煤的分子结构与煤氧化自燃的气体产物 ［J］. 煤炭学报，1995，20（A01）：58−64.

［33］Tarba Boleslav. Thermovision as a tool of early detection of spontaneous heating of coal in mine openings ［C］. Proceedings of the US mine Ventilation Symposium，1993：501−504.

［34］肖旸，马砺，王振平，等. 煤自燃指标气体的吸附与浓缩规律 ［J］. 煤炭学报，2007，32（10）：1014−1018.

［35］谭波，牛会永，和超楠，等. 回采情况下采空区煤自燃温度场理论与数值分析 ［J］. 中南大学学报（自然科学版），2013，44（1）：381−387.

［36］许涛. 煤自燃过程分段特性及机理的实验研究 ［D］. 徐州：中国矿业大学，2012.

［37］谭波，朱红青，王海燕，等. 煤的绝热氧化阶段特征及自燃临界点预测模型 ［J］. 煤炭学报，2013，38（1）：38−43.

［38］舒新前. 神府煤煤岩组分的结构特征及其差异 ［J］. 燃料化学学报，1996，24（5）：427−432.

［39］葛岭梅. 煤分子中活性基团氧化与煤的自燃机制探讨 ［J］. 西安矿业学院学报，1998，8（1）：90−94.

［40］张玉贵. 镜煤和丝炭自燃倾向性研究 ［J］. 煤矿安全，1991，（2）：20−25.

［41］Markuszewski R，Wheelock T D. Process And Utik Of High−Sulfur coal Ⅲ ［M］. Elsevier，1990.

［42］张军，袁建伟，徐益谦. 低加热速度下显微组分的热解机理 ［J］. 燃料化学学报，1998，26（1）：46−50.

［43］Straszheim W E，Markuszewski R. Automated image association with organic components in bituminous analysis of minerals and their coals ［J］. Energy&fuels，1990，4（6）：748−754.

［44］Jakab E，Till F，Varhegyi G. Thermo gravimetric−mass spectrometric study on the low temperature oxidation of coals ［J］. Fuel Processing Technology，1991，28（3）：221−238.

［45］曹作华. 煤的岩石学特征对自燃倾向性的影响 ［J］. 东北煤炭技术，1992，（2）：1−10.

［46］Marzec Anna. New structural concept for carbonized coals ［J］. Energy&Fuel，1997，11（4）：837−842.

［47］Painter P. C，Snyder R. W，Starsinic M，et al. Concerning the application of FT−IR to the study of coal：a critical assessment of band assignments and the application of spectral analysis programs ［J］. Appl. Spectrosc，1981，35（5）：475−485.

［48］Ibarra J V，Munoz E，Moliner R. FTIR study of the evolution of coal structure during the coalification process ［J］. Organic geochemistry，1996，24（6）：725−735.

［49］陈茏. 高晋生. 颜捷. 兖州煤环己酮抽提物的组成、结构及性质研究 ［J］. 燃料化学学报，1997，25（2）：213−217.

［50］Cerny J. Structural dependence of CH bond absorptivities and consequences for FTIR analysis of coals ［J］. Fuel，1996，75（11）：1301−1306.

[51] Jiang Xiumin, Zheng Chuguang, Yan Che, et al. Physical structure and combustion properties of super fine pulverized coal Particle [J]. Fuel, 2002, 81 (4): 793-797.

[52] Maria J I, Jose C R, Fatima LD, et al. Control of the chemical structure of perhydrous coals: FTIR and Py-GC/MS in-vestigation [J]. Journal of Analytical and Applied Pyrolysis, 2002, 62 (1): 1-34.

[53] Petersen H I, Rosenberg P, Nytoft H P. Oxygen groups in coals and alginite-rich kerogen revisited [J]. International Journal of Coal Geology, 2008, 74 (4): 93-113.

[54] 冯杰, 李文英, 谢克昌. 傅里叶红外光谱法对煤结构的研究 [J]. 中国矿业大学学报, 2002, 31 (5): 362-366.

[55] 葛岭梅. 对煤分子中活性基团氧化机理的分析 [J]. 煤炭转化, 2001, 3 (24): 23-28.

[56] 葛岭梅, 李建伟. 神府煤低温氧化过程中官能团结构演变 [J]. 西安科技学院学报, 2003, 23 (2): 187-190.

[57] 朱红. 不同煤阶煤表面改性的 FTIR 谱研究 [J]. 中国矿业大学学报, 2001, 30 (4): 366-370.

[58] 刘国根, 邱冠周, 胡岳华. 煤的红外光谱研究 [J]. 中南工业大学学报, 1999, 30 (4): 371-373.

[59] 黄庠永, 姜秀民, 张超群, 等. 颗粒粒径对煤表面羟基官能团的影响 [J]. 燃烧科学与技术, 2009, 15 (5): 457-460.

[60] 王继仁, 邓存宝. 煤微观结构与组分量质差异自燃理论 [J]. 煤炭学报, 2007, 32 (12): 1291-1296.

[61] 仲晓星. 煤自燃倾向性的氧化动力学测试方法研究 [D]. 徐州: 中国矿业大学, 2008.

[62] 戚绪尧. 煤中活性基团的氧化及自反应过程 [D]. 徐州: 中国矿业大学, 2011.

[63] 姜波, 秦勇. 变形煤的结构演化机理及其地质意义 [M]. 徐州: 中国矿业大学出版社, 1998.

[64] 克鲁格, 亚历山大. X 射线衍射技术 (多晶体和非晶质材料) [M]. 盛世雄, 译. 北京: 冶金工业出版社, 1986.

[65] 李美芬, 曾凡桂, 齐福辉, 等. 不同煤级煤的 Raman 谱特征及与 XRD 结构参数的关系 [J]. 光谱学与光谱分析, 2009, 29 (9): 2446-2449.

[66] 戴广龙. 煤低温氧化过程中微晶结构变化规律研究 [J]. 煤炭学报, 2011, 36 (2): 322-325.

[67] 罗陨飞, 李文华. 中等变质程度煤显微组分大分子结构的 XRD 研究 [J]. 煤炭学报, 2004, 29 (3): 338-341.

[68] 张代均, 鲜学福. 煤大分子结构的电子自旋共振谱表征 [J]. 分析测试学报, 1993, 12 (6): 81-83.

[69] X J Hou. Theoretical study on the reactivity of coal structure [A]. Prospects for coal science in the 21st century, 1999: 295-298.

[70] P Strka. Chemical structure of mineral groups of coal [A]. prospeets for coal science in the 21st century, 1999: 113-116.

[71] 李建伟. 煤炭自燃机理与预测技术研究 [D]. 西安: 西安科技大学, 2004.

[72] 戴广龙. 煤低温氧化及自燃特性的综合实验研究 [D]. 徐州: 中国矿业大学, 2005.

[73] 张群, 庄军. 丝炭和暗煤的顺磁共振特性研究 [J]. 煤炭学报, 1996, 20 (3): 272-276.

[74] 刘国根, 邱冠周. 煤的 ESR 波谱研究 [J]. 波谱学杂志, 1999, 16 (2): 177-180.

[75] Jonathan P., Mathews Victor Fernandez-Also A., Daniel Jones, et al. Determining the molecular weight distribution of Pocahontas No. 3 low-volatile bituminous coal utilizing HRTEM and laser desorption ionization mass spectra data [J]. Fuel, 2010, 89 (7): 1461-1469.

[76] 罗道成, 刘俊峰. 不同反应条件对煤中自由基的影响 [J]. 煤炭学报, 2008, 33 (7): 807-811.

[77] N. B. 潘菲若娃. 确定矿体内因火灾的中心位置 [J]. 国外煤矿安全信息, 1995, (6).

[78] Sujanti, Wiwik Zhang, Dong-Ke, et al. low-temperature oxidation of coal studied using wrie-mesh reactors with both steady-state and transient methods [J] . Combustion and Flame. 1999, 117 (3): 646-651.

[79] 齐庆杰, 黄伯轩. 用计算机模拟法判断采空区自然发火位置 [J] . 煤炭工程师, 1997, (5): 7-9.

[80] 章楚涛. 采场空气流动状况的数学模型和数值方法 [J] . 煤炭学报, 1983, 8 (3): 45-54.

[81] 邓军, 徐精彩, 张迎弟, 等. 煤最短自然发火期实验及数值分析 [J] . 煤炭学报, 1999, 24 (3): 274-278.

[82] 徐精彩, 文虎, 葛岭梅, 等. 松散煤体低温氧化放热强度的测定和计算 [J] . 煤炭学报, 2000, 25 (4): 387-390.

[83] 徐精彩, 文虎, 张辛亥, 等. 综放工作面采空区遗煤自燃危险区域判定方法的研究 [J] . 中国科学技术大学学报, 2002, 32 (6): 672-677.

[84] 邓军, 张燕妮, 徐通模, 等. 煤自然发火期预测模型研究 [J] . 煤炭学报, 2004, 29 (5): 568-571.

[85] 孟倩, 王洪权, 王永胜, 等. 煤自燃极限参数的支持向量机预测模型 [J] . 煤炭学报, 2009, 34 (11): 1489-1493.

[86] 兖矿集团有限公司. 煤炭自燃早期预测预报与火源探测技术 [M] . 北京: 煤炭工业出版社, 2002.

[87] 陈立文. 煤层自燃危险程度识别的研究 [J] . 煤炭工程师, 1992, (5): 48-57.

[88] 许波云, 范明训. 运用模糊聚类分析法综合预测煤层自燃危险性 [J] . 煤炭学报, 1990, (4): 9-14.

[89] 郭嗣琮, 孙树江. 煤炭自燃的模糊分类与识别 [J] . 阜新矿业学院学报, 1995, 14 (1): 1-5.

[90] Kaymakci Erdogan, Didari Vedat. Relations between coal properties and spontaneous combustion Parameters [J] . Turkish Journal of Engineering and Environmental Sciences, 2002, 26 (1): 59-64.

[91] 查哈罗夫 E N. 煤炭自燃的化学活性鉴定 [J] . 工业劳动安全, 1989, (7): 38-39.

[92] 戚颖敏, 钱国胤. 煤自燃倾向性色谱吸氧鉴定法与应用 [J] . 煤, 1996, 5 (2): 5-9.

[93] 罗海珠. 煤吸附流态氧的动力学特性及其在煤自燃倾向性色谱吸氧鉴定法中的应用 [J] . 煤矿安全, 1990, 6: 1-11.

[94] Lazzara Charles P. Overview of U. S. Bureau of Mines Spontaneous Combustion Research [A] . Session Papers American Mining Congress Coal Convention [C] . Pulbby American Mining Congress. Washington D C. USA. 1991, 143-154.

[95] 蒋军成, 王省身. 开采煤层自燃危险性预测的人工神经网络方法 [J] . 中国矿业大学学报, 1997, 26 (1): 19-22.

[96] 王德明, 王俊. 基于无导师神经网络的煤炭自燃危险性聚类分析 [J] . 煤炭学报, 1999, 24 (2): 147-150.

[97] 赵向军, 李文平, 于礼山, 等. 开采煤层自燃倾向性的自组织神经网络预测 [J] . 西安矿业学院学报, 1998, 18 (4): 304-307, 331.

[98] 赵向军, 李文平. 无督神经网络在开采煤层自燃危险性中的应用 [J] . 中国矿业, 1999, 8 (1): 84-86.

[99] 施式亮, 刘宝琛. 基于人工神经网络的矿井自然发火预测模型及应用 [J] . 西安矿业学院学报, 1999, 19 (2): 121-124.

[100] 田水承, 李红霞. 煤层开采自燃危险性预先分析研究 [J] . 西安矿业学院学报, 1998, 18 (1): 17-22.

[101] James B. Stott, Benjamin J. Harris, Philip J. Hansen. A "full-scale" Laboratory test for the spontaneous

heating of coal ［J］. Fuel, 1987, 66 (7)：10-12.

［102］ J. B. Stott. Proc. 21st Int. Conf. Safety in mines Res. Inst. Australia, 1985：521-527.

［103］ J. B. Stott, B. J. Harris, P. J. Hansen, et al. 绝热量热器测量氧化空气中湿煤的计算机模拟以及用 2 m 绝热容器所作的实验研究 ［C］//第二十二届国际采矿安全会议论文集. 北京：煤炭工业出版社，1987.

［104］ X D Chen. On the mathematical modeling of the transient process of spontaneous heating in a moist Coal pile ［J］. Combustion and Flame, 1992, 90 (2)：114-120.

［105］ X D Chen, James B. Stott. Oxidation rate of coals as measure from one-dimensional spontaneous heating ［J］. Combustion and Flame, 1997, 109 (6)：111-114.

［106］ V. Fierro, J. L. Miranda, C. Romero, et al. Prevention of spontaneous combustion in Coal pile Experimental results in coal storage yard ［J］. Fuel Processing Technology, 1999 (59)：23-34.

［107］ 徐精彩，薛韩玲，文虎，等. 煤氧复合热效应的影响因素分析 ［J］. 中国安全科学学报，2001，11 (2)：31-36.

［108］ 文虎. 煤自燃全过程实验模拟及高温区域动态变化规律的研究 ［J］. 煤炭学报，2004，29 (6)：689-693.

［109］ McNabb A., Please C. P., McElwain D L S. Spontaneous combustion in coal pillars：Buoyancy and oxygen starvation ［J］ Mathematical Engineering in Industry, 1999, 7 (3)：283-300.

［110］ 卞晓锴，包宗宏，史美仁. 采空区温度场模拟及煤自燃状态预测 ［J］. 南京化工大学学报，2000，22 (2)：43-47.

［111］ Rosema A., Guan H., Veld H. Simulation of spontaneous combustion to study the causes of coal fires in the Rujigou Basin ［J］. Fuel, 2001, 80 (1)：7-16.

［112］ Zhu M S, Xu Y Q, Wu J. Computer simulation of spontaneous combustion in goaf ［J］//In：Proceedings of the US Mine Ventilation Symposium ［C］//Morgen town Wo USA：SME, Littleton, Co, 1991, 88-93.

［113］ Continillo G., Galiero G., Maffettone P. L., & Crescitelli, S.. Characterisation of the chaotic dynamics in the spontaneous combustion of coal stockpiles ［C］//Twenty～Sixth symposium (international) on combustion. Pittsburgh：The Combustion Institute, 1996, 1585-1592.

［114］ 赵顺武. 基于"气体分析法"的煤炭自然发火监测预报系统 ［J］. 煤矿安全，2008，39 (8)：47-49.

［115］ 张辛亥，孙久政，陈晓坤，等. 基于指标气体的煤自燃预报人工神经网络专家系统研究 ［J］. 煤矿安全，2010，41 (3)：10-12.

［116］ 郑学召，王伟峰，吴建斌. JSG-8 型束管火灾监测系统井下布置方案探讨 ［J］. 工矿自动化，2011，37 (10)：70-73.

［117］ 邓军，张群，金永飞，等. JSG-8 型矿井火灾束管监测系统应用关键技术 ［J］. 矿业安全与环保，2013，40 (3)：47-49, 54.

［118］ Jun Xie, Sheng Xue, Weimin Cheng, et al. Early detection of spontaneous combustion of coal in underground coal mines with development of an ethylene enriching system ［J］. International Journal of Coal Geology, 2011, 85 (1)：123-127.

［119］ 文虎，吴慷，马砺，等. 分布式光纤测温系统在采空区煤自燃监测中的应用 ［J］. 煤矿安全，2014，45 (5)：100-105.

［120］ 李佳奇，倪建明，陈贵，等. 煤矿巷道采空区煤自燃导致的温度变化在线监测研究 ［J］. 光学技术，2014，40 (5)：399-401.

［121］ 谢俊文，卢熹，上官科峰，等. 分布式光纤测温技术在大倾角易燃煤层采空区自燃监测中的应用 ［J］. 2014, 45 (11)：118-121.

[122] 张辛亥，刘强，郑学召，等．基于 ZigBee 的采空区无线自组网测温系统分析［J］．煤炭工程，2012，（9）：122-124.

[123] 陈欢，杨永亮．煤自燃预测技术研究现状［J］．煤矿安全，2013，44（9）：194-197.

[124] 陈晓坤，程方明，邓军，等．煤矿采空区自然发火多参数监测系统研究［J］．煤矿安全，2012（增刊）：22-25.

[125] 邓军，李保霖，程方明，等．煤自燃特征信息的模糊聚类与模式识别［J］．西安科技大学学报，2011，31（5）：505-514.

[126] 秦书玉，陈长华，李健．煤炭自燃早期预报的模糊聚类关联分析法［J］．辽宁工程技术大学学报，2003，22（3）：289-291.

[127] 赵敏，杨韶华．模糊聚类遗传算法在遗煤自燃火灾识别中的应用［J］．煤炭技术，2014，33（3）：46-49.

[128] 程文东，买巧利，吴学松．基于模糊聚类分析的采空区自燃"三带"性质研究［J］．工矿自动化，2013，39（2）：39-42.

[129] 王国旗，张辛亥，肖旸．采用前向多层神经网络预测煤的自然发火期［J］．湖南科技大学学报（自然科学版），2008，23（2）：19-22.

[130] 张辛亥，席光．用于煤自然发火期预测的神经网络模型和实验技术［J］．西安交通大学学报，2006，40（9）：1058-1061.

[131] 高原，覃木广，李明建．基于支持向量机的采空区遗煤自燃预测分析［J］．煤炭科学技术．2010，38（2）：50-54.

[132] 孟倩，王洪权，王永胜，等．煤自燃极限参数的支持向量机预测模型［J］．煤炭学报，2009，34（11）：1489-1493.

[133] 翟小伟，文虎，马威．防治采空区深部煤自燃的胶体隔离控制技术［J］．煤炭科学技术，2010，38（8）：66-69.

[134] 谢之康，朱凤山，鲍庆国，等．煤堆自燃防治的分层局部堵漏法［J］．煤矿安全，1995，6：26-27.

[135] 金永飞，李海涛，李波．粉煤灰灌浆固化膨胀充填工作面煤层自燃防治技术［J］．2014，33（10）：240-242.

[136] 刘清龙，李万波，陈瑶．用台阶式插管定量注水法防治露天煤堆自燃［J］．煤矿安全，2000，6：9-11.

[137] 李宗翔，单龙彪，张文君．采空区开区注氮防灭火的数值模拟研究［J］．湖南科技大学学报（自然科学版），2004，19（3）：5-9.

[138] 陆阳杰，宋坤，徐琴，等．氮气在采空区内运移规律的数值模拟研究［J］．煤炭科技，2011（1）：22-25.

[139] Rao Balusu，Patrick Humpries，Paul Harrington，et al. Optimum iner – tisation strategies［A］. Queensland Mining Industry Health & Safety Conference 2002. 2002.

[140] 周福宝，夏同强，史波波．瓦斯与煤自燃共存研究（Ⅱ）：防治新技术［J］．煤炭学报，2013，38（3）：353-360.

[141] 张春，题正义，李宗翔，等．注氮防治综放遗煤自燃的三维模拟及应用研究［J］．安全与环境学报，2014，14（2）：31-35.

[142] 祁文斌．采空区滞留干冰防治遗煤自燃现场试验研究［J］．煤炭工程，2013，45（11）：83-86.

[143] 周春山．液态 CO_2 在治理高瓦斯矿综放工作面自燃火灾的应用［J］．煤矿安全，2012，43（9）：149-151.

[144] 邵昊，蒋曙光，吴征艳，等．CO_2 和 N_2 对煤自燃性能影响的对比试验研究［J］．煤炭学报，

2014, 39 (11): 2244-2249.

[145] 肖辉, 杜翠凤. 新型高聚物煤自燃阻化剂的试验研究 [J]. 安全与环境学报, 2006, 6 (1): 46-48.

[146] Guolan Dou, Deming Wang, Xiaoxing Zhong et al. Effectiveness of catechin and poly (ethylene glycol) at inhibiting the spontaneous combustion of coal [J]. Fuel Processing Technology, 2014, (120): 123-127.

[147] ZHANG Weiqing, JIANG Shuguang, WANG Kai, et al. Study on Coal Spontaneous Combustion Characteristic Structures Affected by Ionic liquids [J]. Procedia Engineering, 2011, 26: 480-485.

[148] 陆伟. 高倍阻化泡沫防治煤自燃 [J]. 煤炭科学技术, 2008, 36 (10): 41-44.

[149] 文虎, 吴慷, 曹旭光, 等. 预防高地温深井煤自燃的阻化惰泡防灭火技术 [J]. 煤炭科学技术, 2014, 42 (9): 108-111.

[150] Xie Zhenhua, Li Xiaochao, Liu Mingming. Application of Three-phase Foam Technology for Spontaneous Combustion Prevention in longdong Coal Mine [J]. Procedia Engineering, 2011, (26): 63-69.

[151] 陈晓坤, 杨桂炯, 宋先明, 等. 冷气溶胶阻化技术在煤自燃防治中的应用探讨 [J]. 煤矿安全, 2011, 42 (4): 134-136.

[152] Xu Yongliang, Wang Deming, Wang Lanyun, et al. Experimental research on inhibition performances of the sand-suspended colloid for coal spontaneous combustion [J]. Safety Science, 2012, 50 (4): 822-827.

[153] Botao Qina, Yi Lua, Yong Li, et al. Aqueous three-phase foam supported by fly ash for coal spontaneous combustion prevention and control [J]. Advanced Powder Technology, 2014, 25 (9): 1527-1533.

[154] 丰安祥, 马砺, 方昌才, 等. 高瓦斯煤层群煤层自燃监测及预防技术 [J]. 煤矿安全, 2009, 32 (7): 31-33.

[155] 田兆君. 煤矿防灭火凝胶泡沫的理论与技术研究 [D]. 徐州: 中国矿业大学, 2009.

[156] 郭兴明, 徐精彩, 惠世恩, 等. 煤自燃过程中极限参数的研究 [J]. 西安交通大学学报, 2001, 35 (7): 682-686.

[157] 张嬿妮. 煤氧化自燃微观特征及其宏观表征研究 [D]. 西安: 西安科技大学, 2012.

[158] 翁诗甫. 傅里叶变换红外光谱分析 [M]. 北京: 化学工业出版社, 2010.

[159] Macphee J A, Charland J P, Giroux L. Application of TG-FTIR to the determination of organic oxygen and its speciation in the Argonne premium coal samples [J]. Fuel Processing Technology, 2005, 87 (4): 335-341.

[160] 张嬿妮, 邓军, 文虎, 等. 华亭煤自燃特征温度的 TG/DTG 实验 [J]. 西安科技大学学报, 2011, 30 (6): 660-662.

[161] 肖旸, 马砺, 王振平, 等. 采用热重分析法研究煤自燃过程的特征温度 [J]. 煤炭科学技术, 2007, 35 (5): 73-76.

[162] 胡荣祖, 高胜利. 热分析动力学 [M]. 北京: 科学出版社, 2008.

[163] Starink M J. A new method for the derivation of activation energies from experiments performed at constant heating rate [J]. Thermo-chimActa, 1996, 288 (2): 97-104.

[164] 王凯. 陕北侏罗纪煤氧化自燃特性实验研究 [D]. 西安: 西安科技大学, 2013.

[165] 王月红. 煤层中一氧化碳吸附规律及影响因素研究 [D]. 唐山: 河北理工大学, 2006.

[166] 纪鹏飞. 兖州矿区 3 号煤对井下气体吸附特性的实验研究 [D]. 西安: 西安科技大学, 2008.

[167] 降文萍, 崔永君, 张群, 等. 煤表面与 CH_4、CO_2 相互作用的量子化学研究 [J]. 煤炭学报, 2006, 31 (2): 237-2401.

[168] 李凯. 大范围采空区灾害预警与防治技术研究 [D]. 青岛: 山东科技大学, 2012.

[169] 李明珠. 凤凰山矿沿空留巷 Y 型通风方式下采空区漏风规律研究 [D]. 太原：太原理工大学，2012.

[170] 李宗翔，海国治，秦书玉. 采空区风流移动规律的数值模拟与可视化显示 [J]. 煤炭学报，2001，26（1）：76-80.

[171] 赵阳. 高地温矿井综放采空区自燃危险区域判定技术研究 [D]. 西安：西安科技大学，2011.

[172] 李宗翔，衣刚，武建国，等. 基于"O"型冒落及耗氧非均匀采空区自燃分布特征 [J]. 煤炭学报，2012，37（3）：484-489.

[173] 许家林，钱鸣高. 岩层采动裂隙分布在绿色开采中的应用 [J]. 中国矿业大学学报，2004，33（2）：17-20.

[174] 徐精彩，余锋，李树刚，等. 石嘴山二矿 2268 综放采空区自燃危险区域划分研究 [J]. 煤炭学报，2003，28（3）：256-259.

[175] 李庆军，万清生，周金生，等. 东荣三矿综一轻放面自燃危险性预测 [J]. 煤矿安全，2006，（9）：21-23.

[176] 李青海，秦忠诚，黄冬梅，等. 运河煤矿 13 下 04 综放工作面采空区自燃危险区域划分 [J]. 山东科技大学学报，2009，28（3）：28-33.

[177] 文虎. 综放工作面采空区煤自燃过程的动态数值模拟 [J]. 煤炭学报，2002，27（1）：54-58.

[178] 曹楠. 高瓦斯综采工作面煤层自燃封闭火区治理技术研究 [D]. 西安：西安科技大学，2012.

[179] 辛程鹏. 综放采空区瓦斯运移规律及大气压力变化影响 [D]. 青岛：山东科技大学，2009.

[180] 陈震. 急倾斜煤层水平分段综放采空区自燃特点及防治技术应用研究 [D]. 太原：太原理工大学，2011.

[181] 牛光勇. 近距离煤层上层采空区自燃火灾综合治理技术应用研究 [D]. 太原：太原理工大学，2013.

[182] 曹凯. 综放采空区遗煤自然发火规律及高效防治技术 [D]. 徐州：中国矿业大学，2013.

[183] Sara Rodríguez, Juan F. De Paz, Gabriel Villarrubia, Carolina Zato, Javier Bajo, Juan M. Corchado. Multi-Agent Information Fusion System to manage data from a WSN in a residential home [J]. Information Fusion, 2015, 23 (5): 43-57.

[184] Otman Basir, Xiaohong Yuan. Engine fault diagnosis based on multi-sensor information fusion using Dempster-Shafer evidence theory [J]. Information Fusion, 2007, 8 (4): 379-386.

[185] R. Caballero-Águila, I. García-Garrido, J. Linares-Pérez. Information fusion algorithms for state estimation in multi-sensor systems with correlated missing measurements [J]. Applied Mathematics and Computation, 2014, 226 (1): 548-563.

[186] Giancarlo Fortino, Stefano Galzarano, Raffaele Gravina, Wenfeng Li. A framework for collaborative computing and multi-sensor data fusion in body sensor networks [J]. Information Fusion, 2015, 22 (5): 50-70.

图书在版编目（CIP）数据

深井高地温综放开采防灭火技术／易欣等著 . --北京：
煤炭工业出版社，2017

（煤矿灾害防控新技术丛书）

ISBN 978-7-5020-5669-8

Ⅰ.①深… Ⅱ.①易… Ⅲ.①深井—煤矿开采—矿山防
火 Ⅳ.①TD75

中国版本图书馆 CIP 数据核字（2016）第 323473 号

深井高地温综放开采防灭火技术（煤矿灾害防控新技术丛书）

著　　者	易　欣　王振平　王乃国　郭　英　王伟峰　王保齐
责任编辑	闫　非
编　　辑	刘　鹏
责任校对	孔青青
封面设计	王　滨

出版发行　煤炭工业出版社（北京市朝阳区芍药居 35 号　100029）
电　　话　010-84657898（总编室）
　　　　　010-64018321（发行部）　010-84657880（读者服务部）
电子信箱　cciph612@ 126. com
网　　址　www. cciph. com. cn
印　　刷　北京玥实印刷有限公司
经　　销　全国新华书店

开　　本　787mm×1092mm$^1/_{16}$　印张　$14^3/_4$　字数　356 千字
版　　次　2017 年 10 月第 1 版　2017 年 10 月第 1 次印刷
社内编号　8532　　　　　　　定价　108.00 元